"十三五"普通高等教育本科规划教材

机械原理（第三版）

主　编　陈修龙

副主编　叶铁丽　魏军英　王全为　韩书葵　李桂莉

编　写　齐秀丽　蔡　毅　曹冲振　苏春建　李学艺
　　　　杨　通　戴向云　高　丽

主　审　陈维健

U0246322

中国电力出版社

CHINA ELECTRIC POWER PRESS

内 容 提 要

本书为"十三五"普通高等教育本科规划教材。全书共分11章，内容包括概述、平面机构的结构分析、平面机构的运动分析、平面机构的力分析、平面连杆机构及其设计、凸轮机构及其设计、齿轮机构及其设计、轮系及其传动比计算、其他常用机构简介、机械系统动力学基础、机械系统方案设计。每章后面均附有知识点、思考题及练习题，并在附录中列入课程设计指导书。为便于学生复习和提升，书中还提供拓展阅读、同步辅导、经典题例解答，使用手机扫码即可阅读。本书还可与《普通高等教育"十三五"规划教材 机械原理同步辅导与习题精解》配套使用。

本书可作为高等院校和应用型本科机械类专业的教材，也可供高等院校师生和工程技术人员参考。

图书在版编目（CIP）数据

机械原理/陈修龙主编. —3版. —北京：中国电力出版社，2018.12
"十三五"普通高等教育本科规划教材
ISBN 978-7-5198-2701-0

Ⅰ. ①机… Ⅱ. ①陈… Ⅲ. ①机械原理—高等学校—教材 Ⅳ. ①TH111

中国版本图书馆CIP数据核字（2018）第236150号

出版发行：中国电力出版社
地　　址：北京市东城区北京站西街19号（邮政编码100005）
网　　址：http://www.cepp.sgcc.com.cn
责任编辑：周巧玲
责任校对：黄　蓓　太兴华
装帧设计：赵姗姗　赵丽媛
责任印制：钱兴根

印　　刷：三河市万龙印装有限公司
版　　次：2010年8月第一版　2018年12月第三版
印　　次：2018年12月北京第三次印刷
开　　本：787毫米×1092毫米　16开本
印　　张：14.5
字　　数：355千字
定　　价：42.00元

前　言

　　本书第一版于 2010 年出版，第二版于 2014 年出版，自出版以来，受到相关高校的广泛认可，并获得全国煤炭行业优秀教材二等奖。

　　本书根据当前教学改革的最新成果和装备制造工业发展需要，汇集近几年使用本教材的各个学校所反馈的建议修订而成。全书的体系结构和章节顺序与前两版一致，保持了原书的特色和风格。

　　在本次修订工作中，主要进行了以下几方面的完善：

　　（1）扩充了机械平衡的内容，并在附录中设置了机械运动方程求解及课程设计指导，可供教师和学生参考。

　　（2）配套丰富的电子资源，手机扫码即可阅读。在拓展阅读材料中，介绍了并联机器人、并联机床及其运动学分析等前沿领域的研究成果；同时提供各章基本要求、重点和难点提示、经典例题解答，以便学生进行复习和提高。

　　本书由山东科技大学和北华航天工业学院联合编写。陈修龙任主编，叶依丽、魏军英、王全为、韩书葵、李桂莉任副主编，齐秀丽、蔡斌、曹冲振、朱春建、李学艺、杨迎、董向云、高丽参编。

　　由于编者水平有限，书中难免有所疏漏之处，敬请广大读者批评指正。

编　者

2018 年 8 月

第二版前言

本书第一版自 2010 年出版以来，受到同行的普遍认同，为多所兄弟院校所选用，产生了良好的社会效应。

近年来，我国深入开展工程教育和教学改革，强化培养工科学生的创新能力和分析解决问题的能力，对机械原理教材的要求也越来越高。因此，在当前我国经济、科技和教育迅速发展的背景下，编者对本书进行了以下修订：

(1) 尽量保持本书原有特色和风格，教材的框架结构和章节体系基本不变。

(2) 各章后对本章主要知识点进行了归纳总结。

(3) 章节的正文中增加了对关键知识点及重要内容的重点提示。

(4) 全书的插图和习题进行了全面整理，使图形符号符合我国最新的国家标准规定，精选的习题符合教学内容和教学大纲的要求，更有助于提高学生对关键知识点的理解和掌握。

(5) 配套出版《普通高等教育"十二五"规划教材 机械原理同步辅导与习题解析》。

本书由山东科技大学齐秀丽、陈修龙担任主编，叶铁丽、王全为、魏军英、李桂莉担任副主编，曹冲振、高丽、苏春建、戴向云参加编写。

本书由山东科技大学陈维健教授主审，他对本书的编写提出了很多宝贵的意见和建议，在此表示衷心的感谢。

编　者

2013 年 10 月

第一版前言

本书是编者根据近几年的教学实践经验和当前教学改革成果以及我国机械工业发展的需要编写而成的。

考虑到学科的系统性和便于教学，本书共分11章，主要内容包括机构的结构分析、机构的运动分析、常用机构的原理与设计、机械动力学的基础知识及机械系统的运动方案设计等。本书的每章后均附有知识点总结、思考题及练习题，以方便学生进行思维训练，提高分析问题与解决问题的能力。本书加强了基本理论，突出了机构设计内容，注重培养学生的综合分析、系统思考的好习惯，以强化培养和训练学生的思维方式及创新能力，引导学生运用所学的基本理论和方法去发现、分析和解决工程实践中的问题。

本书由山东科技大学齐秀丽教授、陈修龙担任主编，曹冲振、王全为担任副主编。具体编写分工如下：第1、2章由齐秀丽教授编写；第3、4章由陈修龙编写；第5章由李桂莉教授编写；第6、9章由王全为编写；第7章由魏军英编写；第8章由叶铁丽编写；第10、11章由曹冲振编写。全书由齐秀丽教授统稿。

本书由山东科技大学陈维健教授主审，他对本书的编写提出了很多宝贵的意见和建议，在此表示衷心的感谢。

由于编者水平所限，书中难免有不妥或错漏之处，恳请广大读者批评指正。

编 者

2010年5月

目　录

第1章 概　述

1.1 机械原理课程研究的对象与内容

1.1.1 机器、机构

机械原理，是一门以机器和机构为研究对象的学科。

机器是代替人类做有用功或进行能量转换的重要生产工具。汽车、拖拉机、电动机、内燃机、数控机床、机器人等都是机器。机器的类型很多，结构又种多样，用途也各不相同，但是它们都具有三个共同的特征：①都是人为实物构件；②各运动构件之间具有确定的相对运动；③能够传递或转换能量、物料或信息。因此，凡具有以上三个特征的实物组合体称为机器。

机构……人们的概念……

图1-1所示为……

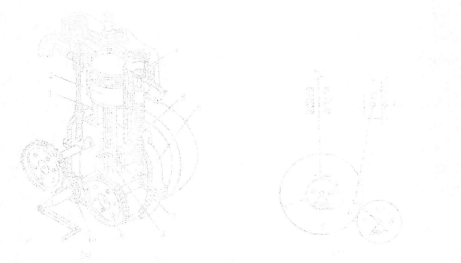

图1-1　内燃机
(a) 结构图　(b) 机构运动简图

图1-1 (a) 所示为一台内燃机，其工作原理如下：燃气由上气室通过进气阀3被下行的活塞2吸入气缸1，然后进气阀3关闭，活塞2上行压缩空气，由火花塞气在气缸中燃烧，膨胀产生压力，推动活塞2下行，通过连杆7使曲轴8转动，向外输出机械能。当活塞2再次上行时，排气阀1打开，废气通过排气阀排出。图1-1 (a) 中由齿轮6和顶杆5用来开、闭进气阀和排气阀，凸轮9、10则用来保证进气阀、排气阀和活

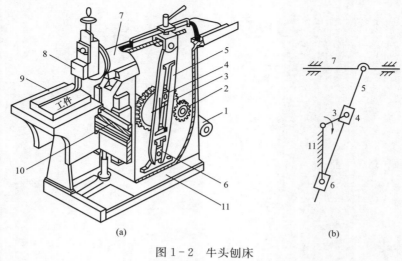

图 1-2　牛头刨床

(a) 原机构图；(b) 机构运动简图

塞之间形成一定规律的动作。上述各部分协同配合动作，便能将燃气燃烧时的热能转变为曲轴转动的机械能。

　　图 1-2（a）所示为牛头刨床，它是将电动机 1 的旋转运动通过皮带传动，使齿轮 2 带动大齿轮 3 转动（同时传力）；大齿轮 3 上用销子铰接了一个滑块 4，它可在杆 5 的槽中滑动，杆 5 下端的槽中有一个与机架 11 铰接的滑块 6，当大齿轮 3 上的销子做圆周运动时，滑块 4 在杆 5 的槽中滑动，同时推动杆 5 绕滑块 6 的中心做往复摆动；杆 5 的上端用销子和牛头 7 铰接，推动牛头 7 在刨床床身的导轨中往复滑动，牛头 7 上装有刀架 8，牛头在工作行程中切削工件，回程时，刀架稍抬起后与牛头一起快速退回。在再次切削行程前，齿轮 3 通过连杆和棘轮（图中未画出）及螺杆 10 使工作台 9（工件）横向移动一个进刀的距离，以进行下一次切削。

　　通过以上工程实例分析可知，机器是由各种各样的机构组成的，它可以完成能量转换、做有用功或处理信息；而机构则是机器中的运动部分，机构在机器中仅仅起着运动传递和运动形式转换的作用。

　　一部机器可能是多种机构的组合体，如上述的内燃机和牛头刨床，就是由齿轮机构、凸轮机构、连杆机构等组合而成的。当然，机器也可能只含有一个最简单的机构，例如人们所熟悉的发电机，就只含有一个由定子和转子所组成的基本机构。

1.1.2　机械原理课程所研究的内容

　　研究的内容则是有关机械的基本理论问题，主要有以下几个方面：

　　（1）各种机构的分析。

　　机构的结构分析：研究机构的组成原理、机构运动的可能性及确定性条件。

　　机构的运动分析：研究在给定原动件运动的条件下，机构各点的轨迹、位移、速度、加速度等运动特性。

机构的力分析：研究机构各运动副中力的计算方法、摩擦、机械效率等问题。

（2）常用机构的设计。机器的种类虽然极其繁多，但构成各种机器的机构类型却是有限的，常用的有齿轮机构、凸轮机构、连杆机构、间歇运动机构等。本课程将讨论这些机构的设计理论和设计方法。

（3）机械动力学问题。这里主要研究在已知外力作用下机械的真实运动规律、机械运转过程中速度波动的调节问题及机械运转过程中所产生的惯性力系的平衡问题。

（4）机构的选型及机械系统设计的基本知识。机械系统设计是机械方案设计的主要内容，本课程中将介绍机械运动方案设计的步骤、功能分析、机构创新、执行机构的运动规律、机构系统运动的协调设计等基本原则和方法，使学生具有初步拟订机械系统方案的设计能力。

1.2　机械原理课程的地位及学习本课程的目的

1.2.1　机械原理课程的地位

机械原理是一门专业技术基础课程，与物理、工程力学等以阐述某些领域的自然规律为主要任务的基础课程相比更加接近工程实际。另外，机械原理又不同于阐述具有特定工艺的专业课程。机械原理研究的是各种机械所具有的共性问题，并对其常用机构进行较为深入的探讨；而专业课程研究的是具体机械所具有的特殊问题。因此，它比专业课程具有更宽的研究面和更广的适应性，在基础课程与专业课程之间起着承上启下的作用，是高等院校机械类专业的主干技术基础课程，在机械设计系列课程体系中占有非常重要的地位。

1.2.2　学习本课程的目的

（1）认识和了解机械。机械原理课程中对机械的组成原理、各种机构的工作原理、运动分析乃至设计理论和方法都做了基本介绍，对工科各专业的学生在认识实习、生产实习中认识、了解和使用机械都有很大的帮助。

（2）为机械类有关专业课程打好理论基础。由于机械的种类极其繁多，它们的性能和工作要求又往往截然不同，为了研究工程实际中的各种特殊机械，在高等院校中相应设置了专门课程，用以研究某类机械所具有的特殊问题。但是，当研究某一具体机械时，不仅需要研究它所具有的特殊问题，还需要研究其所具有的共性问题。机械原理课程正是为此而开设的技术基础课程。

（3）为机械产品的创新设计打下良好基础。随着科学技术的发展和市场经济体制的建立，多数产品的商业寿命正在逐渐缩短，品种需求逐渐增多，这就使产品的设计和生产要从传统的单一品种大批量生产逐渐向多品种小批量生产过渡。要使所设计的产品在国际市场上具有竞争力，需要设计和制造出大量种类繁多、性能优良的新机械。机械的创新设计首先是在运动方式和执行运动方式的机构上创新，而这正是机械原理课程所研究的主要内容。所以，机械原理课程常被称为创造新机械的课程。

（1）在现有机械结合理论和实践的基础上进行改进。作为机械的操作人员如果要充分发挥机械设备的作用，正确使用机械……通过学习机械原理课程，掌握机构的分析方法，能够了解机械的性能，进而更合理地使用机械。掌握机构和机器的设计方法，才能对现有机械的革新改造提出方案。因此，机械原理课程在培养机械方面的创造性人才中必然起到不可或缺的重要作用。

上述介绍充分说明，机械原理学科的研究领域十分广阔，内容丰富，发展迅猛。机械原理学科所面临的不少前沿的研究课题，具有巨大的吸引力，推动人们进行深入的研究。但是，作为机械类专业的一门技术基础课程，根据教学要求，本课程只研究有关机构及其系统的基本设计原理和基本方法，以便使学生掌握进一步研究机械原理学科的新课题所必需的基础知识。

1.3　机械原理的学习方法

机械原理课程是一门设计性质的重要技术基础课程，它涉及的内容广泛，而且问题的答案往往也不唯一。一种功能的实现有多种方案可供选择和判断。因此，在学习本课程时，发散思维的方式很重要。为了掌握机械原理课程的特点、学好机械原理课程，下面简要介绍本课程的学习方法。

（1）注意运用先修课程的有关知识。机械原理作为一门技术基础课程，它的先修课程有高等数学、物理、工程图学、理论力学等。其中，理论力学与本课程的联系最为紧密。机械原理将理论力学的有关原理应用于实际机械中，具有自己的特点。同时，要注意将理论力学的有关知识运用（不是照搬）到本课程的学习中。

（2）学习机械原理知识的同时，注重素质和能力的培养。在学习本课程时，应将重点放在掌握研究问题的基本思路和方法上，着重于创新性思维能力和创新意识的培养。

（3）重视逻辑思维的同时，加强形象思维能力的培养。从基础课到技术基础课，学习的内容变化了，学习的方法也应有所转变；要理解和掌握本课程的一些内容，要解决工程实际问题，要进行创造性设计，单靠逻辑思维是远远不够的，必须发展形象思维能力。

（4）注意将所学知识运用到实际，做到举一反三。机械原理是一门实践性很强的应用型课程。善于观察、勤于思考、勇于实践是学好本课程的关键。学习中要注意理论联系实际，将所学知识运用于实际，就能达到举一反三的目的。与本课程密切相关的试验、课程设计、创新大赛及课外科技活动，将为学生提供学以致用的机会。

1.4　机械原理学科的发展简介

1.4.1　现代机械发展的方向及要求

当今世界正经历着一场新的技术革命，新概念、新理论、新方法、新工艺不断

力性能；考虑到机械在运转时，构件的振动和弹性变形，运动副中的间隙和构件的误差对机械运动及动力性能的影响；如何对构件和机械进一步做好动力平衡的问题等。另一方面，日益广泛地应用了计算机，发展并推广了计算机辅助设计、优化设计、考虑误差的概率设计，提出了多种便于对机械进行分析和综合的数学工具，编制了许多大型通用或专用的计算程序。此外，随着现代科学技术的发展及测试手段的完善，加强了对机械的试验研究。

本章知识点

本章介绍了机器的定义、分类及其组成，给出了机械、机构、构件、零件及机械原理的基本概念、基本内容；介绍了机械原理在现代产品开发中的地位和作用；指出了该课程的特点及学习方法；介绍了现代机械的发展方向及该课程的发展现状。

思考题及练习题

1-1　试说明机构与机器的异同，怎样看待机电一体化中的机构。

1-2　试举例说明机器的分类。

1-3　各种机构和机器有哪些共性？

1-4　现代机械发展方向及要求有哪些？

第 2 章 平面机构的结构分析

平面机构的结构分析主要研究内容如下：

（1）研究机构的组成及其具有确定运动的条件。目的是弄清机构包含哪几个部分，各部分如何相连，以及怎样的结构才能保证具有确定的相对运动，这对于设计新的机构尤其重要。

（2）研究机构的组成原理，并根据结构特点对机构进行分类。机构虽然形式多样，从结构上讲，它们的组成原理都是一样的。此外，根据结构特点，可对机构进行分类，并将机构分解成若干个基本杆组。同一类的基本杆组，可应用相同的方法对其进行运动分析和力的分析。

（3）研究机构运动简图的绘制，即研究如何用简单的图形表示机构的结构和运动状态。

（4）研究机构结构的综合方法，即研究在满足预期运动及工作条件下，如何综合得出机构可能的结构形式。

2.1 组成机构的要素

如前所述，机器是由机构组成的，而机构必须是由具有确定运动的实物（即具有相对独立运动的单元体）组成，这些单元体称为构件，如图 2-1 和图 2-2 所示的构件 1、2。各构件组成机构时是按一定的方式连接而成的，构件之间的连接在机构中称为运动副，因此，机构是由构件和运动副两个要素组成的。

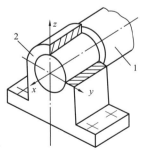

图 2-1 转动副

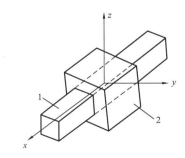

图 2-2 移动副

2.1.1 构件

所谓构件是指作为一个整体参与机构运动的刚性单元。一个构件可以是不能拆开的单一的零件，也可以是由若干个不同零件装配起来的刚性体，如内燃机中的连杆是由连杆体、连杆头、螺栓、螺母、垫圈等零件装配成的刚性体。由此可见，构件与零件的区别在于：构件是运动的单元，而零件则是加工制造单元。本课程以构件作为基本单元来研究。

2.1.2　运动副

1. 运动副的定义

两个构件直接接触且能产生一定相对运动的连接称为运动副。图 2-1 所示的轴 1

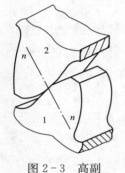

图 2-3　高副

与轴承 2 的连接、图 2-2 所示的滑块与导轨的连接、图 2-3 所示的两轮轮齿的啮合等均为运动副。组成一个运动副需满足以下三个条件：

（1）组成一个运动副需要且只需要两个构件。

（2）组成一个运动副的两构件必须直接接触。

（3）组成一个运动副的两构件间必须存在相对运动。

组成运动副的两构件间的接触形式有点、线、面三种。构件上参与接触而构成运动副的部分称为运动副元素。如图 2-1～图 2-3 所示，运动副元素分别是圆柱面和圆柱孔面、平面、齿廓曲面。

　注 意

一个运动副有两个运动副元素，它们分属于组成该运动副的两个构件。

很显然，两构件间的运动副所起的作用是限制构件间的相对运动，这种限制作用称为约束。如图 2-1 所示，构件 2 限制了构件 1 沿三个坐标轴的移动和绕 y、z 轴的转动，构件 1 只能绕 x 轴转动。这说明两构件以某种方式相连接而构成运动副，其相对运动便受到约束，自由度就相应减少，减少的数目等于该运动副所引入的约束数目。当物体在三维空间自由运动时，其自由度有 6 个，即沿三个坐标轴的三个移动和绕它们的三个转动。由于两构件构成运动副后，仍需具有一定的相对运动，故具有 6 个相对运动自由度的构件，经运动副引入的约束数目最多只能为 5 个，而剩下的自由度至少为 1 个。

2. 运动副的分类

运动副的分类方法有很多，常用运动副及其简图见表 2-1。

表 2-1　　　　　　　　　　　　　　　常用运动副及其简图

名　称	图　形	简图符号	副级	自由度
球面高副			I	5

续表

名　称	图　形	简图符号	副级	自由度
柱面高副			II	4
球面低副			III	3
球销副			IV	2
圆柱套筒副			IV	2
转动副			V	1
移动副			V	1
螺旋副			V	1

（1）根据引入的约束数目进行分类。将引入一个约束的运动副称为Ⅰ级副，将引入两个约束的运动副称为Ⅱ级副，以此类推，最末为Ⅴ级副。

（2）根据运动副上两构件的接触情况分类。通常将面接触的运动副称为低副，将点或线接触的运动副称为高副。在平面机构中，一个低副将引入两个约束，一个高副将引入一个约束。

（3）根据组成运动副两构件间相对运动的空间形式进行分类。如果两构件间相对运动的平面平行，则称为平面运动副，否则称为空间运动副。应用最多的是平面运动副，它只有转动副、移动副（统称为低副）和平面高副三种形式。

（4）按接触部分的几何形状分类。根据组成运动副的两构件在接触部分的几何形状，可分为圆柱副、平面与平面副、球面副、螺旋副、球面与平面副、球面与圆柱副、圆柱与平面副等。

此外，为了使运动副元素始终保持接触，运动副必须封闭。凡借助于构件的结构形状所产生的几何约束来封闭的运动副称为几何封闭或形封闭运动副，借助于重力、弹簧力、气液压力等来封闭的运动副称为力封闭运动副。

2.1.3　运动链

若干个构件通过运动副连接组成的构件系统称为运动链。如果运动链中的各构件构成首末封闭的系统，则称为闭式链，见图 2-4（a）、（b）；否则称为开式链，见图 2-4（c）、（d）。在一般机械中，大多采用闭式链，而开式链多用在机器人等机械中。

运动链可分为平面运动链和空间运动链两类，如图 2-4 和图 2-5 所示。

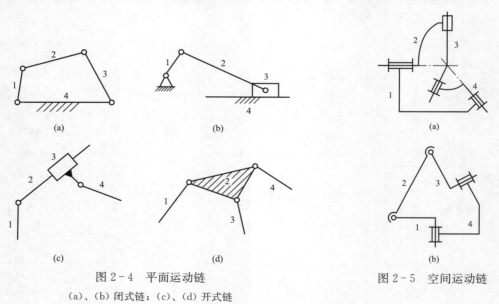

图 2-4　平面运动链　　　　　　　　图 2-5　空间运动链
（a）、（b）闭式链；（c）、（d）开式链

2.1.4　机构

若将运动链中的一个构件固定为参考系（即机架），而让另一个（或少数几个）构

件按给定运动规律相对于该固定构件运动，其余构件随之做确定的相对运动，则这种运动链就称为机构。

机构中作为参考系的构件称为机架，机架相对地面可以是固定的，也可以是运动的（如在汽车、飞机等中的机构）。机构中按给定运动规律独立运动的构件称为主动件或原动件，而其余随主动件运动的活动构件称为从动件。从动件的运动规律取决于原动件的运动规律和机构的结构及构件的尺寸。

同样，机构也可分为平面机构和空间机构两类，所有构件都在同一个平面或平行平面内运动的机构称为平面机构；除此以外都称为空间机构。其中，平面机构应用最为广泛。

2.2　机构运动简图的绘制

从运动的观点来看，构件的运动取决于运动副的类型和机构的运动尺寸（确定各运动副相对位置的尺寸），而与构件的外形、断面尺寸、组成构件的零件数目、固连方式、运动副的具体结构等无关。因此，为了便于研究机构的运动，只用简单的线条和符号代表构件和运动副，并按比例定出各运动副的位置，就能表示出机构的组成和传动情况。这种能够准确表达机构运动特性的简明图形称为机构运动简图。

机构运动简图与原机构具有完全相同的运动特性，因此，可以根据运动简图对机构进行结构分析、运动分析和力分析。

有时，只为了表明机构的运动状态或各构件的相互关系，也可不按比例来绘制运动简图，这样的简图称为机构示意图。

国家标准规定了机构运动简图的符号，见表 2-2。

表 2-2　　　　　　　　　　常用机构构件、运动副的代表符号

名　　称	两运动构件形成的运动副	两构件之一为机架时所形成的运动副
转动副		
移动副		
构　件	二副元素构件　　三副元素构件　　多副元素构件	

续表

名　称	两运动构件形成的运动副		两构件之一为机架时所形成的运动副
	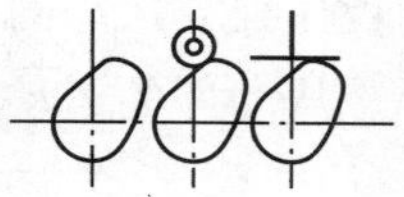 凸轮机构	棘轮机构 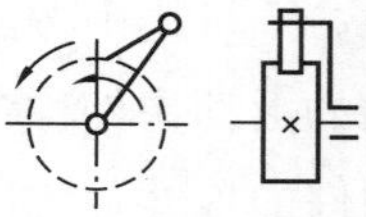	带传动 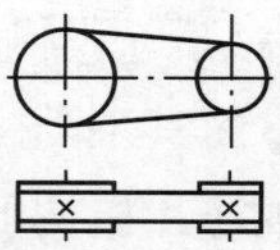
凸轮及其他机构			
	外齿轮	内齿轮	圆锥齿轮	蜗杆蜗轮
齿轮机构				

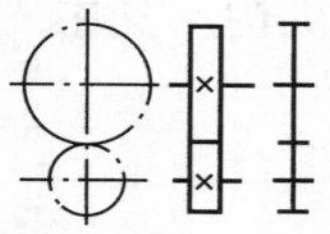

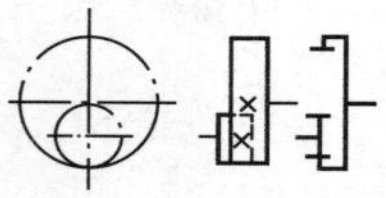

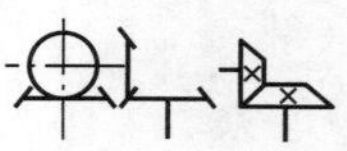

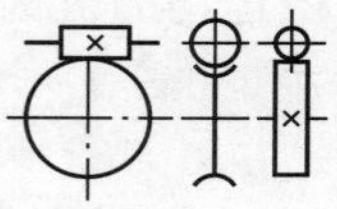

绘制机构运动简图的步骤如下：

（1）首先了解机械的实际构造和运动情况。找出机构的机架和原动件，按照运动的传递线路确定机械原动部分的运动如何传递到工作部分。

（2）了解机械由多少个构件组成，并根据两构件间的接触情况及相对运动的性质，确定各个运动副的类型。

（3）恰当选择投影面，并将机构停留在适当位置，避免构件重叠。一般选择与多数构件的运动平面相平行的面为投影面，必要时也可以就机械的不同部分选择两个或两个以上的投影面，然后展开到同一平面上。

（4）选择适当的长度比例尺 μ_l，$\mu_l = \dfrac{\text{实际长度（m）}}{\text{图示长度（mm）}}$，确定各运动副之间的相对位置，用规定的符号表示各运动副，并将同一构件参与构成的运动副符号用简单线条连接起来，即可绘制出机构的运动简图。

（5）在已画出的机构运动简图上标出机架（打上斜线）和主动件（标上运动方向的箭头）。

总之，绘制机构运动简图要遵循正确、简单、清晰的原则。下面通过具体实例来说明机构运动简图的绘制。

【例 2-1】 试绘制如图 1-1（a）所示内燃机的机构运动简图。

解 由图 1-1 可见，此内燃机的主体是由气缸 1（即机架）、活塞 2、连杆 7 和曲轴 8 所组成的曲柄滑块机构。此外，为了控制进气和排气，又从曲轴 8 开始，由固连于该轴上的小齿轮 10 与固连于凸轮轴上的大齿轮 9 相啮合而带动凸轮轴 6 转动。于是凸轮轴 6 上的两个凸轮分别推动推杆（图中一个推杆标号为 5），以控制进气阀 3 和排气阀 4。

明确内燃机的构造后，选定视图的平面和比例尺，绘出其运动简图，如图 1-1（b）所示。

【例 2 - 2】　图 2 - 6（a）所示为一颗式碎矿机。当曲轴 2 绕其轴心 O 连续转动时，动颚板 3 做往复摆动，从而将矿石轧碎。试绘制此碎矿机的机构运动简图。

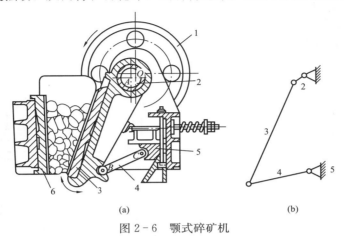

图 2 - 6　颚式碎矿机

（a）原机构图；（b）机构运动简图

1—飞轮；2—曲轴；3—动颚板；4—摇杆；5—机架；6—固定颚板

解　由图 2 - 6（a）可知，此破碎机系由曲轴 2（1 为固装于曲轴 2 上的飞轮）、动颚板 3、摇杆 4、机架 5（固定颚板 6 与机架为同一构件）等构件所组成。其中，曲轴 2 与机架 5 在 O 点构成转动副，曲轴 2 与动颚板 3 也构成转动副，其轴心在 A 点。另外，摇杆 4 与动颚板 3、机架 5 分别在 B 点及 C 点构成转动副。

将此碎矿机的构造情况搞清楚后，再选定投影面和比例尺，并定出转动副 O、A、B、C 的位置，即可绘出其机构运动简图，如图 2 - 6（b）所示。

2.3　机构自由度的计算及机构具有确定运动的条件

2.3.1　平面机构自由度的计算

机构自由度是指机构中各构件相对于机架所具有的独立运动参数。平面机构的应用特别广泛，下面仅讨论平面机构的自由度计算问题。

机构的自由度与组成机构的构件数目、运动副数目及类型有关。

1. 构件、运动副、约束与自由度的关系

由理论力学可知，一个做平面运动的自由构件（刚体），具有三个自由度。如图 2 - 7（a）所示，构件 1 在未与构件 2 构成运动副时，具有沿 x 轴及 y 轴的移动和绕与运动平面垂直的轴线转动的三个独立运动，即具有三个自由度。当两构件通过运动副相连接时，见图 2 - 7（b）、（c）、（d），很显然，构件间的相对运动受到限制，这种限制作用称为约束。就是说，运动副引进了约束，就使构件的自由度减少。

图 2 - 7（b）中构件 1 与构件 2 构成转动副，构件 1 沿 x 轴及 y 轴的移动被约束，

使构件 1 只能相对构件 2 转动。

图 2-7（c）中构件 1 与构件 2 构成移动副，构件 1 沿 y 轴的移动和绕与运动平面垂直的轴线的转动被约束，使构件 1 只能相对构件 2 沿 x 轴移动。

图 2-7（d）中构件 1 与构件 2 构成平面高副，构件 1 沿 y 轴的移动被约束，使构件 1 只能相对构件 2 沿 x 轴移动和绕与运动平面垂直的轴线转动。

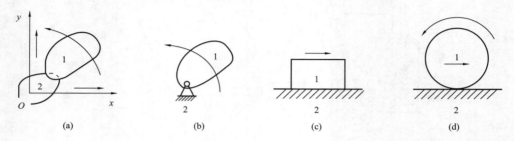

图 2-7　构件、运动副、约束与自由度
（a）自由构件；（b）转动副构件；（c）移动副构件；（d）高副构件

可见，平面低副（转动副或移动副）将引进两个约束，使两构件只剩下一个相对转动或相对移动的自由度；平面高副将引进一个约束，使两构件只剩下相对滚动和相对滑动两个自由度。

2. 平面机构自由度的计算公式

由以上分析可知，如果一个平面机构共有 n 个活动构件（机架因固定不动而不计算在内），当各构件尚未通过运动副相连接时，显然它们共有 $3n$ 个自由度。若各构件之间共构成 P_L 个低副和 P_H 个高副，则它们共引入了 $2P_L + P_H$ 个约束，机构的自由度 F 则为

$$F = 3n - (2P_L + P_H) = 3n - 2P_L - P_H \tag{2-1}$$

这就是计算平面机构自由度的公式。由式（2-1）可知，机构自由度 F 取决于活动构件的数目，以及运动副的性质（低副或高副）和个数。

【例 2-3】 计算如图 2-6（b）所示的颚式破碎机主体机构的自由度。

解　在颚式破碎机主体机构中，有 3 个活动构件，$n=3$；包含 4 个转动副，$P_L=4$；没有高副，$P_H=0$。所以由式（2-1）得机构自由度为

$$F = 3n - 2P_L - P_H = 3 \times 3 - 2 \times 4 - 0 = 1$$

2.3.2　机构具有确定运动的条件

机构中的构件之间要有确定的相对运动。为了说明机构实现确定运动的条件，下面先分析图 2-8 所示的机构。

图 2-8（a）所示机构的自由度为 1，有 1 个独立的运动。只要给定构件一个转角 θ_1 后，构件 2、3 的位置便随之确定，即该机构需要一个主动件，运动就确定了。若给该机构两个主动件，设再取构件 3 也为主动件，则机构内部的运动关系将产生矛盾，或者机构不动，或者其中最薄弱的构件就被破坏。

图 2-8（b）所示为一平面铰链五杆机构，该机构的自由度为 2。若只取构件 1 为主动件，给出构件 1 的转角 θ_1 后，构件 2、3、4 的位置是不确定的；若同时取构件 1、4 为主动件，给定两个独立的运动参数 θ_1、θ_4，这时其余的构件具有确定的运动。

图 2-8（c）所示为三个构件铰接在一起，此时运动链的自由度为 0，表明没有独立的运动，因此它是一个不能产生相对运动的构件组合，即为桁架结构。

图 2-8（d）所示为四个构件铰接在一起，自由度数等于 -1，表明其约束过多，已成为超静定桁架。

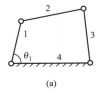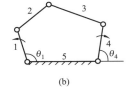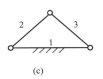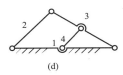

（a）　　　　　　　（b）　　　　　　　（c）　　　　　　　（d）

图 2-8　机构的结构简图

综上所述，机构的自由度数 F、机构的主动件数目与机构的运动有着密切的关系。

（1）若 $F \leqslant 0$，运动链为桁架结构，构件间没有相对运动。

（2）若 $F > 0$，且主动件数目等于 F，则机构各构件间的相对运动是确定的。

（3）若 $F > 0$，且主动件数目大于 F，则构件间不能运动或机构被破坏。

（4）若 $F > 0$，且主动件数目小于 F，则构件间的相对运动是不确定的，即机构做无规则运动。

由此，得出机构具有确定运动的条件如下：

机构的主动件数目 ＝ 机构的自由度数　　（$F > 0$）

2.3.3　计算平面结构自由度的注意事项

应用式（2-1）计算平面机构的自由度时，必须注意下述几种情况。

1. 复合铰链

两个以上的构件同时在一处用转动副相连接就构成复合铰链。图 2-9（a）所示为三个构件汇交成的复合铰链，图 2-9（b）所示为它的俯视图。由图 2-9（b）可以看出，这三个构件共组成两个转动副。以此类推，K 个构件汇交而成的复合铰链应具有 $K-1$ 个转动副，在计算机构自由度时应注意识别复合铰链，以免将转动副的个数算错。

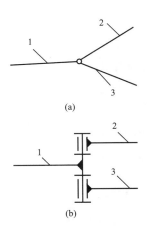

【例 2-4】 计算如图 2-10 所示的圆盘锯主体机构的自由度。

解　机构中有 7 个活动构件，$n=7$；A、B、C、D 四处都是三个构件汇交的复合铰链，各有两个转动副，E、F 处各有一个转动副，故 $P_L=10$。由式（2-1）可得

图 2-9　复合铰链

$$F = 3 \times 7 - 2 \times 10 = 1$$

F 与机构原动件数相等。当原动件 8 转动时，圆盘中心 E 将确定地沿 EE' 移动。

2. 局部自由度

机构中常出现一种与输出构件运动无关的自由度，称为局部自由度（或多余自由度），在计算机构自由度时应予以排除。

【例 2 - 5】 计算如图 2 - 11 （a）所示的滚子从动件凸轮机构的自由度。

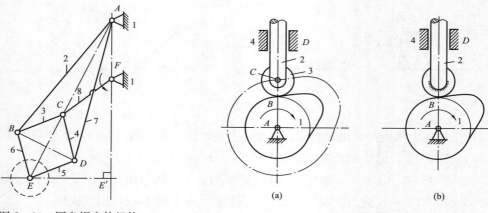

图 2 - 10　圆盘锯主体机构

图 2 - 11　局部自由度
（a）焊前；（b）焊后

解　如图 2 - 11 （a）所示，当原动件凸轮 1 转动时，通过滚子 3 驱使从动件 2 以一定的运动规律在机架 4 中往复移动。因此，从动件 2 是输出机构。不难看出，在这个机构中，无论滚子 3 是否绕其轴线 C 转动或转动快慢，都不影响输出构件 2 的运动。因此，滚子绕其中心的转动是一个局部自由度。为了在计算机构自由度时排除这个局部自由度，可设想将滚子与从动件焊成一体（转动副 C 也随之消失），变成如图 2 - 11 （b）所示的形式。在图 2 - 11 （b）中，$n=2$，$P_L=2$，$P_H=1$。由式（2-1）可得

$$F = 3 \times 2 - 2 \times 2 - 1 = 1$$

局部自由度虽然不影响整个机构的自由度，但滚子可使高副接触处的滑动摩擦变成滚动摩擦，减少磨损，所以实际机械中常有局部自由度出现。

3. 虚约束

在运动副引入的约束中，有些约束对机构自由度的影响是重复的，它对机构运动不起任何限制作用。这种对机构运动不起限制作用的约束称为虚约束或消极约束。在计算机构自由度时应当除去不计。

虚约束是构件间几何尺寸满足某些特殊条件的产物。平面机构中的虚约束常出现在下列场合中：

（1）两个构件之间组成多个导路平行的移动副时，只有一个移动副起作用，其余都是虚约束，如图 2 - 12 （a）所示。

（2）两个构件之间组成多个轴线重合的转动副时，只有一个转动副起作用，其余都是虚约束。例如两个轴承支承一根轴只能看作一个转动副，如图 2－12（b）所示。

（3）机构中，如果有两个构件相连接，将此两构件在该连接处拆开后，两构件上连接点的轨迹重合，则该连接带入一个虚约束，如图 2－12（c）、（f）所示。

（4）两构件构成平面高副，且各接触点处的公法线彼此重合，如图 2－12（d）所示，则算作一个平面高副。

（5）如果两构件在多处相接触构成的平面高副，在各接触点的公法线方向彼此不重合，就构成了复合高副，它相当于一个低副，图 2－12（g）所示为转动副，图 2－12（h）所示为移动副。

（6）机构中传递运动不起独立作用的对称部分，如图 2－12（i）所示的行星轮系，为了受力均衡而采用三个行星轮对称布置，实际上只需一个行星轮便能满足运动要求。

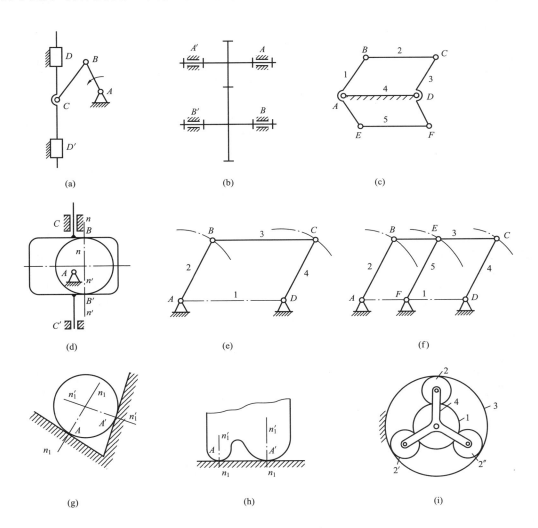

图 2－12　虚约束

还有一些类型的虚约束需要复杂的数学证明才能判别，此处不再一一列举。虚约束对运动虽不起作用，但可以增加构件的刚性，使构件受力均衡，所以实际机械中虚约束也比较常用。只有排除机构运动简图中的虚约束，才能计算出真实的机构自由度。

【例 2-6】 计算图 2-13（a）所示大筛机构的自由度。

解 机构中的滚子有一个局部自由度，顶杆与机架在 E 和 E' 组成两个导路平行的移动副，其中之一为虚约束，C 处是复合铰链。现将滚子与顶杆焊成一体，去掉移动副 E'，并在 C 点注明转动副数，如图 2-13（b）所示。由图 2-13（b）得，$n=7$，$P_L=9$（7 个转动副和 2 个移动副），$P_H=1$，故由式（2-1）得

$$F = 3n - 2P_L - P_H = 3 \times 7 - 2 \times 9 - 1 = 2$$

此机构的自由度等于 2，有两个原动件。

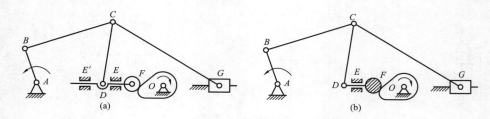

图 2-13 大筛机构

2.4 平面机构的高副低代

为了使平面低副机构的运动分析和动力分析方法能适用于所有平面机构，要了解平面高副与平面低副之间的内在联系，研究在平面机构中用低副代替高副的条件和方法（简称高副低代）。

为了保证机构的运动保持不变，进行高副低代时必须满足两个条件：

（1）代替机构和原机构的自由度必须完全相同。

（2）代替机构和原机构的瞬时速度和瞬时加速度必须完全相同。

在如图 2-14（a）所示的高副机构中，构件 1 和构件 2 是分别为绕 A 点和 B 点转动的两个圆盘，它们的几何中心分别为 O_1 和 O_2，这两个圆盘在 C 点接触组成高副。由

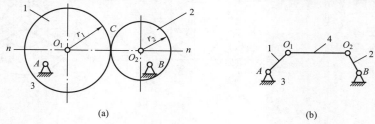

图 2-14 高副低代 I

于高副两元素均为圆弧，故 O_1、O_2 即为构件 1 和构件 2 在接触点 C 的曲率中心，两圆连心线 O_1O_2 即为过 C 点的公法线。在机构运动时，圆盘 1 的偏心距 AO_1、两圆盘半径之和 O_1O_2 及圆盘 1、2 的偏心距 AO_1、BO_2 均保持不变。因而，这个高副机构可以用如图 2-14（b）所示的铰链四杆机构 AO_1O_2B 来代替。代替后机构的运动并不发生任何改变，因此能满足高副低代的第二个条件。由于高副具有一个约束，而构件 4 及转动副 O_1、O_2 也具有一个约束，所以这种代替不会改变机构的自由度，即满足高副低代的第一个条件。

上述的代替方法可以推广应用到各种平面高副上。图 2-15（a）所示为具有任意曲线轮廓的高副机构，过接触点 C 作公法线 nn，在此公法线上确定接触点的曲率中心 O_1、O_2，构件 4 通过转动副 O_1 和 O_2，分别与构件 1 和构件 2 相连，便可得到如图 2-15（b）所示的代替机构 AO_1O_2B。当机构运动时，随着接触点的改变，其接触点的曲率半径及曲率中心的位置也随之改变，因而在不同的位置有不同的瞬时代替机构。

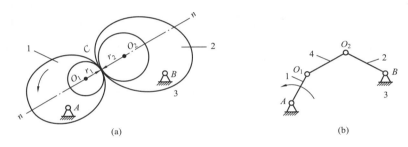

图 2-15　高副低代 Ⅱ

根据以上分析，高副低代的方法就是用一个带有两个转动副的构件来代替一个高副，这两个转动副分别处在高副两元素接触点的曲率中心。

若高副两元素之一为一点［见图 2-16（a）］，则因其曲率半径为零，所以曲率中心与两构件的接触点 C 重合，其瞬时代替机构如图 2-16（b）所示。

若高副两元素之一为一直线［见图 2-17（a）］，则因直线的曲率中心在无穷远处，所以这一端的转动副将转化为移动副，其瞬时代替机构如图 2-17（b）、（c）所示。

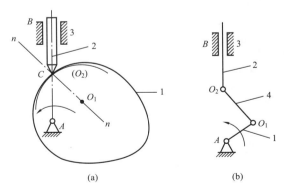

图 2-16　高副低代 Ⅲ

由前述可知，平面机构中的高副均可以用低副来代替，所以任何平面机构都可以化为只含低副的机构，对平面机构进行结构分类时，只需研究平面低副机构即可。

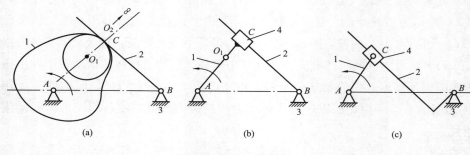

图 2-17　高副低代Ⅳ

2.5　平面机构的组成原理和结构分析

由前述可知，机构具有确定运动的条件是机构的原动件数必须等于机构的自由度数，每一个原动件用低副与机架相连后自由度为1。因此，如果将机构的机架、和机架相连的原动件与其余构件拆开后，则由其余构件组成的构件组必然是一个自由度为零的构件组。该构件组有时还可以再拆成更简单的自由度为零的构件组。最后不能再拆的最简单的自由度为零的构件组称为基本杆组。

下面讨论全含低副的基本杆组的组成。设基本杆组由 n 个构件和 P_L 个低副组成，按式（2-1）得

$$F = 3n - 2P_L = 0$$

即

$$P_L = 3n/2 \tag{2-2}$$

由于构件数和运动副数必须是整数，所以满足式（2-2）的构件数和运动副数的组合如下：$n=2$，$P_L=3$；$n=4$，$P_L=6$，$\cdots$，n 应是 2 的倍数，而 P_L 应是 3 的倍数。

最简单的组合为 $n=2$ 和 $P_L=3$，通常将这种由 2 个构件和 3 个低副构成的基本杆组称为Ⅱ级组。考虑到低副中有转动副和移动副，Ⅱ级组有五种不同的类型，见表 2-3。

表 2-3　　　　　　　　　　Ⅱ级及部分Ⅲ、Ⅳ级基本杆组的结构形式

杆组中含有构件及运动副数	杆组结构	
$n=2$ $P=3$ 二杆三副 （Ⅱ级杆组）	1. RRR	2. RRP
	3. RPR	4. PRP

续表

杆组中含有构件及 运动副数	杆 组 结 构	
$n=2$ $P=3$ 二杆三副 （Ⅱ级杆组）	5. RPP	
$n=4$ $P=6$ 四杆六副 （部分Ⅲ、Ⅳ级杆组）	1. Ⅲ级杆组	2. Ⅳ级杆组

除Ⅱ级杆组外，还有Ⅲ、Ⅳ级等较高级的基本杆组。表2-3中给出了两种Ⅲ级杆组和一种Ⅳ级杆组，它们都是由4个构件及6个低副组成的。其中，具有三个内运动副组成封闭轮廓的杆组称为Ⅲ级杆组，具有由四个内运动副组成封闭轮廓的杆组称为Ⅳ级杆组。在实际机构中，这些比较复杂的基本杆组应用较少。

在同一机构中可包含不同级别的基本杆组，通常将机构中所包含的基本杆组的最高级数作为机构的级数。例如，将由最高级别为Ⅱ级基本杆组组成的机构称为Ⅱ级机构；机构中既有Ⅱ级杆组，又有Ⅲ级杆组，则称其为Ⅲ级机构；将由原动件和机架组成的机构（如杠杆机构、斜面机构、电动机等）称为Ⅰ级机构。这就是机构的结构分类方法。

机构结构分析的目的是将已知机构分解为原动件、机架和若干个基本杆组，进而了解机构的组成，并确定机构的级别。机构结构分析的步骤如下：

（1）除去虚约束和局部自由度，计算机构的自由度并确定原动件。

（2）拆杆组。从远离原动件的构件开始拆分，按基本杆组的特征，首先试拆Ⅱ级组，若不可能时再试拆Ⅲ级组。必须注意，每拆出一个杆组，剩下部分仍组成机构，且自由度数与原机构数相同，直到全部拆分至杆组只剩下Ⅰ级机构为止。

（3）确定机构的级别。

【例 2-7】 试确定如图 2-18（a）所示的平面高副机构的级别。

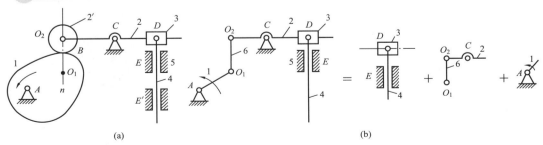

图 2-18 平面高副机构

（a）拆分前；（b）拆分后

解　（1）先除去机构中的局部自由度和虚约束，再计算机构的自由度。由 $n=4$，$P_L=5$，$P_H=1$，得

$$F=3n-2P_L-P_H=3\times4-2\times5-1=1$$

以构件 1 为原动件。

（2）进行高副低代，画出其瞬时代替机构，得到如图 2-18（b）所示的平面低副机构。

（3）进行结构分析。可依次拆出构件 4 与 3 和构件 2 与 6 两个Ⅱ级组，最后剩原动件 1 和机架 5。

（4）确定机构的级别。由于拆出的最高级别杆组是Ⅱ级组，故此机构为Ⅱ级机构。

【例 2-8】　计算如图 2-19 所示机构的自由度，并确定机构的级别。

解　该机构无虚约束和局部自由度，由 $n=5$，$P_L=7$，$P_H=0$，得自由度为

$$F=3n-2P_L-P_H=3\times5-2\times7=1$$

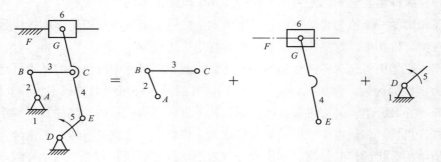

图 2-19　[例 2-8] 图

构件 5 为原动件，距离构件 5 最远与其不直接相连的构件 2、3 可以组成Ⅱ级杆组，剩下的构件 4 和构件 6 也可组成Ⅱ级杆组，最后剩下构件 5 与机架 1 组成Ⅰ级机构。该机构由Ⅰ级机构和两个Ⅱ级杆组所组成，因而为Ⅱ级机构。

对于如图 2-19 所示的机构，若以构件 2 为原动件，则可拆出如图 2-20 所示的基本杆组及原动件与机架。该机构是由一个Ⅲ级组和原动件 2 与机架 1 所组成，基本杆组的最高级别为Ⅲ级组，所以该机构为Ⅲ级机构。

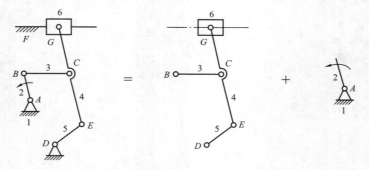

图 2-20　基本杆组及原动件与机架

由此可知，同一机构因所取的原动件不同，机构的级别可能不同。因此，对一个具体机构，必须根据实际工作情况指定原动件，并用箭头标明运动方向。

本章知识点

（1）掌握有关机构中的构件、运动副、约束、运动链、机构、自由度、复合铰链、局部自由度、虚约束等基本概念。

（2）正确运用规定的符号和表达方法绘制常用机构的运动简图。

（3）掌握机构具有确定运动的条件和平面机构自由度的计算；指出平面机构中的复合铰链、局部自由度、虚约束；判断机构是否具有确定的运动，并给予正确处理。

（4）高副低代及判断机构的级别。

思考题及练习题

2-1　什么是构件？构件与零件有什么区别？

2-2　什么是运动副？运动副有哪些常用类型？

2-3　什么是自由度？什么是约束？自由度、约束、运动副之间存在什么关系？

2-4　什么是运动链？什么是机构？机构具有确定运动的条件是什么？当机构的原动件数少于或多于机构的自由度时，机构的运动将发生什么情况？

2-5　机构运动简图有何用处？它能表示出原机构哪些方面的特征？如何绘制机构运动简图？

2-6　在计算机构的自由度时，应注意哪些事项？

2-7　什么是机构的组成原理？什么是基本杆组，它具有什么特性？如何确定基本杆组的级别及机构的级别？Ⅱ级基本杆组有哪几种基本形式？

2-8　为何要对平面机构进行高副低代？高副低代应满足的条件是什么？

2-9　试画出图 2-21 中的各平面机构的运动简图，并计算其自由度。

2-10　验算如图 2-22 所示的机构能否运动。如果能运动，判断运动是否具有确定性，并给出具有确定运动的修改方法。

2-11　图 2-23（a）所示为仿人手食指机构（以手指 8 作为相对固定的机架），图 2-23（b）所示为高位截肢的人所设计的一种假肢膝关节机构（以颈骨 1 为机架）。分别画出其运动简图，并计算其自由度。

2-12　计算如图 2-24 所示各机构的自由度，指出其中是否含有复合铰链、局部自由度或虚约束，并判断机构运动是否确定。

2-13　对如图 2-25 所示的复杂机构进行结构分析，并确定所含基本杆组的数目及该机构的级别（画有箭头的构件为主动构件）。

2-14　计算如图 2-26 所示机构的自由度，并进行高副低代。

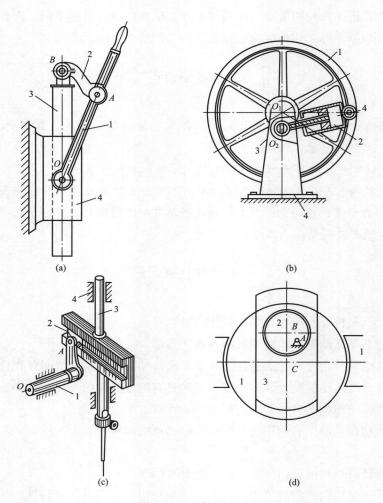

图 2-21　题 2-9 图

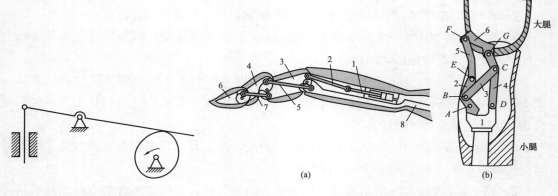

图 2-22　题 2-10 图

图 2-23　题 2-11 图

（a）仿人手食指机构；（b）假肢膝关节机构

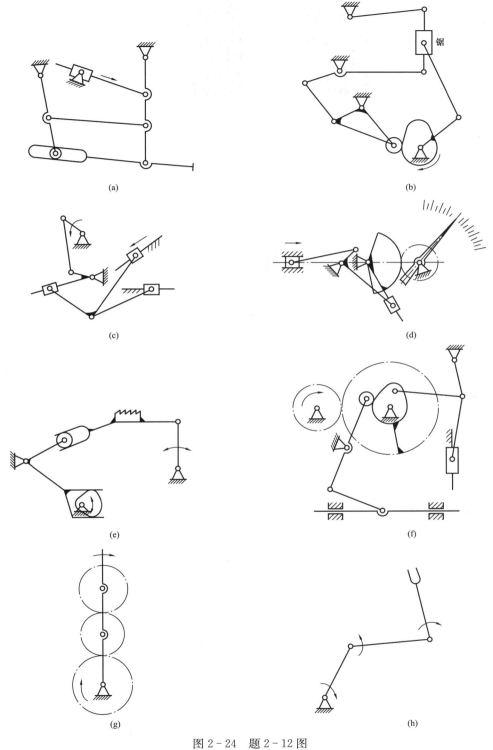

图 2-24 题 2-12 图

（a）平炉渣口堵塞机构；（b）锯木机机构；（c）加药泵加药机构；（d）测量仪表机构；

（e）缝纫机送布机构；（f）冲压机构；（g）差动轮系；（h）机械手

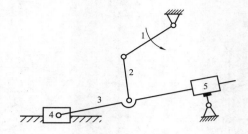

图 2-25　题 2-13 图

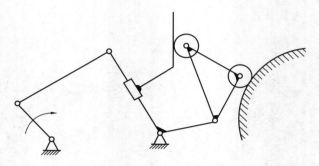

图 2-26　题 2-14 图

2-15　试对如图 2-27 所示的机构进行杆组分析，并且画出拆分杆组过程，指出各级杆组的级别、数目及机构的级别。

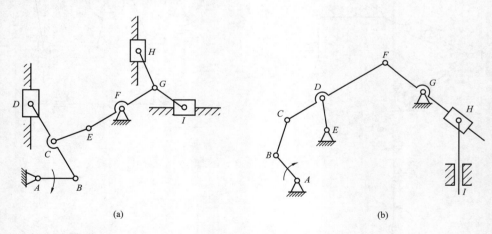

(a)　　　　　　　　　　　　(b)

图 2-27　题 2-15 图

第 3 章　平面机构的运动分析

机构运动分析就是根据机构运动简图和原动件的运动规律，分析机构的其他构件上某些点的轨迹、位移、速度、加速度，以及构件的角位移、角速度和角加速度。这些内容不仅是设计、选择、使用机构的依据，也是对机构做动态静力分析和研究机械动力学的基础。无论是了解现有机械的工作性能，还是设计新机械，都需要进行机构的运动分析。

机构运动分析的方法主要有图解法和解析法。图解法形象直观，概念清晰，但精度较低，而且对机构整个运动循环进行运动分析时，需要反复作图，也很烦琐。图解法包括速度瞬心法和矢量方程图解法。解析法是列出机构中已知的尺度参数和运动参数以及未知运动参数之间的数学关系式，然后求解未知运动参数。现在解析法多用计算机求解运算，精度高，速度快，但解析法不如图解法形象直观，而且计算式有时比较复杂，工作量非常大。本章重点介绍用图解法进行机构运动分析，对于解析法仅做简单介绍，且仅限于研究平面机构的运动分析。

3.1　速度瞬心及其在机构速度分析中的应用

对于凸轮机构、齿轮机构、四连杆机构等一些简单的平面机构，利用速度瞬心法进行机构的速度分析十分方便。

3.1.1　速度瞬心

速度瞬心是互相做平面相对运动的两构件在任一瞬时其相对速度为零的重合点，简称瞬心，常用 p_{ij} 表示构件 i、j 间的瞬心。如果两构件均在运动，则瞬心的绝对速度不等于零，称为相对瞬心；如果两构件之一是静止的，则瞬心的绝对速度为零，称为绝对瞬心。

在机构中，每两个构件就有一个瞬心，对于由 N 个构件（包括机架）组成的机构，其瞬心总数 K，可按排列组合得

$$K = \frac{N(N-1)}{2} \tag{3-1}$$

3.1.2　机构中瞬心位置的确定

（1）直接观察法。如果两构件是通过运动副直接连接在一起的，其瞬心位置可通过直接观察的方法确定。如图 3-1（a）、（b）所示，组成转动副的两构件的瞬心 p_{12} 在转动副的中心处，组成移动副的两构件的瞬心 p_{12} 在垂直于导路方向的无穷远处。如图 3-1（c）所示，组成平面高副的两构件的瞬心 p_{12}，如果高副两元素之间为纯滚动时，

则其接触点就是两构件的瞬心；如果高副两元素之间既有相对滚动，又有相对滑动，瞬心位于过接触点的公法线 nn 上。

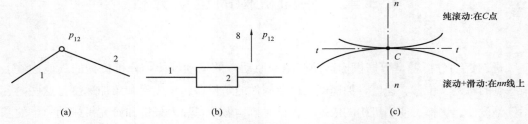

图 3-1 以运动副连接的构件的瞬心位置

(a) 转动副；(b) 移动副；(c) 平面高副

（2）三心定理法。对于机构中不能直接以运动副相连的两构件，它们的瞬心位置可用三心定理来确定。三心定理：做平面运动的三个构件共有 3 个瞬心，它们位于同一直线上。现证明如下：

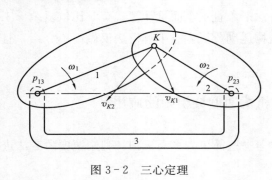

图 3-2 三心定理

如图 3-2 所示，设构件 1、2、3 互相做平面运动。为方便起见，设构件 3 固定不动，假设 p_{12} 不在 p_{13}、p_{23} 的连线上，而在任取一重合点 K 处，但因构件 1、2 上任一点的速度必分别与该点至 p_{13}、p_{23} 的连线相垂直，而速度 v_{K1} 和 v_{K2} 的方向显然不同，对于瞬心 p_{12} 作为构件 1、2 上的等速重合点，该点的绝对速度方向必须相同，所以 p_{12} 必在 p_{13}、p_{23} 的连线上，即三个瞬心必定位于同一直线上。

3.1.3 速度瞬心在机构速度分析中的应用

【例 3-1】 图 3-3（a）所示为一平面四杆机构。（1）试确定该机构在图示位置时各瞬心位置；（2）设各构件尺寸、原动件 2 的角速度均为已知，现求机构在图示位置时构件 4 的角速度 ω_4。

解 （1）根据式（3-1）可知，该机构所有瞬心的数目为

$$K = \frac{N(N-1)}{2} = \frac{4 \times (4-1)}{2} = 6$$

即分别为 p_{12}、p_{13}、p_{14}、p_{23}、p_{24}、p_{34}。其中，p_{12}、p_{23}、p_{14}、p_{34} 分别在四个转动副中心 A、B、C、D，可直接观察定出；而其余两个瞬心 p_{13}、p_{24} 需应用三心定理求得。根据三心定理可知，若求 p_{13}，对于构件 1、2、3 而言，它必在 p_{12} 及 p_{23} 的连线上；而对于构件 1、4、3 而言，它必在 p_{14} 及 p_{34} 的连线上，这两条连线的交点即为瞬心 p_{13}。同理可知，p_{24} 必为 $p_{23}p_{34}$ 及 $p_{12}p_{14}$ 两连线的交点。

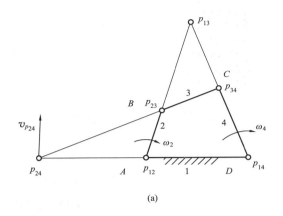
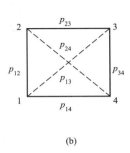

(a)　　　　　　　　　　　　　　　(b)

图 3-3　平面四杆机构瞬心

为了尽快确定瞬心的位置，求解构件较多的机构的瞬心时，可作一辅助多边形。如图 3-3（b）所示，多边形顶点分别代表相应构件，任意两顶点连线代表相应两构件瞬心，如 $\overline{12}$ 代表 p_{12}、$\overline{23}$ 代表 p_{23} 等；能直接观察确定的瞬心连成实线，待求瞬心连成虚线，如 p_{13} 及 p_{24} 用虚线表示。任意三个顶点构成的三角形的三条边表示三个瞬心位于同一直线上，如△123 中的三条边表示 p_{12}、p_{23} 及 p_{13} 位于同一直线上；而待求瞬心则为两个三角形的公共边。

（2）由于已知瞬心 p_{24} 为构件 2 和构件 4 的等速重合点，则

$$\omega_2\,\overline{p_{12}\,p_{24}}\mu_l = \omega_4\,\overline{p_{14}\,p_{24}}\mu_l$$

$$\omega_4 = \omega_2\,\frac{\overline{p_{12}\,p_{24}}}{\overline{p_{14}\,p_{24}}}$$

其中，μ_l 为机构的尺寸比例尺，它是机构的真实长度与图形长度之比，单位为 m/mm。因构件 2、4 各绕 p_{12}、p_{14} 转动，且 ω_2 顺时针方向，故 $v_{p_{24}}$ 铅垂向上，ω_4 为顺时针方向。

【例 3-2】 图 3-4 所示为一具有三个构件的平面高副机构。设各构件的尺寸及原动件 2 的角速度 ω_2 为已知，求构件 3 与原动件 2 的角速度之比。

解　构件 2、3 组成高副，瞬心 p_{23} 应在过高副两元素接触点 C 处的公法线 nn 上，同时由三心定理可知 p_{23} 又在 p_{12}、p_{13} 的连线上，故 nn 与 $p_{12}p_{13}$ 的交点即为 p_{23}，其绝对速度为

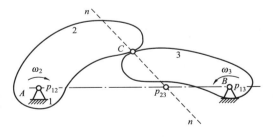

图 3-4　三构件组成的高副机构

$$v_{p_{23}} = \omega_2\,\overline{p_{12}\,p_{23}}\mu_l = \omega_3\,\overline{p_{13}\,p_{23}}\mu_l$$

则
$$\frac{\omega_2}{\omega_3} = \frac{\overline{p_{13}\,p_{23}}}{\overline{p_{12}\,p_{23}}}$$
(a)

式（a）表明，组成既有滚动又有滑动高副的两构件，其角速度之比与被过接触点的公法线所分割的两线段长度成反比。

3.2　用矢量方程图解法做机构的速度及加速度分析

用矢量方程图解法对机构进行运动分析时，首先根据相对运动的原理列出速度、加速度矢量方程，然后选一定的比例尺根据该方程作出速度矢量多边形和加速度矢量多边形，最后求得构件上点的速度、加速度及构件角速度和角加速度。在机构运动分析中常遇到以下两种不同情况的相对运动，下面分别说明矢量方程图解法的具体作法。

3.2.1　利用同一构件上两点间的运动矢量方程做机构的速度和加速度分析

1. 同一构件上两点间的速度关系

如图 3-5 所示，由运动合成原理可得 A、B 两点的速度矢量方程式为

$$\boldsymbol{v}_B = \boldsymbol{v}_A + \boldsymbol{v}_{BA}$$
(3-2)

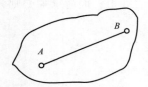

图 3-5　点的速度
和加速度合成

式中：v_{BA} 为 B 点相对于 A 点的相对速度，其大小等于该构件的瞬时角速度 ω 与 A、B 两点之间实际距离 l_{AB} 的乘积，即 $v_{BA} = \omega l_{AB}$，其方向与 A、B 连线垂直，方向与 ω 一致。

现设 A 点的速度 v_A 的大小、方向和所求 B 点的速度 v_B 的方向及 v_{BA} 的方向均为已知。因每个矢量具有大小和方向两个量，而一个矢量方程可以求解两个未知量，式（3-2）共有六个量，其中已知四个量，故 v_B 和 v_{BA} 的大小可以用图解法求解。

2. 两点间的加速度关系

按运动的合成原理，B 点的加速度可写为

$$\boldsymbol{a}_B = \boldsymbol{a}_A + \boldsymbol{a}_{BA} = \boldsymbol{a}_A + \boldsymbol{a}_{BA}^n + \boldsymbol{a}_{BA}^t$$
(3-3)

式中：a_{BA}^n 与 a_{BA}^t 分别为点 B 相对于 A 点的相对法向加速度和相对切向加速度。

a_{BA}^n 的大小为 $a_{BA}^n = \omega^2 l_{AB} = \dfrac{v_{BA}^2}{l_{AB}}$，其方向沿 AB 由 B 点指向 A 点；a_{BA}^t 的大小为 $a_{BA}^t = \varepsilon l_{AB}$，其方向垂直于 AB，与构件的瞬时角加速度 $\boldsymbol{\varepsilon}$ 一致。

设已知构件上 A 点的绝对加速度 $\boldsymbol{a}_A$ 的大小、方向和所求 B 点加速度 $\boldsymbol{a}_B$ 的方向。由于 B 点相对于 A 点的法向加速度 a_{BA}^n 的大小、方向和切向加速度 a_{BA}^t 的方向线总是已知的，所以式（3-3）中只有 a_B 和 a_{BA}^t 的大小未知，故可用图解法求解。

【例 3-3】 已知图 3-6（a）所示的四杆机构运动简图及构件长度，设原动件 1 以等角速度 ω_1 转动，求机构在图示位置时，构件 2 上 E 点的速度 v_E 和加速度 $\boldsymbol{a}_E$，构件 2、3 的角速度 $\boldsymbol{\omega}_2$、$\boldsymbol{\omega}_3$ 和角加速度 $\boldsymbol{\varepsilon}_2$、$\boldsymbol{\varepsilon}_3$。

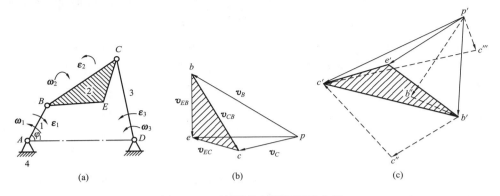

图 3 - 6　四杆机构的图解运动分析

解　（1）做速度分析。

1）求 v_C 及 ω_2、ω_3。因 C 点与 B 点为同一构件 2 上的点，故可写出下列矢量方程式：

$$v_C\ =\ v_B\ +\ v_{CB}$$

方向　　　　　　$\perp CD$　　　$\perp AB$　　　$\perp BC$

大小　　　　　　　?　　　　　$\omega_1 l_{AB}$　　　　?

已知 $v_B = \omega_1 l_{AB}$，其方向垂直于 AB，指向与 ω_1 转向一致。只有 v_C 及 v_{CB} 的大小未知，因而可用速度多边形求解。

如图 3 - 6（b）所示，取长度比例尺和速度比例尺分别为 μ_l 和 μ_v，任选一点 p，作 $\overrightarrow{pb}\left(\overline{pb} = \dfrac{v_B}{\mu_v} = \dfrac{\omega_1 l_{AB}}{\mu_v}\right.$，单位为 mm $\bigg)$ 代表 v_B；过 b 点作垂直于 BC 的直线代表 v_{CB} 的方向，再由 p 点作垂直于 CD 的直线代表 v_C 的方向，两线交于 c 点，则 $\overrightarrow{pc}$、$\overrightarrow{bc}$ 分别代表 v_C 及 v_{CB}，其大小为 $v_C = \mu_v \overline{pc}$，$v_{CB} = \mu_v \overline{bc}$，单位为 m/s，从而求得 ω_2、ω_3 大小为

$$\omega_2 = \frac{v_{CB}}{l_{BC}} = \frac{\mu_v}{\mu_l} \frac{\overline{bc}}{\overline{BC}}\quad \text{rad/s}$$

$$\omega_3 = \frac{v_C}{l_{CD}} = \frac{\mu_v}{\mu_l} \frac{\overline{pc}}{\overline{CD}}\quad \text{rad/s}$$

将分别代表 v_C 及 v_{CB} 的矢量 $\overrightarrow{pc}$ 及 $\overrightarrow{bc}$ 平移到 C 点，可知 ω_2 为顺时针方向，ω_3 为逆时针方向。

2）求 v_E。因 B、C、E 点为同一构件上的三点，而 B、C 点的速度为 v_B、v_C 均为已知，故 E 点的速度可利用速度影像法求得，如图 3 - 6（b）所示，作 $\triangle bce \backsim \triangle BCE$，则 $\overrightarrow{pe}$ 代表 v_E，其大小为

$$v_E = \mu_v \overline{pe}\quad \text{m/s}$$

其方向与 $\overrightarrow{pe}$ 一致。

（2）做加速度分析。

1）求 a_C 及 ε_2、ε_3。因 C、B 点同为构件 2 上的两点，故可写出两点间加速度关系式为

$$a_C = a_B + a_{CB} = a_B + a_{CB}^n + a_{CB}^t \tag{a}$$

又因 C、D 点同为构件 3 上的两点，也可写出两点间的加速度关系式

$$a_C = a_D + a_{CD} = a_D + a_{CD}^n + a_{CD}^t \tag{b}$$

联立式（a）和式（b），得

$$a_{CD}^n \quad + \quad a_{CD}^t \quad = \quad a_B \quad + \quad a_{CB}^n \quad + \quad a_{CB}^t \tag{c}$$

$$\text{方向}\quad C{\to}D \qquad \perp CD \qquad B{\to}A \qquad C{\to}B \qquad \perp BC$$

$$\text{大小}\quad \omega_3^2 l_{CD} \qquad ? \qquad \omega_1^2 l_{AB} \qquad \omega_2^2 l_{BC} \qquad ?$$

式（c）中已知 $a_B = a_{BA}^n = \omega_1^2 l_{AB}$，单位为 m/s²，其方向由 B 指向 A。只有 a_{CD}^t 及 a_{CB}^t 的大小两个未知量，可用加速度多边形求解。

如图 3-6（c）所示，取加速度比例尺 μ_a，任选 p' 点，作 $\overrightarrow{p'b'}$ 代表 a_B；过 b' 点作 $\overrightarrow{b'c''}$ 代表 a_{CB}^n；过 c'' 作 $\overrightarrow{c''c'}$ 直线代表 a_{CB}^t 的方向线；再从 p' 点作 $\overrightarrow{p'c'''}$ 代表 a_{CD}^n；过 c''' 点作 $\overrightarrow{c'''c'}$ 直线代表 a_{CD}^t 的方向线，两方向线相交于 c' 点，则 $\overrightarrow{p'c'}$ 代表 a_C，其大小为 $a_C = \mu_a \overrightarrow{p'c'}$，单位为 m/s²，其方向与 $\overrightarrow{p'c'}$ 一致，而 $\overrightarrow{c''c'}$ 及 $\overrightarrow{c'''c'}$ 分别代表 a_{CB}^t 及 a_{CD}^t。

而

$$\varepsilon_2 = \frac{a_{CB}^t}{l_{BC}} = \frac{\mu_a \overrightarrow{c''c'}}{\mu_l \overline{BC}} \quad \text{rad/s}^2$$

$$\varepsilon_3 = \frac{a_{CD}^t}{l_{CD}} = \frac{\mu_a \overrightarrow{c'''c'}}{\mu_l \overline{CD}} \quad \text{rad/s}^2$$

将 $\overrightarrow{c''c'}$ 及 $\overrightarrow{c'''c'}$ 分别平移到 C 点可知，ε_2、ε_3 均为逆时针方向。

2）求 a_E。E 点的加速度 a_E 可用加速度影像法求得，如图 3-6（c）所示，作 $\triangle b'c'e' \backsim \triangle BCE$，则 $\overrightarrow{p'e'}$ 代表 a_E，其大小 $a_E = \mu_a \overrightarrow{p'e'}$，单位为 m/s²，方向与 $\overrightarrow{p'e'}$ 一致。

3.2.2　利用不同构件上重合点间的运动矢量方程做机构的速度和加速度分析

1. 重合点间的速度关系

如图 3-7 所示，当构件 1 与构件 2 组成移动副时，B 点（B_1 和 B_2）为构件 1、2 上的任意重合点。由理论力学可知，若将动坐标取在构件 1 上，将构件 2 上的 B_2 点作为动点，则动点 B_2 绝对速度 v_{B2} 等于动坐标上重合点 B_1（牵连点）的绝对速度 v_{B1}（B_2 点的牵连速度）和 B_2 点对 B_1 点的相对速度 v_{B2B1}（B_2 点对于 B_1 点的相对移动速度）的矢量和为

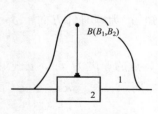

图 3-7　不同构件上
重合点间的速度
和加速度合成

$$v_{B2} = v_{B1} + v_{B2B1} \tag{3-4}$$

若式（3-4）中速度 v_{B1} 的大小和方向已知，又知 v_{B2} 的方向（如平行于 xx）及 v_{B2B1} 的方向（沿移动副导路），则只有两个未知量，故可用图解法求出 v_{B2} 及 v_{B2B1} 的大小。

2. 重合点间的加速度关系

由理论力学可知，动点 B_2 的绝对加速度为其牵连点 B_1 的绝对加速度 a_{B1}，科氏加速度 a_{B2B1}^k 和 B_2 点对于 B_1 点的相对加速度 a_{B2B1}^r 三者的矢量和为

$$a_{B2} = a_{B1} + a_{B2B1}^k + a_{B2B1}^r \tag{3-5}$$

其中，a_{B2B1}^r 的方向平行于移动副导路的方向；a_{B2B1}^k 为科氏加速度，是动点 B_2 相对于 B_1 点运动时而产生的附加加速度，其大小 $a_{B2B1}^k = 2\omega_1 v_{B2B1}$，其方向是将 v_{B2B1} 相对速度沿牵连角速度 ω_1 方向转过 90° 所得。

【例 3-4】 图 3-8（a）所示为一四杆机构运动简图。已知各构件的长度及原动件曲柄 1 的角速度 ω_1，试求机构在图示位置时构件 3 的角速度 ω_3 及角加速度 ε_3。

解　（1）做速度分析。有

$$\boldsymbol{v}_{B3} = \boldsymbol{v}_{B2} + \boldsymbol{v}_{B3B2}$$

大小	?	$\omega_1 l_{AB}$	?
方向	$\perp BC$	$\perp AB$	$/\!/ BC$

如图 3-8（b）所示，取速度比例尺 μ_v，任选一点 p，作 $\overrightarrow{pb_1}$（$\overline{pb_1} = \dfrac{v_{B2}}{\mu_v} = \dfrac{\omega_1 l_{AB}}{\mu_v}$，单位为 mm）代表 $\boldsymbol{v}_{B2}$；过 b_1 点作平行于 BC 的直线代表 $\boldsymbol{v}_{B3B2}$ 的方向线，再由 p 点作垂直于 BC 的直线代表 $\boldsymbol{v}_{B3}$ 的方向，两线交于 b_3 点，则 $\overrightarrow{pb_3}$、$\overrightarrow{b_2b_3}$ 分别代表 $\boldsymbol{v}_{B3}$、$\boldsymbol{v}_{B3B2}$，其大小为 $v_{B3} = \mu_v \overline{pb_3}$，$v_{B3B2} = \mu_v \overline{b_2b_3}$，单位为 m/s，从而求得 ω_3 为

$$\omega_3 = \frac{v_{B3}}{l_{BC}} = \frac{\mu_v \overline{pb_3}}{l_{BC}} \quad \text{rad/s}$$

将分别代表 $\boldsymbol{v}_{B3}$ 的矢量 $\overrightarrow{pb_3}$ 平移到 B 点，可知 $\boldsymbol{\omega}_3$ 为顺时针方向。

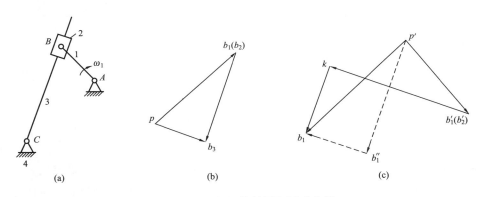

图 3-8　导杆机构的图解运动分析

（2）做加速度分析。有

$$\boldsymbol{a}_{B3}^n + \boldsymbol{a}_{B3}^t = \boldsymbol{a}_{B2} + \boldsymbol{a}_{B3B2}^k + \boldsymbol{a}_{B3B2}^r$$

方向	$B{\to}C$	$\perp BC$	$B{\to}A$	$\perp BC$	$/\!/ BC$
大小	$\omega_3^2 l_{BC}$	?	$\omega_1^2 l_{AB}$	$2\omega_2 v_{B3B2}$	?

如图 3-8（c）所示，取加速度比例尺 μ_a，任选 p' 点，作 $\overrightarrow{p'b_2'}$ 代表 $\boldsymbol{a}_{B2}$；过 b_2' 点作 $\overrightarrow{b_2'k}$ 代表 $\boldsymbol{a}_{B3B2}^{k}$；过 k 作平行于 BC 的直线代表 $\boldsymbol{a}_{B3B2}^{r}$ 的方向线；再从 p' 点作 $\overrightarrow{p'b_1''}$ 代表 $\boldsymbol{a}_{B3}^{n}$；过 b_1'' 点作一垂直于 BC 的直线代表 $\boldsymbol{a}_{B3}^{t}$ 的方向线，两方向线相交于 b_1 点，则 $\overrightarrow{b_1''b_1}$ 代表 $\boldsymbol{a}_{B3}^{t}$，其大小为 $a_{B3}^{t}=\mu_a\overline{b_1''b_1}$，单位为 m/s²，而 $\overrightarrow{kb_1}$ 则代表 $\boldsymbol{a}_{B3B2}^{r}$，其大小为 $a_{B3B2}^{r}=\mu_a\overline{b_1k}$，单位为 m/s²。

$$\varepsilon_3 = \frac{a_{B3}^{t}}{l_{BC}} = \frac{\mu_a\overline{b_1''b_1}}{l_{BC}} \quad \text{rad/s}^2$$

将 $\overrightarrow{b_1''b_1}$ 平移到 B 点，可知 $\boldsymbol{\varepsilon}_3$ 为逆时针方向。

3.2.3　综合运用瞬心法和矢量方程图解法对复杂机构进行速度分析

对于结构复杂的机构，单纯运用瞬心法或矢量方程图解法进行速度分析都比较困难，但若综合运用两种方法则简便很多，下面举例说明。

【例 3-5】 图 3-9（a）所示的振动筛机构运动简图中，设已知各构件长度及原动件 2 的等角速度 $\boldsymbol{\omega}_2$，试求该机构在图示位置时构件 4 上的 C、D、E 点的速度 $\boldsymbol{v}_C$、$\boldsymbol{v}_D$、$\boldsymbol{v}_E$。

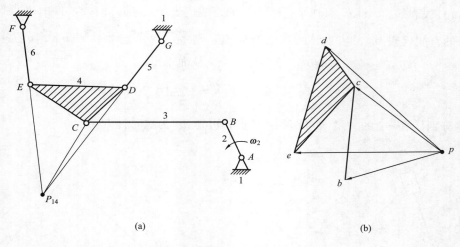

(a)　　　　　　　　　　　　　(b)

图 3-9　振动筛机构运动简图

(a) 运动简图；(b) 速度多边形

解　由矢量方程图解法可知，要求出 $\boldsymbol{v}_D$ 和 $\boldsymbol{v}_E$，必须先求出 $\boldsymbol{v}_C$；要求出 $\boldsymbol{v}_C$，需要知道 $\boldsymbol{v}_B$ 的大小和方向与 $\boldsymbol{v}_C$ 的方向，但 $\boldsymbol{v}_C$ 的方向未知。因此，为定出 $\boldsymbol{v}_C$ 的方向就要定出构件 4 的绝对瞬心 p_{14} 的位置。根据三心定理可知，绝对瞬心 p_{14} 必位于 GD 和 FE 两延长线的交点上。连接 p_{14} 和 C 点，$\boldsymbol{v}_C$ 的方向必垂直于 $p_{14}C$。$\boldsymbol{v}_C$ 方向定出后，便可用矢量方程图解法求得 $\boldsymbol{v}_C$ 为

$$\boldsymbol{v}_C = \boldsymbol{v}_B + \boldsymbol{v}_{CB}$$

进一步求得 $\boldsymbol{v}_D$ 为

$$\boldsymbol{v}_D = \boldsymbol{v}_C + \boldsymbol{v}_{DC}$$

最后由速度影像法求得 v_E。

取速度比例尺 μ_v，任选一点 p，作出速度多边形，如图 3 - 9（b）所示。其中，$\overrightarrow{pc}$ 代表 v_C，$\overrightarrow{pd}$ 代表 v_D，$\overrightarrow{pe}$ 代表 v_E。因此，速度 v_C、v_D、v_E 大小分别为

$$v_C = \mu_v \overline{pc}, \ v_D = \mu_v \overline{pd}, \ v_E = \mu_v \overline{pe}$$

速度 v_C、v_D、v_E 的方向如图 3 - 9（b）所示。

3.3　用解析法做机构的速度及加速度分析

对于准确度要求很高的机构，必须采用解析法进行运动分析。解析法还可以进行机构的综合，以选择最佳的综合方案。随着计算机技术的发展，使解析法在机构运动分析中得到越来越广泛的应用。解析法有很多种，主要包括矢量分析法、复数法等。本书仅介绍封闭矢量多边形法，首先写出机构的封闭矢量多边形在 x、y 坐标轴上的位置投影方程式，然后将位置投影方程式对时间求一次导数和二次导数，即可求得机构的速度方程和加速度方程，进而求出所需的位移、速度和加速度，完成机构的运动分析。

【例 3 - 6】 在如图 3 - 10 所示的四杆机构中，设已知各构件长度分别为 L_1、L_2、L_3、L_4，原动件 1 的角位移为 φ_1 及等角速度为 ω_1，要求确定连杆和摇杆的角位移、角速度和角加速度。

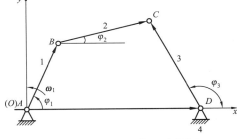

图 3 - 10　四杆机构运动分析

解　首先建立一直角坐标系 xOy，并使 x 轴与机架重合，然后将各构件的长度以矢量表示，形成一个封闭矢量四边形，且使各构件的角位移 φ 均以 x 轴开始，并以沿逆时针方向计量为正。

（1）位置分析。机构的封闭矢量方程式为

$$\boldsymbol{L}_1 + \boldsymbol{L}_2 = \boldsymbol{L}_4 + \boldsymbol{L}_3 \tag{a}$$

将式（a）分别投影在 x 轴和 y 轴上，得

$$\left.\begin{aligned} L_1\cos\varphi_1 + L_2\cos\varphi_2 &= L_4 + L_3\cos\varphi_3 \\ L_1\sin\varphi_1 + L_2\sin\varphi_2 &= L_3\sin\varphi_3 \end{aligned}\right\} \tag{b}$$

其中，仅有角位移 φ_2 和 φ_3 两个未知量，故可求解。

由式（b）可得

$$\varphi_2 = \arccos\frac{L_3\cos\varphi_3 + a}{L_2} = \frac{L_4 - L_1\cos\varphi_1 + L_3\cos\varphi_2}{L_2}$$

$$\varphi_3 = \arccos\left[-\frac{1}{1+B^2}(A \pm B\sqrt{1-A^2+B^2}\,)\right]$$

其中，$a = L_4 - L_1\cos\varphi_1$，$b = L_1\sin\varphi_1$，$A = \dfrac{a^2 + b^2 + L_3^2 - L_2^2}{2aL_3}$，$B = \dfrac{b}{a}$。

（2）角速度分析。将式（b）对时间求导，得

$$\left.\begin{array}{l} -L_1\omega_1\sin\varphi_1 - L_2\omega_2\sin\varphi_2 = -L_3\omega_3\sin\varphi_3 \\[2mm] L_1\omega_1\cos\varphi_1 + L_2\omega_2\cos\varphi_2 = L_3\omega_3\cos\varphi_3 \end{array}\right\} \tag{c}$$

由式（c）可得角速度大小为

$$\omega_2 = -\frac{L_1\sin(\varphi_1 - \varphi_3)}{L_2\sin(\varphi_3 - \varphi_2)}\omega_1$$

$$\omega_3 = \frac{L_1\sin(\varphi_1 - \varphi_2)}{L_3\sin(\varphi_3 - \varphi_2)}\omega_1$$

（3）角加速度分析。将式（c）对时间求导，得

$$\left.\begin{array}{l} -\omega_1^2 L_1\cos\varphi_1 - \varepsilon_1 L_1\sin\varphi_1 - \omega_2^2 L_2\cos\varphi_2 - \varepsilon_2 L_2\sin\varphi_2 = -\omega_3^2 L_3\cos\varphi_3 - \varepsilon_3 L_3\sin\varphi_3 \\[2mm] -\omega_1^2 L_1\sin\varphi_1 + \varepsilon_1 L_1\cos\varphi_1 - \omega_2^2 L_2\sin\varphi_2 + \varepsilon_2 L_2\cos\varphi_2 = -\omega_3^2 L_3\sin\varphi_3 + \varepsilon_3 L_3\cos\varphi_3 \end{array}\right\} \tag{d}$$

由式（d）可得角加速度大小为

$$\varepsilon_2 = \frac{-\omega_1^2 L_1\cos(\varphi_1 - \varphi_3) - \omega_2^2 L_2\cos(\varphi_2 - \varphi_3) + \omega_3^2 L_3}{L_2\sin(\varphi_2 - \varphi_3)}$$

$$\varepsilon_3 = \frac{\omega_1^2 L_1\cos(\varphi_1 - \varphi_2) + \omega_2^2 L_2 - \omega_3^2 L_3\cos(\varphi_3 - \varphi_2)}{L_3\sin(\varphi_3 - \varphi_2)}$$

本章知识点

　　本章的重点是速度瞬心、三心定理及平面机构的速度及加速度矢量方程图解法。其难点是机构中的科氏加速度的判别问题。

　　由于速度瞬心是机构做平面运动时两构件的等速重合点，所以利用瞬心法对简单的平面机构进行速度分析十分简便。为此，必须掌握机构中瞬心位置的确定方法：直接观察法和三心定理法。并可以利用画辅助多边形方法迅速求出机构中的所有瞬心。

　　用矢量方程图解法解题的要点：根据相对运动原理列出速度（加速度）矢量方程，然后分析方程中各矢量的大小和方向，若该矢量方程中仅包含两个未知量，即可根据此方程作出矢量多边形求解。注意，速度影像及加速度影像的相似原理只能应用于同一构件上的各点，且使速度及加速度图与构件图相似，其字母绕行方向一致。科氏加速度只有当两构件既具有牵连角速度，又有相对移动速度时才存在。

　　用解析法解题的要点：首先建立位置方程，进行位置分析；然后将位置方程对时间求导，即可完成机构的速度和加速度分析。

思考题及练习题

3-1　何谓三心定理？如何确定机构中的瞬心位置？

3-2　应用影像法求某一点的速度或加速度必须具备什么条件？应注意什么问题？

3-3　何种情况下存在科氏加速度？科氏加速度的大小和方向如何确定？

3-4　试比较用矢量方程图解法与解析法做机构运动分析时各有什么特点？

3-5　在如图 3-11 所示的凸轮机构中，已知 $r=50\text{mm}$，$l_{OA}=22\text{mm}$，$l_{AC}=80\text{mm}$，$\varphi_1=90°$，凸轮 1 以角速度 $\omega_1=10\text{rad/s}$ 逆时针方向转动。试用瞬心法求从动件 2 的角速度 ω_2。

3-6　在如图 3-12 所示的机构中，已知构件 1 的角速度 ω，试作出该机构的速度多边形图及加速度多边形图的草图，并示出 F 点的速度和加速度。

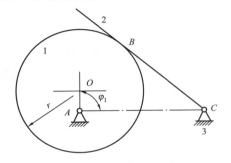

图 3-11　题 3-5 图

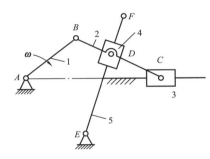

图 3-12　题 3-6 图

3-7　在图 3-13 中，已知机构中各构件尺寸 $l_{AB}=l_{BC}=l_{BD}=l_{CD}=180\text{mm}$，$l_{AE}=50\text{mm}$，$\varphi=30°$，构件 1 上点 E 的速度 $v_E=150\text{mm/s}$，试求该位置时 C、D 两点的速度及连杆 2 的角速度 ω_2。

3-8　在如图 3-14 所示的摆动导杆机构中，已知 $l_{AB}=30\text{mm}$，$l_{AC}=100\text{mm}$，$l_{BD}=50\text{mm}$，$l_{DE}=40\text{mm}$，$\varphi_1=45°$，曲柄 1 以等角速度 $\omega_1=10\text{rad/s}$ 沿逆时针方向回转。试求 D 点和 E 点的速度和加速度及构件 3 的角速度和角加速度。

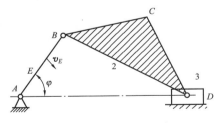

图 3-13　题 3-7 图

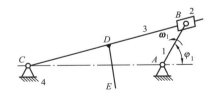

图 3-14　题 3-8 图

3-9　在如图 3-15 所示的机构中，已知机构尺寸 $l_{AB}=50\text{mm}$，$l_{BC}=100\text{mm}$，$l_{CD}=20\text{mm}$，构件 4 的位置 $\varphi_1=30°$，角速度 $\omega_1=\omega_4=20\text{rad/s}$，试用相对运动矢量方程图解法求图示位置时构件 2 的角速度 ω_2，以及角加速度 ε_2 的大小和方向。

3-10　在如图 3-16 所示的正弦机构中，已知原动件 1 的长度 $l_1=100\text{mm}$，位置角 $\varphi_1=45°$，角速度 $\omega_1=20\text{rad/s}$，试用解析法求机构在该位置时构件 3 的速度和加速度。

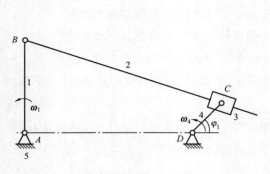

图 3-15　题 3-9 图

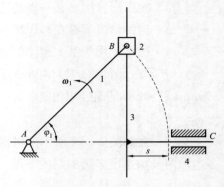

图 3-16　题 3-10 图

3-11　在如图 3-17 所示的机构中，已知 $l_{AB}=60$mm，$l_{BC}=120$mm，$x_D=65$mm，$\varphi_1=60°$，原动件 1 以等角速度 $\omega_1=10$rad/s 顺时针转动，试求构件 5 的速度和加速度。

3-12　在如图 3-18 所示的冲床机构中，已知 $l_{AB}=0.1$m，$l_{BC}=0.4$m，$l_{CD}=0.125$m，$l_{CE}=0.54$m，$h=0.35$m，$\omega_1=10$rad/s（为常数），转向如图所示；当 $\varphi_1=30°$ 时，BC 杆处于水平位置。试用解析法求点 E 的速度和加速度。

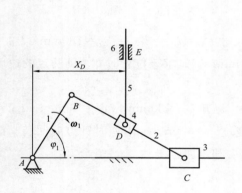

图 3-17　题 3-11 图

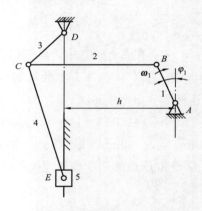

图 3-18　题 3-12 图

第4章 平面机构的力分析

作用在机械上的力不仅影响机械的运动学和动力学性能，也决定机械的强度、结构和尺寸，因此，不论是设计新机械，还是合理使用现有机械，都必须对其进行受力分析。

机构力分析的任务和目的主要有以下两个方面：

（1）确定运动副反力。运动副反力对于计算机械中各个零件的强度、刚度，确定机械的效率、运动副中的磨损等，都是极为重要且必需的资料。

（2）确定机械上的平衡力或平衡力偶。机械上的平衡力是为了使机械按照给定的运动规律运动，必须施加在机械上的未知外力，它对于确定机械工作时所需的驱动功率或能承受的最大载荷等都是必需的数据。

对于低速机构，由于惯性力的影响不大，可忽略不计，只对其做静力分析。对于高速及重型机械，由于其运动构件的惯性力往往很大，所以必须考虑惯性力，这时要对机构做动态静力分析。通常的做法是：根据理论力学中的达郎伯原理，将惯性力视为一般外力加在产生该惯性力的构件上，再将整个机械视为静力平衡状态，用静力学方法进行计算。

机构力分析的方法主要有图解法和解析法两种。本章主要研究不考虑摩擦时机械的动态静力分析，重点介绍用图解法进行机构运动分析。

4.1 构件惯性力的确定

构件惯性力的确定有力学方法和质量代换法两种方法。

4.1.1 力学方法

（1）做平面复合运动的构件。由理论力学可知，对于做平面复合运动且具有质量对称平面的构件，如图 4-1 所示连杆 BC，它的惯性力系可简化为一通过质心 S 的惯性力 P_I 和一惯性力偶矩 M_I，其大小分别为

$$P_I = -ma_S, \quad M_I = -J_S\varepsilon \quad (4-1)$$

式中：m 为构件 BC 的质量；a_S 为构件 BC

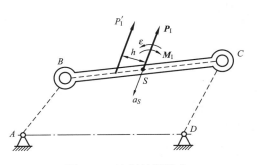

图 4-1 连杆的惯性力

质心加速度的大小；J_S 为构件 BC 对于其质心轴的转动惯量；ε 为构件 BC 的角加速度大小；负号表示 $\boldsymbol{P}_I$、$\boldsymbol{M}_I$ 分别与 $\boldsymbol{a}_S$ 和 $\boldsymbol{\varepsilon}$ 的方向相反。

可将上述惯性力 $\boldsymbol{P}_I$ 和惯性力偶矩 $\boldsymbol{M}_I$ 用一个大小等于 $\boldsymbol{P}_I$，作用线偏离质心 S 距离 h 的总惯性力 $\boldsymbol{P}_I'$ 来代替，且 $\boldsymbol{P}_I'$ 对质心 S 的矩要与 $\boldsymbol{\varepsilon}$ 的方向相反。质心 S 偏离距离 h 为

$$h = \frac{M_I}{P_I} \tag{4-2}$$

（2）做平面移动的构件。做平面移动的构件，其力偶矩 $\boldsymbol{M}_I$ 为零，惯性力 $\boldsymbol{P}_I = -m\boldsymbol{a}_S$。如果构件做等速运动，其惯性力 $\boldsymbol{P}_I$ 也为零。

（3）绕定轴转动的构件。如果构件绕质心轴做变速转动，其质心加速度 $\boldsymbol{a}_S = 0$，故 $\boldsymbol{P}_I = 0$，$\boldsymbol{M}_I = -J_S\boldsymbol{\varepsilon}$。如果构件绕不通过质心 S 的固定轴做变速转动，其存在惯性力和一个惯性力偶矩，可用式（4-1）求 $\boldsymbol{P}_I$ 和 $\boldsymbol{M}_I$，也可将它们合成用一个总惯性力 $\boldsymbol{P}_I'$ 来表示。

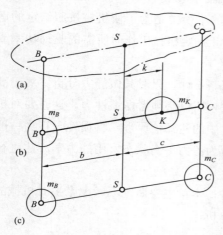

图 4-2　质量代换法

4.1.2　质量代换法

为了简化惯性力的计算，可以将构件的质量按照一定条件用集中于构件上某几个选定点的假想集中质量来代替，这样可只求集中质量的惯性力，而无需求惯性力偶矩，这种方法称为质量代换法。假想集中质量称为代换质量，代换质量所在的位置称为代换点。质量代换分为以下两种：

（1）动代换。动代换应满足以下条件：代换前后构件的质量不变；代换前后构件的质心位置不变；代换前后构件对质心轴的转动惯量不变。

如图 4-2（b）所示，取 B、K 两点为构件 BC 的质量代换点进行动代换，则

$$\left.\begin{array}{l} m_B + m_K = m \\ m_B b = m_K k \\ m_B b^2 + m_K k^2 = J_C \end{array}\right\} \tag{4-3}$$

由式（4-3）得代换质量为

$$\left.\begin{array}{l} m_B = m\dfrac{k}{b+k} \\ m_K = m\dfrac{b}{b+k} \\ k = J_C/(mb) \end{array}\right\} \tag{4-4}$$

（2）静代换。静代换应满足以下条件：代换前后构件的质量不变，代换前后构件的质心位置不变。静代换可以任取代换点，但使用静代换其惯性力偶矩将产生误差。

如图 4-2（c）所示，取 B、C 两点为构件 BC 的质量代换点进行静代换，则

$$\left.\begin{array}{l} m_B + m_C = m \\ m_B b = m_C c \end{array}\right\} \tag{4-5}$$

由式（4-5）得代换质量为

$$
\left.\begin{array}{l}
m_B = m\dfrac{c}{b+c} \\[2mm]
m_C = m\dfrac{b}{b+c}
\end{array}\right\}
\tag{4-6}
$$

4.2　用图解法做机构的动态静力分析

不考虑摩擦时机构的动态静力分析有两种：图解法和解析法。若研究机构的一个运动循环中的受力状态时，使用解析法并利用计算机编程可以缩短计算时间、提高计算精度；若对机构的某些具体位置进行力分析时，用图解法比较简单。两种方法都是在建立分离体的基础上进行受力分析，图解法是根据几何作图求解，而解析法是靠建立平衡方程的方法求解。

4.2.1　构件组的静定条件

为了能用静力学方法将构件组中所有力的未知数确定出来，构件组必须要满足静定条件，也就是说构件组能列出的独立的力平衡方程数应等于构件组中所有力的未知要素的数目。

转动副中反力通过转动副中心，但大小和方向未知；移动副中反力沿导路法线方向，但作用点的位置和大小未知；平面高副的反力沿高副两元素接触点的公法线，但大小未知。若构件组含有 P_L 个低副和 P_H 个高副，则共有 $2P_L + P_H$ 个力的未知数；若构件组共有 n 个活动构件，则可列出 $3n$ 个平衡方程式。故构件组的静定条件为

$$
3n = 2P_L + P_H
\tag{4-7}
$$

仅有低副时，构件组的静定条件为

$$
3n = 2P_L
\tag{4-8}
$$

由式（4-7）和式（4-8）可知，基本杆组都满足静定条件。

4.2.2　用图解法做机构的动态静力分析

不考虑摩擦时机构的动态静力分析的步骤如下：①对机构做运动学分析；②将外力和惯性力以外力的形式加在机构上；③根据静定条件将机构分解为若干个构件组和平衡力作用的构件，列出一系列力平衡矢量方程；④选取力比例尺 μ_F 作图进行静力分析。其分析顺序是由外力全部已知的构件组开始，逐步推算到平衡力作用的构件。

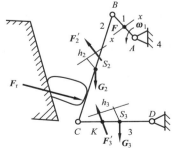

【例 4-1】　在如图 4-3 所示的破碎机中，已知各构件的尺寸、质量及其对本身质心轴的转动惯量，矿石加在颚板 2 上的压力为 F_r。设构件 1 以等角速度 $\boldsymbol{\omega}_1$ 回转，其质量忽略不计，求作用在其上 F 点沿 xx 方向的平衡力及各运动副中的反力。

图 4-3　破碎机

解 （1）选取 μ_v 及 μ_a 作速度多边形和加速度多边形，如图 4-4（a）、（b）所示。

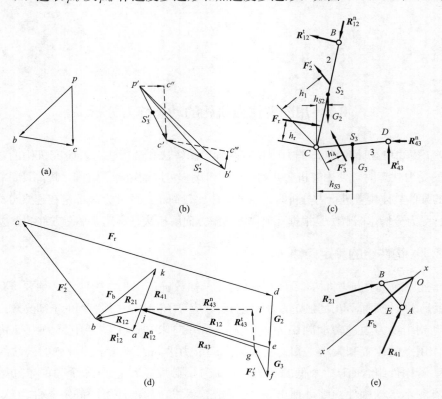

图 4-4 破碎机动态静力计算

（2）确定各构件的惯性力和惯性力偶矩。构件 2 上的惯性力和惯性力偶矩分别为

$$F_2 = -m_2 a_{S2} = -\frac{G_2}{g}\mu_a \overrightarrow{p's_2'}$$

$$M_2 = -J_{S2}\varepsilon_2 = -J_{S2}\frac{a_{CB}^t}{l_{CB}} = -\mu_a J_{S2}\frac{\overrightarrow{c'''c'}}{l_{CB}} \quad （逆时针）$$

其中，l_{CB} 为 C、B 两点间的实际距离。

将 F_2 和 M_2 合并成一个总惯性力 F_2'，其大小和方向与 F_2 相同，但作用线从 S_2 偏移了一个距离 h_2，其值为 $h_2 = \dfrac{M_2}{F_2}$。

同理，作用在构件 3 上的惯性力和惯性力偶矩分别为

$$F_3 = -m_3 a_{S3} = -\frac{G_3}{g}\mu_a \overrightarrow{p'S_3'}$$

$$M_3 = -J_{S3}\varepsilon_3 = -J_{S3}\frac{a_{CD}^t}{l_{CD}} = -\mu_a J_{S3}\frac{\overrightarrow{c''c'}}{l_{CD}} \quad （逆时针）$$

$$h_3 = \frac{M_3}{F_3}$$

（3）求构件 2、3 中各运动副的反力。取构件 2、3 组成的静定杆组为分离体，将其

外部运动副中反力分解为沿杆件轴线及垂直于杆轴线的两个力，如图 4 - 4（c）所示。
则考虑构件 2 平衡时，由 $\sum M_C = 0$ 可得

$$G_2 h_{S2} + F_r h_r - F'_2 h_1 - R^t_{12} l_{CB} = 0$$

$$R^t_{12} = (G_2 h_{S2} + F_r h_r - F'_2 h_1)/l_{CB} \tag{a}$$

如果式（a）等号右边为正值，则表示假定的 R_{12} 的方向是对的；如果是负值，则表示 R^t_{12} 与图中假定的方向相反。

同理构件 3 平衡时，$\sum M_C = 0$，得

$$G_3 h_{S3} - F'_3 h_4 - R^t_{43} l_{CD} = 0$$

$$R^t_{43} = (G_3 h_{S3} - F'_3 h_4)/l_{CD} \tag{b}$$

如果式（b）等号右边的值为正，则表示图中假定的 R_{43} 的方向是正确的；如果为负值，则表示 R^t_{43} 与图中假定的方向相反。

根据构件 2、3 杆组平衡，由力平衡条件 $\sum F = 0$，得

$$R^n_{12} + R^t_{12} + F'_2 + F_r + G_2 + G_3 + F'_3 + R^t_{43} + R^n_{43} = 0$$

其中，只有 R^n_{12}、R^n_{43} 的大小未知，故可作力矢量多边形，比例尺为 μ_F，自任意点 a 起作图，如图 4 - 4（d）所示，其值为

$$R^n_{12} = \mu_F \overline{aj}, \ R^n_{43} = \mu_F \overline{ij}, \ R_{12} = \mu_F \overline{bj}, \ R_{43} = \mu_F \overline{gj}$$

由构件 2 的平衡条件，有

$$\sum F = R_{12} + F'_2 + F_r + G_2 + R_{32} = 0$$

可知矢量 $\overrightarrow{ej}$ 代表反力 R_{32}，其大小为 $R_{32} = \mu_F \overline{ej}$。

（4）求构件 1 上的平衡力及运动副中的反力。构件 1 平衡时，由 $\sum F = 0$，得

$$F_b + R_{21} + R_{41} = 0$$

其中，$R_{21} = -R_{12}$；F_b 为构件 1 的平衡力，其方向为 $x - x$ 向。

可作三个力的矢量三角形，三个力交于一点 O，如图 4 - 4（e）所示，可求出 F_b 和 R_{41} 的大小：

$$F_{41} = \mu_F \overline{jk}, \ F_b = \mu_F \overline{kb}$$

4.3　用解析法做机构的动态静力分析

不考虑摩擦时机构动态静力分析的解析方法很多，共同点是根据力平衡列出分离体上各力之间的关系式后再求解。在用解析法进行受力分析时，关键要判断出首解副，先求出首解副中的反力，再求其他运动副的反力及平衡力。首解副的条件如下：组成该运动副两个构件上作用的外力和外力矩均为已知。

【例 4 - 2】　在如图 4 - 5（a）所示的机构中，已知各构件的尺寸。当 $\varphi_1 = 90°$ 时，BC 处于水平位置，$\varphi_3 = 45°$，作用在 CD 中点 E 的力为 F_3，$\alpha_3 = 90°$，作用在构件 3 的力偶矩为 M_3。试求各运动副中的反力，以及应加于构件 1 的平衡力矩 M_1 的大小。

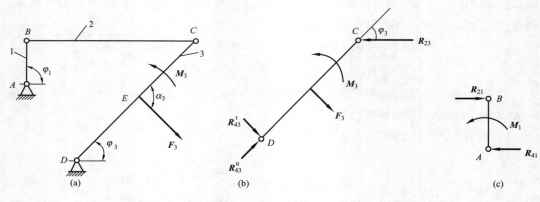

图 4-5　[例 4-2] 图

解　经分析，运动副 C 为首解副，下面对机构进行受力分析。

以 DC 杆为研究对象，其上的作用力如图 4-5（b）所示，由于 BC 杆为二力杆，R_{23} 的作用线与 BC 杆平行，对 D 点取矩，得

$$R_{23} = \frac{\frac{l_{DC}}{2}F_3 - M_3}{l_{DC}\sin 45°}$$

再由杆 3 的力平衡条件，有

$$R_{43}^{t} = R_{23}\sin 45° - F_3$$
$$R_{43}^{n} = R_{23}\cos 45°$$

根据杆 2 的力平衡条件，有

$$R_{21} = R_{23}$$

以 AB 杆为研究对象，其上作用的力如图 4-5（c）所示。

根据杆 1 的力平衡条件，有

$$R_{41} = R_{21}$$

将杆 1 对 A 点取矩，有

$$M_1 = R_{21}l_{AB}$$

4.4　运动副中摩擦力的确定

4.4.1　移动副中摩擦力的确定

1. 平面摩擦

如图 4-6 所示，滑块 1 与水平面 2 组成移动副，Q 为作用在滑块 1 上的铅垂载荷，N_{21} 为平面 2 作用在滑块 1 上的法向反力。设滑块在水平力 P 的作用下等速向右移动；F_{21} 为平面 2 作用在滑块 1 上的摩擦力，方向与 v_{12} 相反，其大小为

$$F_{21} = fN_{21} = fQ \tag{4-9}$$

式中：f 为摩擦系数，它与组成运动副的两构件的材料有关。

为了简化计算，将力 N_{21} 及 F_{21} 合成为一个总反力 R_{21}，它与 N_{21} 之间的夹角 φ 称为摩擦角，其值为

$$\tan\varphi = \frac{F_{21}}{N_{21}} = f \tag{4-10}$$

2. 槽面摩擦

如图 4-7 所示，楔形滑块 1 放在夹角为 2θ 的槽面中，Q 为作用于滑块 1 上的铅垂载荷，P 为推动滑块 1 沿槽面 2 等速运动的水平力，N_{21} 为槽的每一侧面给滑块 1 的法向反力，则每一侧面摩擦力 F_{21} 的大小为

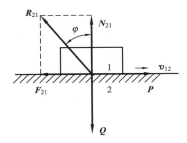

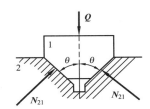

图 4-6 平面摩擦   图 4-7 槽面摩擦

$$F_{21} = fN_{21} \tag{4-11}$$
$$P = 2F_{21} = 2fN_{21} \tag{4-12}$$

根据滑块在铅垂方向的力的平衡条件，得

$$2N_{21} = \frac{Q}{\sin\theta} \tag{4-13}$$

将式（4-13）代入式（4-12），得

$$P = f\frac{Q}{\sin\theta} = f_v Q \tag{4-14}$$

其中，$f_v = \dfrac{f}{\sin\theta}$，称为槽面的当量摩擦系数。与 f_v 相对应的摩擦角 φ_v 为当量摩擦角，$\varphi_v = \arctan f_v$。引入当量摩擦系数是为了简化问题，不同的运动副元素几何形状引入不同的当量摩擦系数即可。当圆柱面摩擦时，如图 4-8 所示，$f_v = kf$，$1 \leqslant k \leqslant \dfrac{\pi}{2}$；当平面摩擦时，如图 4-6 所示，$f_v = f$。

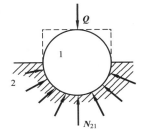

移动副中总反力方向的判断规律如下：总反力 R_{21} 的方向一定与构件 1 相对于构件 2 的速度 v_{12} 的方向呈 $90° + \varphi_v$ 的钝角，其中，$\varphi_v = \arctan f_v$。

图 4-8 圆柱面摩擦

【例 4-3】 如图 4-9 和图 4-10 所示，在斜面机构中，已知斜面与滑块间的摩擦系数 f 及作用在滑块 1 上的铅垂载荷 Q。现求使滑块 1 沿斜面 2 等速上行和下滑时所需

要的水平驱动力 **P**。

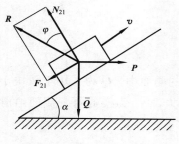
图 4-9　滑块等速上升

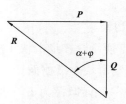
图 4-10　等速上升时力三角形

解　(1) 滑块等速上升。如图 4-9 所示，作出滑块所受的总反力 **R** 的方向与滑块的运动方向呈 $90°+\varphi$ 角。于是，滑块在 **Q**、**P** 及 **R** 三力作用下处于平衡，即

$$\boldsymbol{P}+\boldsymbol{R}+\boldsymbol{Q}=0$$

根据方程，可作出力三角形，如图 4-10 所示，从而可求得 **P** 的大小为

$$P=Q\tan(\alpha+\varphi)$$

(2) 滑块等速下滑。如图 4-11 所示，水平力 **P**′ 是保证滑块 1 沿斜面 2 等速下滑的情况，这时 **Q** 为驱动力，而 **P**′ 为生产阻力，总反力 **R**′ 与滑块运动方向呈 $90°+\varphi$ 角，根据力的平衡条件得

$$\boldsymbol{P}'+\boldsymbol{R}'+\boldsymbol{Q}=0$$

由力的方程式可作出力三角形（因只有 **P**′ 及 **R**′ 大小未知），如图 4-12 所示，可求得

$$P'=Q\tan(\alpha-\varphi)$$

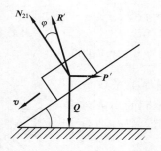
图 4-11　滑块等速下滑力

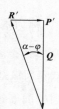
图 4-12　等速下滑时力三角形

由上式可知，当 $\alpha<\varphi$ 时，**P**′ 为负，其方向与图示的方向相反。此时只有将 **P**′ 变为驱动力的一部分才能使滑块等速下滑。

如图 4-13 (a) 所示，螺母 1 上受轴向载荷 **G**，如果在螺母上施加一力矩 **M**，使螺母逆着 **G** 力等速向上运动（相当于拧紧螺母），如图 4-13 (b) 所示，就相当于在滑块 1 上加一水平力 **F**，使滑块 1 沿着斜面等速向上滑动，可得

$$F=G\tan(\alpha+\varphi) \tag{4-15}$$

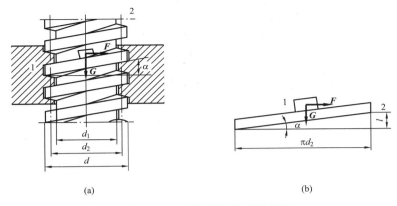

图 4 - 13　矩形螺纹螺旋副的摩擦

F 相当于拧紧螺母时必须施加在螺母中径处的圆周力，其对螺旋轴线之矩即为拧紧螺母时所需要的力矩 M，故

$$M = \frac{d_2}{2}G\tan(\alpha + \varphi) \qquad (4 - 16)$$

若使螺母顺着 G 的方向等速向下运动时（相当于放松螺母），相当于滑块 1 在水平力 F' 作用下沿斜面等速下滑，可得

$$F' = G\tan(\alpha - \varphi) \qquad (4 - 17)$$

放松螺母所需的力矩为

$$M' = \frac{d_2}{2}G\tan(\alpha - \varphi) \qquad (4 - 18)$$

由式（4 - 18）可知，当 $\alpha > \varphi$ 时，M' 为正值，其方向与螺母运动的方向相反，为一阻力矩，其作用是阻止螺母在 G 作用下加速松退；当 $\alpha < \varphi$ 时，M' 为负值，其方向与预先假定的方向相反，即与螺母运动方向相同，所以 M' 将是拧松螺母所需施加的驱动力矩。

4.4.2　转动副中摩擦力的确定

1. 轴颈摩擦

如图 4 - 14 所示，受径向载荷 Q 的轴颈 1 在驱动力矩 M_d 的作用下，在轴承 2 中等速转动。由于轴承作用在轴颈上的法向反力 N_{21} 存在，必将产生摩擦力 F_{21} 以阻止轴颈相对于轴承转动，两者可以合成一个总反力 R_{21}。由前所述，$F_{21} = f_v Q$，其中，$f_v = \left(1 \sim \frac{\pi}{2}\right)f$。

根据轴颈 1 的平衡条件，总反力 R_{21} 必与 Q 大小相等、方向相反，即 $R_{21} = -Q$。而摩擦力 F_{21} 对轴颈形成的摩擦力矩 M_f 必等于总反力 R_{21} 对轴颈形

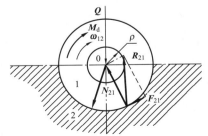

图 4 - 14　径向轴颈的摩擦

成的力矩，可得

$$M_f = F_{21}r = R_{21}\rho = f_v Qr = Q\rho \tag{4-19}$$

式中：r 为轴颈的半径；ρ 为总反力 $\boldsymbol{R}_{21}$ 对轴心 O 的力臂，$\rho = f_v r$。

对于一个具体轴颈，f_v 及 r 均为一定，故 ρ 是一固定长度。若以轴颈中心 O 为圆心，以 ρ 为半径作圆，则此圆必为一定圆，称为摩擦圆，ρ 即为摩擦圆半径。由图 4-15 可知，只要轴颈 1 相对于轴承 2 转动，轴承 2 对轴颈 1 的总反力 $\boldsymbol{R}_{21}$ 将始终切于摩擦圆。

转动副中总反力的方位可由以下三点确定：

（1）根据力平衡条件，总反力 $\boldsymbol{R}_{21}$ 与载荷 $\boldsymbol{Q}$ 大小相等，方向相反。

（2）总反力 $\boldsymbol{R}_{21}$ 必须切于摩擦圆。

（3）总反力 $\boldsymbol{R}_{21}$ 对轴心 O 之矩的方向必须与轴颈 1 相对于轴承 2 的角速度 ω_{12} 的方向相反。

【例 4-4】 如图 4-16 所示的曲柄滑块机构，曲柄 1 为主动件，以等角速度 ω_1 转动，$\boldsymbol{P}_r$ 为作用在滑块 3 上的阻力，试求机构中转动副 B、C 总反力的作用线位置。图中虚线小圆为摩擦圆。（各构件的自重和惯性力忽略不计）

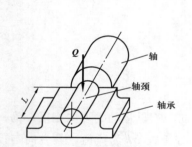

图 4-15　轴颈与轴承组成转动副

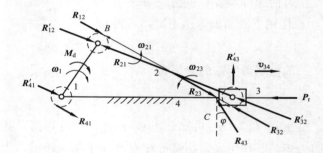

图 4-16　曲柄滑块机构

解　在不计摩擦时，各转动副中的总反力应通过轴心，连杆 2 在两力 $\boldsymbol{R}'_{12}$、$\boldsymbol{R}'_{32}$ 的作用下处于平衡，此时两力应大小相等、方向相反且作用在同一条直线 BC 上。根据机构的运动情况可知，连杆 2 在此位置时受压力。

在计入摩擦时，总反力应切于摩擦圆。由机构的运动情况分析，在转动副 B 处构件 1、2 之间的夹角 α 逐渐增大，故构件 2 相对于构件 1 的角速度 ω_{21} 为逆时针方向，而总反力 $\boldsymbol{R}_{12}$ 对 B 点之矩应与 ω_{21} 方向相反，因此总反力 $\boldsymbol{R}_{12}$ 应切于摩擦圆上方；而在转动副 C 处，构件 2、3 之间夹角逐渐减小，故构件 2 相对于构件 3 的角速度 ω_{23} 为逆时针方向，所以总反力 $\boldsymbol{R}_{32}$ 应切于摩擦圆下方。而构件 2 在 $\boldsymbol{R}_{12}$、$\boldsymbol{R}_{32}$ 作用下平衡，因此二力共线。

2. 轴端摩擦

如图 4-17（a）所示，轴端 1 在止推轴承 2 上旋转，这时接触面间将产生摩擦力，摩擦力对回转轴线之矩即为摩擦力矩 $\boldsymbol{M}_f$。

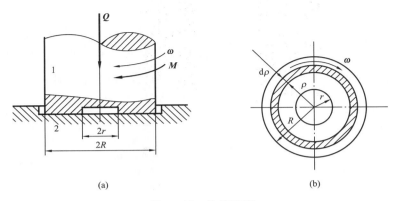

图 4 - 17　轴端摩擦

设轴向载荷为 Q，圆环面的内外半径分别为 r、R，f 为接触面间的摩擦系数，求 M_f 的大小。

如图 4 - 17（b）所示，在轴端接触面上取一宽度为 $d\rho$ 的环形微面积 $ds = 2\pi\rho d\rho$，设 ds 上的压强 p 为常数，正压力 $dN = pds$，其摩擦力为 $dF = fdN = fpds$，轴端所受的总摩擦力矩 M_f 的大小为

$$M_f = \int \rho f p \, ds \tag{4 - 20}$$

对于非跑合的止推轴颈，通常假定压强 p 等于常数，由高等数学计算可得

$$M_f = \frac{2}{3} fQ \left(\frac{R^3 - r^3}{R^2 - r^2} \right) \tag{4 - 21}$$

对于跑合的止推轴颈，通常假定压强 p 等于常数，由高等数学计算可得

$$M_f = \frac{1}{2} fQ(R + r) \tag{4 - 22}$$

4.5　机械的效率和自锁

4.5.1　机械的效率

在机械运转时，设作用在机械上的驱动功（输入功）为 W_d，有效功（输出功）W_r，损耗功为 W_f，则输入功 $W_d = W_r + W_f$。机械效率 η 为输出功与输入功的比值，它反映了输入功在机械中的有效利用程度，即

$$\eta = \frac{W_r}{W_d} = \frac{W_d - W_f}{W_d} = 1 - \frac{W_f}{W_d} \tag{4 - 23}$$

机械的效率也可用驱动力和有效阻力的功率来表示，即

$$\eta = \frac{P_r}{P_d} = \frac{P_d - P_f}{P_d} = 1 - \frac{P_f}{P_d} \tag{4 - 24}$$

式中：P_d、P_r、P_f 分别为机器在一个运动循环内的输入功率、输出功率和有害功率的

平均值。

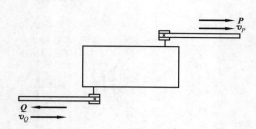

图 4 - 18　机械传动示意

在图 4 - 18 所示的机械传动示意图中，设 P 为驱动力，Q 为相应的有效阻力，而 v_P 和 v_Q 分别为 P 和 Q 的作用点沿该力作用线方向的速度，于是可得

$$\eta = \frac{P_r}{P_d} = \frac{Qv_Q}{Pv_P} \qquad (4-25)$$

对于理想机械 $\eta_0 = 1$，设输出功率不变，$P_0 v_P = Q v_Q$，其中，P_0 为理想驱动力，全部用于做功。

将其代入式（4 - 25），得

$$\eta = \frac{P_0 v_P}{P v_P} = \frac{P_0}{P} \qquad (4-26)$$

同理可得

$$\eta = \frac{M_0}{M} \qquad (4-27)$$

即

$$\eta = \frac{\text{理想驱动力}}{\text{实际驱动力}} = \frac{\text{理想驱动力矩}}{\text{实际驱动力矩}} \qquad (4-28)$$

对于理想机械 $\eta_0 = 1$，设输出功率不变，$P v_P = Q_0 v_Q$，其中，Q_0 为理想阻力，$Q_0 > Q$，输入作用力都用于做功。

代入式（4 - 23），得

$$\eta = \frac{Q v_Q}{Q_0 v_Q} = \frac{Q}{Q_0} \qquad (4-29)$$

同理可得

$$\eta = \frac{M_r}{M_{r0}} \qquad (4-30)$$

即

$$\eta = \frac{\text{实际阻力}}{\text{理想阻力}} = \frac{\text{实际阻力矩}}{\text{理想阻力矩}} \qquad (4-31)$$

4.5.2　机组的效率

1. 串联机组（见图 4 - 19）

$$P_d \rightarrow ① \xrightarrow{P_1} ② \xrightarrow{P_2} ③ \xrightarrow{P_3} \cdots ⓚ \xrightarrow{P_k}$$

图 4 - 19　串联机组

$$\eta = \frac{P_k}{P_d} = \frac{P_1}{P_d}\frac{P_2}{P_1}\frac{P_3}{P_2}\cdots\frac{P_k}{P_{k-1}} = \eta_1 \eta_2 \eta_3 \cdots \eta_k \qquad (4-32)$$

式（4 - 32）表明：串联机组的效率等于各级效率的连乘积；串联机组的效率比小于其中任一局部效率（水桶原理类似）；提高效率应看重于 η_{min} 和减小串联数目。

2. 并联机组（见图 4 - 20）

输入功率　　　$P_d = P_1 + P_2 + \cdots + P_k$　　　　$(4-33)$

输出功率　　　　$P_\mathrm{r} = P'_1 + P'_2 + \cdots + P'_k = P_1\eta_1 + P_2\eta_2 + \cdots + P_k\eta_k$ 　　　(4-34)

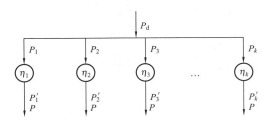

图 4-20　并联机组

所以　　　　　$\eta = \dfrac{P_\mathrm{r}}{P_\mathrm{d}} = \dfrac{P_1\eta_1 + P_2\eta_2 + \cdots + P_k\eta_k}{P_1 + P_2 + \cdots + P_k}$ 　　　(4-35)

式（4-35）表明：并联机组的效率不仅与各级效率有关，而且与总功率如何分配到各级的方法有关；并联机组的总效率必介于 $\eta_{\min}$ 和 $\eta_{\max}$ 之间；若机组各级效率相同，那么不论级数多少，其总效率等于某一局部效率。并联机组提高效率的途径如下：①将功率尽量分配给 $\eta_{\max}$ 的机器；②提高大功率机器的效率。

3. 混联机组

兼有串联和并联的机组称为混联机组，计算其总效率，要先将输入到输出的路线弄清，然后分别按各部分的连接方式，参考式（4-32）和式（4-35），推导出总效率的计算公式。

【例 4-5】　如图 4-21 所示的混联机组，设其中各单机的效率分别为 $\eta_1 = \eta_2 = 0.98$，$\eta_3 = 0.76$，$\eta_4 = \eta_5 = 0.96$；并已知输出功率分别为 $P_{\mathrm{r}1} = 0.4\mathrm{kW}$，$P_{\mathrm{r}2} = 6\mathrm{kW}$。试求该混联机组的机械效率。

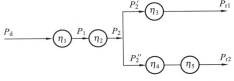

图 4-21　混联机组示意

解　在只有单机 3 的传动支路中，P'_2 为输入功率，$P_{\mathrm{r}1}$ 为输出功率，所以

$$P'_2 = \frac{P_{\mathrm{r}1}}{\eta_3} = \frac{0.4}{0.76}\,(\mathrm{kW}) = 0.526\,(\mathrm{kW})$$

同理，对于由单机 4 和 5 串联组成的传动支路

$$P''_2 = \frac{P_{\mathrm{r}2}}{\eta_4\eta_5} = \frac{6}{0.96^2}\,(\mathrm{kW}) = 6.510\,(\mathrm{kW})$$

而对于由单机 1 和 2 串联的传动线路，输出功率为 $P_2 = P'_2 + P''_2$，输入功率为 P_d，所以

$$P_\mathrm{d} = \frac{P'_2 + P''_2}{\eta_1\eta_2} = \frac{0.526 + 6.510}{0.98^2}\,(\mathrm{kW}) = 7.326\,(\mathrm{kW})$$

对于整个的混联机组而言，P_d 为总的输入功率，$P_{\mathrm{r}1} + P_{\mathrm{r}2}$ 为总的输出功率，所以整个混联机组总的效率为

$$\eta = \frac{P_{r1} + P_{r2}}{P_d} = \frac{0.4 + 6}{7.326} = 0.874$$

4.5.3 机械的自锁

1. 自锁的概念

对于某些机械，由于摩擦力的存在，致使驱动力无论如何增大均无法使机械运动，称为自锁。自锁在机械工程中具有十分重要的意义：①为了使机械实现预期的运动轨迹，机械应避免在自锁点附近工作；②利用自锁来工作（夹具、千斤顶、螺纹防松），以满足生产及安全的需要。

2. 自锁的力学特征

（1）从机械效率的角度看，机构自锁条件为 $\eta \leqslant 0$。其中，$\eta = 0$ 是有条件的自锁，即机械必须原来就静止不动。机械处于自锁时，η 已不是一般意义上的效率，它只表示机械自锁的情况和程度，η 负值越大，自锁越可靠。

（2）驱动力（或力矩）<摩擦力（或力矩）。

（3）对于移动副：当驱动力作用于摩擦角（锥）内，机构将产生自锁。

（4）对于转动副：当驱动力作用线与摩擦圆相割，机构将产生自锁。

【例4-6】 如图4-22（a）所示斜面压榨机，在 **P** 作用下将物体4压紧（图中 **P** 未画出），**Q** 为被压榨物体4对滑块3的反作用力。求当 **P** 去掉后，机构反行程自锁的条件。（各接触面间的摩擦系数均为 f）

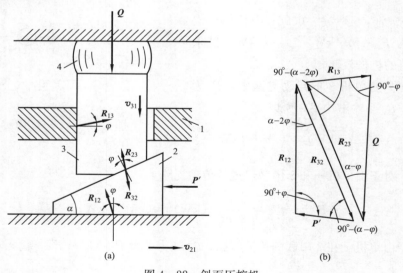

图4-22 斜面压榨机

（a）受力图；（b）力封闭多边形

1—机床夹具；2、3—滑块；4—被压榨物体

解 在正行程时，**P** 为驱动力，通过滑块2推动滑块3上移压紧物体4，**Q** 为生产阻力。当 **P** 去掉后，在 **Q** 的作用下，有驱使滑块2、3反向移动而松退的趋势，所以反行程

时 Q 为驱动力。为求得反行程的效率，现假设反行程时机械不自锁，并设 P' 为保证反行程匀速松退时应加上的水平阻力。由此可确定出反行程时各运动副反力的方位，如图 4 - 22 (a) 所示。研究滑块 2、3，可得力平衡方程式分别为

$$P' + R_{12} + R_{32} = 0$$

$$Q + R_{13} + R_{23} = 0$$

由此作出两个力封闭多边形如图 4 - 22 (b) 所示，由正弦定理可得

$$\frac{P'}{\sin(\alpha - 2\varphi)} = \frac{R_{32}}{\sin(90° + \varphi)}$$

$$\frac{Q}{\sin[90° - (\alpha - 2\varphi)]} = \frac{R_{23}}{\sin(90° - \varphi)}$$

由于 $R_{23} = R_{32}$，联立两式，可求得反行程时的驱动力为

$$Q = P'\cot(\alpha - 2\varphi)$$

其理想驱动力（$\varphi = 0$ 时）为

$$Q_0 = P'\cot\alpha$$

该机械反行程时的效率为

$$\eta' = \frac{Q_0}{Q} = \frac{\tan(\alpha - 2\varphi)}{\tan\alpha}$$

若使机械反行程自锁，则应有

$$\eta' \leqslant 0$$

由此可得反行程自锁的几何条件为

$$\alpha \leqslant 2\varphi$$

【例 4 - 7】 如图 4 - 23 所示的偏心夹具，O 点为偏心圆盘 1 的回转中心，A 点为偏心圆盘的几何中心。偏心圆盘外径为 D，偏心距 $e = \overline{OA}$，偏心盘轴颈的摩擦圆半径为 ρ，偏心盘与工件 2 之间摩擦角为 φ。试求当夹具反行程自锁时的楔紧角 α。

解 根据上述分析知，当 P 去掉后，偏心盘有沿逆时针方向（反行程）松退的运动趋势，由此可确定出运动副反力 R_{21} 的方位如图 4 - 23 所示。要使偏心夹具反行程自锁，则 R_{21} 应与摩擦圆相割或相切，即应满足如下的自锁条件：

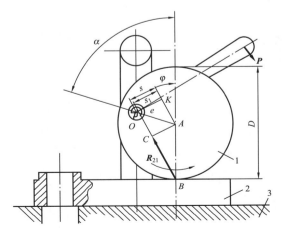

图 4 - 23 偏心夹具

1—偏心盘；2—工件；3—工作台

$$s - s_1 \leqslant \rho$$

由 $R_t \triangle ABC$ 可求得

$$s_1 = \overline{AC} = \frac{D}{2} \sin\varphi$$

又由 $R_t \triangle OAK$ 可求得

$$s = \overline{OK} = e \sin(\alpha - \varphi)$$

由以上三式可得

$$e \sin(\alpha - \varphi) - \frac{D}{2} \sin\varphi \leqslant \rho$$

即

$$\alpha \leqslant \arcsin\left[\frac{1}{e}\left(\rho + \frac{D}{2}\sin\varphi\right)\right] + \varphi$$

本章知识点

　　本章的重点是用图解法做机构的动态静力分析、考虑摩擦时运动副中的力分析、机械的效率和自锁分析。其难点是静代换、动代换、惯性力的平移、杆组的静定分析、考虑摩擦时机构受力分析的图解法。

　　惯性力是研究机械中构件在变速运动时引入的虚拟力，它起着与真实力同样的作用。由于构件的惯性力与真实作用于其上的力组成一个平衡力系，所以在运动的构件上加上它本身的惯性力，构件将处于平衡状态，这样就可以用静力学的方法来解决动力学的问题，称为动态静力法。用图解法做机构动态静力分析的步骤如下：对机构做运动分析以确定在所求位置时各构件的角加速度和质心加速度；求出各构件上的惯性力，并将惯性力视为外力加于构件上；选择基本杆组列出一系列力平衡矢量方程；选择力比例尺作图求解。用解析法做机构的动态静力分析方法很多，其共同点都是根据力平衡条件列出各力之间的关系后再求解。

　　确定运动副中摩擦力主要是确定摩擦力的大小和总反力的方向。机械效率 η 表示机械对能量的利用程度，通常用输出功与输入功的比值来表示。所谓机构的自锁是指从机构的结构本身来看应是能够运动的，只是当驱动力作用于某一处或某一方向时是自锁的，并非在其他任何情况下都不能运动。通常使用 $\eta \leqslant 0$ 作为判别机构自锁的条件，但此时 η 无一般效率的意义，而只表明机械自锁的程度。

　　质量代换应满足的三个条件：代换前后构件的质量不变；代换前后构件的质心位置不变；代换前后构件对质心轴的转动惯量不变。同时满足上面三个条件的质量代换为动代换，只满足前两个条件的质量代换为静代换。

思考题及练习题

　　4-1　什么是机构的动态静力分析？用图解法对机构进行动态静力分析的步骤有

哪些？

4-2　什么是质量代换法？进行质量代换有什么意义？动代换和静代换各应满足什么条件，各有什么优缺点？

4-3　惯性力的方向和质心加速度的方向有何关系？惯性力偶矩的方向和构件的角加速度的方向有何关系？

4-4　什么是当量摩擦系数？当量摩擦系数与实际摩擦系数不同，是因为两物体接触面几何形状改变，从而引起摩擦系数的改变，对吗？

4-5　什么是摩擦圆？摩擦圆的大小和哪些因素有关？

4-6　构件组的静定条件是什么？基本杆组都是静定杆组吗？

4-7　如何从机械效率的观点去解释机械的自锁现象？

4-8　串联机组和并联机组的机械效率各有什么特点？

4-9　在图 4-24 中，已知 $x=250\text{mm}$，$y=200\text{mm}$，$l_{AS2}=128\text{mm}$，F 为驱动力，F_r 为有效阻力。$m_1=m_3=2.75\text{kg}$，$m_2=4.59\text{kg}$，$J_{S2}=0.012\text{kg}\cdot\text{m}^2$，又原动件 3 以等速 $v=5\text{m/s}$ 向下移动，试确定作用在各构件上的惯性力。

4-10　在如图 4-25 所示的正切机构中，已知 $H=500\text{mm}$，$L=100\text{mm}$，$\omega_1=10\text{rad/s}$（为常数），构件 3 的重力 $G_3=10\text{N}$，质心在其轴线上，生产阻力 $F_r=100\text{N}$，其余构件的重力和惯性力略去不计。试求当 $\varphi_1=60°$ 时，需加在构件 1 上的平衡力矩 M_b。

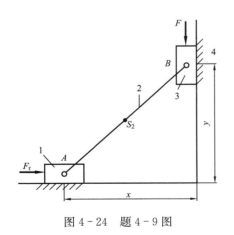

图 4-24　题 4-9 图

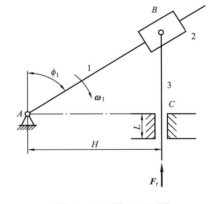

图 4-25　题 4-10 图

4-11　在如图 4-26 所示的凸轮机构中，已知各构件的尺寸，生产阻力 F_r 的大小和方向，以及凸轮和推杆的总惯性力 F'_{I1} 及 F'_{I2}。试用图解法求各运动副中的反力和需要加于凸轮轴上的平衡力偶矩 M_b。

4-12　在如图 4-27 所示的机构中，已知 $P_5=3000\text{N}$，$AB=50\text{mm}$，$AE=BE$，$BC=CD=2AB$，$DS=1.5AB$，$SK=0.5AB$，不计运动副中的摩擦，试求各运动副中的反力及应在 E 点垂直作用于原动件 1 的平衡力 P_1。

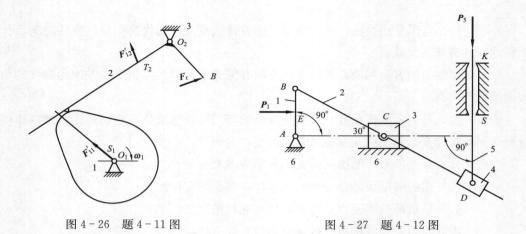

图 4-26　题 4-11 图

图 4-27　题 4-12 图

4-13　在如图 4-28 所示的机构中，已知 $P_5 = 1000$N，$AB = 100$mm，$BC = CD = 2AB$，$CE = ED = DF$，不计运动副中的摩擦，试用图解法求各运动副中的反力合平衡力矩 M_1。

4-14　在如图 4-29 所示的曲柄滑块机构中，已知 $l_{AB} = 0.1$m，$l_{BC} = 0.2$m，$l_{BS2} = 0.15$m，构件 2 的质心为 S_2，质量 $m_2 = 4$kg，构件 1 的等角速度 $\omega_1 = 10$rad/s，作用于其上的驱动力矩 $M_d = 3$N·m。不计其余构件的重力和惯性力，试用解析法直接求当 $\varphi_1 = 45°$ 和 $\varphi_1 = 90°$ 时应分别加于构件 3 上通过 C 点的水平平衡力 F_b。

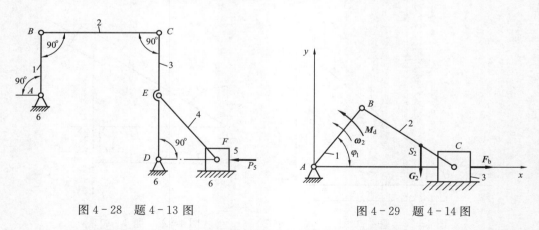

图 4-28　题 4-13 图

图 4-29　题 4-14 图

4-15　如图 4-30 所示的机组为一电动机经带传动和减速器，带动两个工作机 A、B。已知两工作机的输出功率和效率分别为 $P_A = 2$kW，$\eta_A = 0.8$；$P_B = 3$kW，$\eta_B = 0.7$。每对齿轮的效率 $\eta_1 = 0.95$，每个支撑的效率 $\eta_2 = 0.98$，带传动的效率 $\eta_3 = 0.9$。求电动机的功率和机组的效率。

4-16　图 4-31 所示为焊接用的楔形夹具。利用这个夹具可以将两块要焊接的工件 1 和工件 $1'$ 预先夹紧，各摩擦面间的摩擦系数均为 f。试确定其自锁条件，即当夹紧后，楔块 3 不会自动松脱出来的条件。

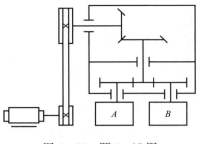

图 4-30 题 4-15 图

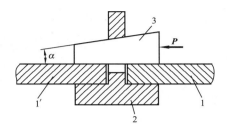

图 4-31 题 4-16 图

第 5 章　平面连杆机构及其设计

平面连杆机构是由若干个刚性构件用低副连接而成的机构，故又称为平面低副机构。平面连杆机构中构件的运动形式多种多样，可以实现给定的运动规律或运动轨迹；低副以圆柱面或平面接触，承载能力高，耐磨损，制造简便，易于获得较高的制造精度。因此，广泛地应用在各种机械、仪表及控制装置中。但也存在一些缺点，如运动积累误差较大，因而影响传动精度；由于惯性力不好平衡，不适于高速转动并不易精确实现复杂的运动规律，而且设计较为复杂；当构件数和运动副数较多时，效率较低。

在连杆机构中以四个构件所构成的平面四杆机构应用最为广泛，而且是组成多杆机构的基础。因此，本章重点讲解平面四杆机构的基本类型、特性及其常用的设计方法。

5.1　平面连杆机构的类型及其演化

平面连杆机构种类繁多，按照移动副的数目的不同，可以分为全转动副的铰链四杆机构、含一个移动副的四杆机构和含两个移动副的四杆机构。对这些机构可以通过改换机架、变更杆件长度、扩大转动副等途径得到其他的演化形式。

5.1.1　铰链四杆机构

全部用转动副相连的平面四杆机构称为平面铰链四杆机构，简称铰链四杆机构。它是最基本的平面四杆机构。如图 5-1（a）所示，机构的固定构件 4 称为机架，与机架用转动副相连的构件 1 和 3 称为连架杆，不与机架相连的构件 2 称为连杆。若组成转动副的两构件都能做整周相对转动，这种回转副又称为整转副，否则称为摆动副。在机构的连续运转中，连架杆能做整周回转的称为曲柄，而只能在一定角度范围内摇摆的则称为摇杆。

根据两连架杆是曲柄还是摇杆，铰链四杆机构可分为以下三种情况：曲柄摇杆机构、双曲柄机构和双摇杆机构。

1. 曲柄摇杆机构

如图 5-1（a）所示，若 A 为整转副，D 为摆动副，即连架杆 1 为曲柄，连架杆 3 为摇杆，则此铰链四杆机构就是曲柄摇杆机构。通常曲柄为原动件，并做匀速转动；摇杆为从动件，做变速往返摆动。

如图 5-2 所示的调整雷达天线俯仰角的曲柄摇杆机构，曲柄 1 做缓慢地匀速转动，

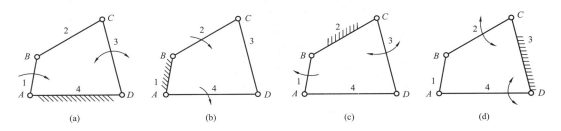

图 5 - 1　铰链四杆机构

(a)、(c) 曲柄摇杆机构；(b) 双曲柄机构；(d) 双摇杆机构

通过连杆 2 使摇杆 3 在一定角度范围内摆动，从而调整雷达天线的俯仰角。

如图 5 - 3 所示的家用缝纫机踏板机构，则是以踏板（摇杆）为原动件，通过连杆 2 带动曲拐 3（曲柄）回转，再由带传动驱动机头主轴做连续转动。

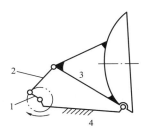

图 5 - 2　雷达调整机构

2. 双曲柄机构

如图 5 - 1（b）所示，若 A、B 均为整转副，1 为机架，连架杆 2、4 均为曲柄，则此铰链四杆机构就是双曲柄机构。

如图 5 - 4 所示的惯性筛机构，4 为机架，当主动曲柄 1 等速回转时，通过连杆 2 使曲柄 3 做变速回转，再由连杆 5 带动筛子 6 做变速往返移动，使物料实现筛分。

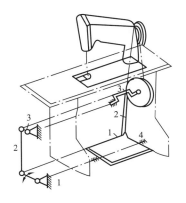

图 5 - 3　缝纫机踏板机构

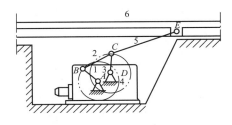

图 5 - 4　惯性筛机构

双曲柄机构中，使用最多的是对边长度相等的平行双曲柄机构，或称平行四边形机构，如图 5 - 5（a）所示，ABCD 对边分别平行并且相等。这种机构的运动特点是其两曲柄可以相同的角速度同向转动，而连杆做平移运动。机车车轮的联动机构和摄影平台升降机构即为其应用实例。必须指出，平行四边形机构在运动过程中，当两曲柄与连杆共线（即四个铰链中心处于同一直线）时，在原动曲柄转向不变的条件下，从动曲柄会出现转动方向不确定的现象。为了避免这种现象，常在机构中安装一惯性较大的轮形构

件（称为飞轮），借助它的转动惯性使从动曲柄转向不变。或者如图 5－5（b）所示，采用两组相同机构用错位排列的方法，以保持从动曲柄的转向不变。如图 5－5（c）所示，虽然其对边 AB、CD 两杆的长度也相等，但 BC 与 CD 两构件并不平行，特称其为反平行四边形机构。例如很多公交车车门开闭机构，就是利用反平行四边形机构运动时两曲柄转向相反的运动特性使两扇车门同时敞开或关闭。

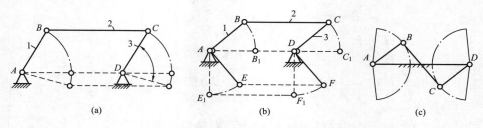

(a)　　　　　　　　(b)　　　　　　　　(c)

图 5－5　双曲柄机构

3. 双摇杆机构

如图 5－1（d）所示，若 A、B 均为摆动副，两连架杆都是摇杆，则称为双摇杆机构。如图 5－6 所示的鹤式起重机的主体结构就是一个双摇杆机构。当摇杆 AB 摆动时，另一摇杆 CD 随之摆动，使得悬挂在正点上的重物在近似的水平直线上运动，避免重物平移时因不必要的升降而消耗能量。又在双摇杆机构中，若两摇杆长度相等且最短，则形成等腰梯形机构。如图 5－7 所示的汽车、轮式拖拉机前轮的转向机构即为其应用实例。

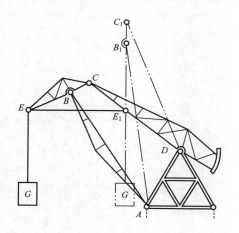

图 5－6　鹤式起重机

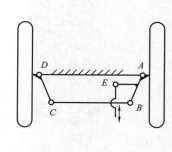

图 5－7　汽车前轮转向机构

虽然机构中任意两构件之间的相对位置关系不因哪个构件是固定件而改变，但是改换机架后，连架杆随之变更，活动构件相对于机架的绝对运动发生了变化。所以机构的一种演化形式是改换机架派生出多种其他机构。如图 5－1（a）所示的机构是曲柄摇杆机构，将机架 4 变更为 1 时，则成为如图 5－1（b）所示的双曲柄机构；而将机架 4 变更为 3 时，则成为如图 5－1（d）所示的双摇杆机构。这种通过更换机架而得到的机构称为原机构的倒置机构。

　　除上述三种形式的铰链四杆机构之外，在实际机器中还广泛应用着其他多种形式的四杆机构。但是这些形式的四杆机构可认为是通过改变某些构件的形状、改变构件的相对长度、改变某些运动副的尺寸、选择不同的构件作为机架等方法由四杆机构的基本形式演化而成的。四杆机构的演化，不仅是为了满足运动方面的要求，还是为了改善受力状况、满足结构设计的需要等。各种演化机构的外形虽然各不相同，但是它们的运动性质以及分析和设计方法却常常是相同的或类似的，这就为连杆机构的研究提供了方便。

5.1.2　含一个移动副的四杆机构

　　（1）曲柄滑块机构。如图 5-8（a）所示的曲柄摇杆机构运动时，铰链 C 沿圆弧 $\beta\beta$ 往复运动。如图 5-8（b）所示，将摇杆 3 做成滑块形式，使其沿圆弧导轨往复滑动，显然其运动性质不发生变化，但此时铰链四杆机构已演化成为具有曲线导轨的曲柄滑块机构。若图 5-8（a）中的摇杆 3 的长度增至无限大，则图 5-8（b）中的曲线导轨将变成直线导轨，于是机构就演化成为如图 5-8（c）所示的偏置曲柄滑块机构。通过调整轨道的运行方向，还可以演化成为如图 5-8（d）所示的对心曲柄滑块机构。曲柄滑块机构广泛应用在冲床、内燃机和空气压缩机中。

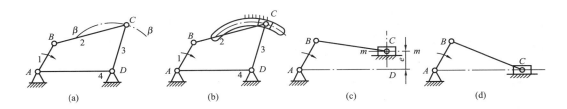

图 5-8　曲柄摇杆机构的演化

（a）曲柄摇杆机构；（b）曲柄滑块机构；（c）偏置曲柄滑块机构；（d）对心曲柄滑块机构

　　（2）导杆机构。导杆机构可以看作是改变曲柄滑块机构中的固定构件而演化来的。图 5-9（a）所示为曲柄滑块机构，若取杆 1 为机架，即得图 5-9（b）所示的导杆机构。杆 4 为导杆，滑块 3 相对于导杆滑动并一起绕 A 点转动，通常取杆 2 为原动件。如图 5-9（b）所示，当 $l_1 < l_2$ 时，两连架杆 2 和 4 均可相对于机架 1 做整周转动，称为转动导杆机构。如图 5-9（c）所示，当 $l_1 > l_2$ 时，连架杆 4 只能往复摆动，称为摆动导杆机构。导杆机构通常用于牛头刨床、插床和回转式油泵中。

　　（3）摇块机构和定块机构。如图 5-9（a）所示的曲柄滑块机构中，若取杆 2 为机架，即可得如图 5-9（c）所示的摆动滑块机构，或称为摇块机构。这种机构广泛应用于摆缸式内燃机和液压驱动装置中。如图 5-10 所示的卡车车厢自动翻转卸料机构，其中，滑块 3 为油缸，用压力油推动活塞使车厢翻转。当达到一定角度时，物料就自动卸下。

　　图 5-9（a）所示的曲柄滑块机构中，若取构件 3 为机架，即可得到如图 5-9（d）所示的固定滑块机构，或称为定块机构。这种机构常用于如图 5-11 所示的抽水唧筒或

抽油泵中。

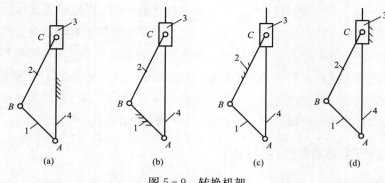

图 5-9　转换机架

（a）曲柄滑块机构；（b）转动导杆机构；（c）摆动导杆（滑块）机构；（d）固定滑块机构

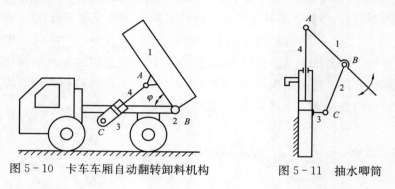

图 5-10　卡车车厢自动翻转卸料机构　　　　图 5-11　抽水唧筒

5.1.3　含两个移动副的四杆机构

含两个移动副的四杆机构常称为双滑块机构。按照两个移动副所处的位置不同，可分为四种形式：

（1）两个移动副不相邻，如图 5-12 所示，从动件 3 的位移与原动件转角 φ 的正切成正比，故称为正切机构。

（2）两个移动副相邻，且其中一个移动副与机架相关联，如图 5-13 所示，从动件 3 的位移与原动件转角 φ 的正弦成正比，故称为正弦机构。

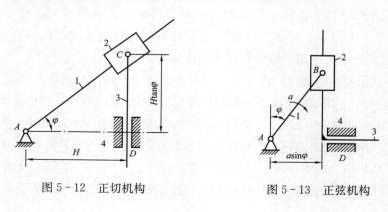

图 5-12　正切机构　　　　　　　　图 5-13　正弦机构

（3）两个移动副相邻，且均不与机架相关联，如图 5 - 14 所示，主动件 1 和 3 具有相等的角速度，滑块联轴器就是这种机构的应用实例，它可以用来连接中心线平行但不重合的两根轴。

（4）两个移动副都与机架相关联，如图 5 - 15 所示，当滑块 1 和 3 沿机架的轨道滑动时，连杆 2 上的各点便可以绘制出长、短轴不同的椭圆来，即椭圆仪结构。

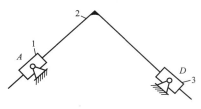

图 5 - 14　滑块联轴器

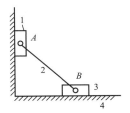

图 5 - 15　椭圆仪结构

5.1.4　具有偏心轮的四杆机构

如图 5 - 16（a）所示，杆 1 为圆盘，其几何中心为 B。因运动时圆盘绕偏心 A 转动，故称为偏心轮。A、B 之间的距离 e 称为偏心距。按照相对位置关系，可画出机构运动简图，如图 5 - 16（b）所示。由图可知，偏心轮是转动副机构设计的一种构造形式，偏心距即是曲柄的长度。同理，如图 5 - 16（c）所示的偏心轮机构可以用图 5 - 16（d）来表示。

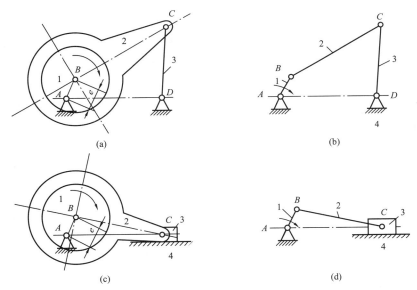

图 5 - 16　偏心轮机构

（a）、（c）机构简图；（b）、（d）机构运动简图

当曲柄长度很小时，通常将曲柄做成偏心轮，这样不仅可以增大轴颈的尺寸，提高偏心轴的强度和刚度，而且当轴颈位于中部时，还可以安装整体式连杆，简化机构。

因此，偏心轮常用于剪床、冲床、颚式破碎机、内燃机等机械中。

5.1.5　四杆机构的扩展

除上述介绍的几种情况，生产中常见的某些多杆机构，也可以看成是由简单的四杆机构组合扩展而成。图 5 - 17 所示为筛料机主体机构的运动简图，此六杆机构可以看成是由两个四杆机构组成的。第一个是由原动曲柄 1、连杆 2、从动曲柄 3 和机架 6 组成的双曲柄机构；第二个是由曲柄 3（原动件）、连杆 4 和滑块 5（筛子）和机架 6 组成的曲柄滑块机构。

需要指出的是，并不是所有的多杆机构都可以拆成简单的四杆机构，如图 5 - 18 所示的锯木机机构。

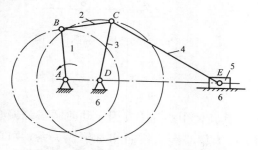

图 5 - 17　筛料机主体机构运动简图

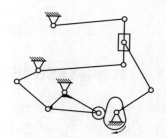

图 5 - 18　锯木机机构

5.2　平面连杆机构的工作特性

平面连杆机构的工作特性包括运动特性和传力特性，这些特性既可以反映机构传递和变换运动与力的性能，也是四杆机构类型选择和运动设计的主要依据。

由于铰链四杆机构是平面四杆机构的基本形式，其他的四杆机构可以认为是由它演化而来的，所以在此只着重研究铰链四杆机构的一些基本知识，其结论可以很方便地应用到其他形式的四杆机构上。

5.2.1　铰链四杆机构有曲柄的条件

由前述可知，在铰链四杆机构中有的连架杆能做整周回转而成为曲柄，有的则不能。那么在什么条件下，四杆机构中有曲柄存在呢？

在图 5 - 19 所示的铰链四杆机构中，假定其为曲柄摇杆机构。杆 1 为曲柄，杆 2 为连杆，杆 3 为摇杆，杆 4 为机架，各杆长度分别用 l_1、l_2、l_3、l_4 表示。若要转动副 A 成为整转副，即 $\varphi = 0°\sim$

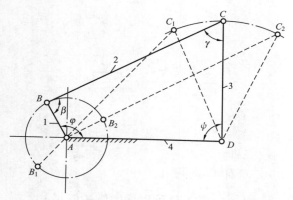

图 5 - 19　铰链四杆机构

360°，AB 杆能位于图中任意位置。而当 AB 杆与 BC 杆两次共线时可分别得到 $\triangle ADC_1$ 和 $\triangle ADC_2$。

在 $\triangle ADC_1$ 中，由三角形的边长关系可得

$$l_4 \leqslant (l_2 - l_1) + l_3$$

整理为
$$l_1 + l_4 \leqslant l_2 + l_3 \tag{5-1}$$

$$l_3 \leqslant (l_2 - l_1) + l_4$$

整理为
$$l_1 + l_3 \leqslant l_2 + l_4 \tag{5-2}$$

在 $\triangle ADC_2$ 中，由三角形的边长关系可得

$$l_1 + l_2 \leqslant l_3 + l_4 \tag{5-3}$$

将式（5-1）～式（5-3）分别两两相加，得

$$l_1 \leqslant l_2, \ l_1 \leqslant l_3, \ l_1 \leqslant l_4$$

即 AB 杆应为最短杆之一。

分析上述各式，可以得出转动副 A 为整转副的条件有两个：

（1）最短杆长度＋最长杆长度≤其余两杆长度之和。此条件称为杆长条件。

（2）组成该整转副的两杆中必有一杆为最短杆。

在图 5-19 中假定杆 2 为机架，可以得出同样的结果。可见，转动副 B 也是整转副。

曲柄是连架杆，整转副处于机架上才能形成曲柄。因此，具有整转副的铰链四杆机构是否存在曲柄，还应根据选择哪个杆件为机架来判断。

（1）取最短杆为机架时，机架上有两个整转副，是双曲柄机构。

（2）取最短杆的邻边为机架时，机架上只有一个整转副，是曲柄摇杆机构。

（3）取最短杆的对边为机架时，机架上没有整转副，是双摇杆机构。这种具有整转副而没有曲柄的铰链四杆机构常用于电风扇的摇头机构中。

如果铰链四杆机构中的各杆长度不满足杆长条件，说明该机构不存在整转副。无论取哪个构件作为机架都只能得到双摇杆机构。

5.2.2　急回运动特性和返行程速比系数

如图 5-20 所示的曲柄摇杆机构，设曲柄 1 为原动件，在其转动一周的过程中，有两次与连杆 BC 共线。这时摇杆 CD 分别处于两个极限位置 C_1D 和 C_2D。摇杆在这两个极限位置时的夹角 ψ 称为摇杆的摆角。机构所处的这两个极限位置称为极位。机构在这两个极位时，原动件 AB 所在的两个位置 AB_1 和 AB_2 之间所夹的锐角 θ 称为极位夹角。

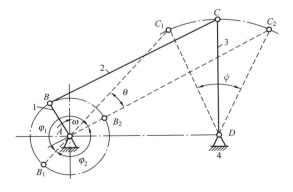

图 5-20　曲柄摇杆机构

当曲柄由位置 AB_1 顺时针转到位置 AB_2 时，曲柄转角 $\varphi_1 = 180° + \theta$，其中 $\theta = \angle C_1 A C_2$，这时摇杆由左极限位置 $C_1 D$ 摆到右极限位置 $C_2 D$，摇杆摆角为 ψ。当曲柄由位置 AB_2 继续顺时针转动，再回到位置 AB_1 时，曲柄转角 $\varphi_2 = 180° - \theta$，这时摇杆由右极限位置 $C_2 D$ 摆回左极限位置 $C_1 D$，摇杆摆角仍然为 ψ。虽然摇杆摆角相同，但是曲柄的转角显然不相等（$\varphi_1 > \varphi_2$）；当曲柄匀速转动时，对应的时间也不相等（$t_1 > t_2$），从而反映了摆杆往复摆动的快慢不同。令摇杆从 $C_1 D$ 摆到 $C_2 D$ 为工作行程，这时摇杆 CD 的平均角速度是 $\omega_1 = \psi/t_1$；摇杆从 $C_2 D$ 摆回 $C_1 D$ 为空行程，这时摇杆 CD 的平均角速度是 $\omega_2 = \psi/t_2$，显然 $\omega_1 < \omega_2$。它表明摇杆具有急回运动特性。牛头刨床、往复式输送机就是利用这种急回运动特性来缩短非生产时间，提高劳动生产率。

急回运动特性可以用返行程速比系数（又称返行程速度变化系数）K 表示，即

$$K = \frac{\omega_2}{\omega_1} = \frac{\psi/t_2}{\psi/t_1} = \frac{t_1}{t_2} = \frac{\varphi_1}{\varphi_2} = \frac{180° + \theta}{180° - \theta}$$

或者

$$\theta = 180° \times \frac{K-1}{K+1}$$

上式表明，θ 和 K 之间存在一一对应关系。显然，θ 越大，急回运动的性质也越显著。机构急回运动特性在工程上有三种应用，上面的只是其中的一种。第二种情况是某些颚式破碎机，要求快进慢退，使已被夹碎的矿石能及时退出颚板，避免矿石过分粉碎（因破碎后的矿石有一定的破碎度要求）。第三种情况是一些设备在正、返行程中均处于工作状态，故无急回要求，如某些机载搜索雷达的摇头机构。

急回机构的急回方向与原动件的回转方向有关，为了避免将急回方向弄错，在有急回要求的设备上应明显标识出原动件的正确回转方向。

对于有急回运动要求的机械，在设计时一般先给定行程速比系数，然后根据要求确定各杆件的实际尺寸。

具有急回运动特性的四杆机构除曲柄摇杆机构外，还有偏置曲柄滑块机构、摆动导杆机构等。

5.2.3　压力角和传动角

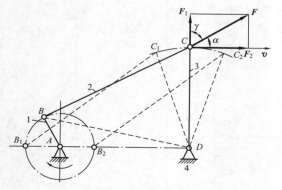

图 5-21　曲柄摇杆机构

在如图 5-21 所示的四杆机构中，若不考虑各运动副中的摩擦力及构件重力和惯性力的影响，则由主动件 AB 经连杆 BC 传递到从动件 CD 上的力 F 将沿 BC 的方向，力 F 与点 C 的绝对速度 v 正向所夹的锐角 α 称为机构在此位置时的压力角。而连杆 BC 和从动件 CD 之间所夹的锐角 γ 则称为连杆机构在此位置的传动角。这两个角互为余角。传动角 γ 越大，力 F 在速度方向的分力 F_2

越大，机构传力性能越好。所以，在连杆机构中常用传动角 γ 的大小及变化情况来衡量机构的传力性能。

在图 5 - 21 中

$$\overline{BD} = \sqrt{\overline{AB^2} + \overline{AD^2} - 2\,\overline{AB}\,\overline{AD}\,\cos\varphi}$$

$$\gamma = \arccos \frac{\overline{BC^2} + \overline{CD^2} - \overline{BD^2}}{2\,\overline{BC}\,\overline{CD}} \qquad (5 - 4)$$

可见，传动角的大小与机构中各杆件的长度和所处的位置有关。机构运转时，传动角是变化的。曲柄摇杆机构中，最小传动角总是出现在曲柄与机架共线的位置。为了保证机构正常运动，必须规定最小传动角的下限。对于一般机械，通常取 $\gamma_{\min} \geqslant 40°$；对于颚式破碎机、冲床等大功率机械，最小传动角应取得大一些，可取 $\gamma_{\min} \geqslant 50°$；对于小功率的控制机构和仪表，可以略小于 $40°$。因此，设计时可以按照给定的许用传动角来设计。最小传动角与四杆机构的其他性能参数（如摇杆摆角 ψ、行程速比系数 K 等）是彼此制约的。因此，设计时必须了解该种机构的内在关系，统筹兼顾各种性能指标，才能获得良好的设计。

5.2.4　死点

在如图 5 - 20 所示的曲柄摇杆机构中，设以摇杆为主动件，则当连杆与从动曲柄共线时（两虚线位置），机构的传动角 $\gamma = 0°$，这时主动件通过连杆作用于从动件上的力恰好通过其回转中心，所以出现了不能使构件转动的"顶死"现象，机构的这种位置称为死点。

为了使机构能顺利通过死点而正常工作，必须采取适当的措施。例如，可以采用将两组以上的相同机构组合使用，而使各组机构的死点错开（如机车的联动机构）；也可以采用安装飞轮（家用缝纫机踏板机构）增大惯性的办法，借惯性作用闯过死点等。

机构的死点无疑不利于传动。但是，工程实际中也常利用死点来实现特定的工作要求。如图 5 - 22 所示的钻床夹具，就是利用铰链四杆机构的死点来保证钻削加工时工件不会松脱。飞机起落架也是利用死点来保证工作的可靠性。

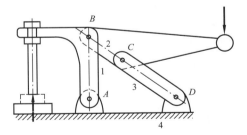

图 5 - 22　钻床夹具

5.2.5　连杆曲线

平面四杆机构中的连杆可以设想为一个平面。在机构运动时，连杆平面上的所有点都将在与连杆平面相重合的固定平面上描绘出各自的轨迹，该轨迹即是连杆曲线，如图 5 - 23 所示。

连杆平面上除了与连架杆相连接的两点（其轨迹是圆或直线）以外，其他所有点的连杆曲线一般为高阶曲线。不同的连杆曲线有不同的特性。有的有尖点 [见图 5 - 24（a）]，

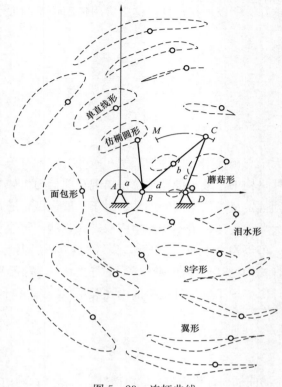

图 5-23　连杆曲线

图 5-24　具有尖点、交叉点的连杆曲线

有的有交叉点［见图 5-24（b）］。在尖点处，描绘该连杆曲线的点的瞬时速度为零（其加速度不一定为零），尖点的这一特性常用在传送、冲压及进给工艺过程中。电影摄影机的胶片抓片机构就利用了具有尖点的连杆曲线。还有的连杆曲线具有对称性［见图 5-24（c）］。

对于双曲柄机构，其连杆曲线比较单调，故实际应用较少。对于双摇杆机构，如果连杆能相对于两连架杆做整周转动，则可以生成封闭的连杆曲线，如果连杆不能做整周转动，则只能生成非封闭的连杆曲线。双摇杆的连杆曲线最常用的一种应用是生成近似直线，如图 5-25（a）所示的 Chebyshev 直线机构、图 5-25（b）所示的 Roberts 直线机构。这种机构常用作汽车的悬挂机构，车轮安装在连杆上，使车轮在弹跳中能始终垂直于地面。

5.2.6　运动连续性

连杆机构的运动连续性，是指该机构在运动中能够连续实现给定的各个位置。如图 5-26 所示的曲柄摇杆机构中，根据各构件的长度关系，当曲柄 AB 连续转动时，杆

CD 可以在 φ_{32} 角范围内往复摆动，并占据任何位置也可以在其对面的 φ_{34} 角范围内往复摆动并占据任何位置，即 φ_{32}（或 φ_{34}）角度范围内此机构的运动是连续的。将由 φ_{32}（或 φ_{34}）角所决定的范围称为机构的可行域。不难看出，在曲柄 AB 运动时，摇杆 CD 却不能由 φ_{32} 角所决定的可行域跃入由 φ_{34} 角所决定的可行域，因为摇杆 CD 根本不可能进入由 φ_{33} 和 φ_{31} 所决定的非可行域。也就是说，此机构在两个不连通的可行域之间的运动是不连续的。而根据初始条件的不同，摇杆只能在 φ_{32} 或 φ_{34} 其中一个可行域内运行。所以在设计曲柄摇杆机构时不能要求摇杆能在两个不连通的可行域内运动。

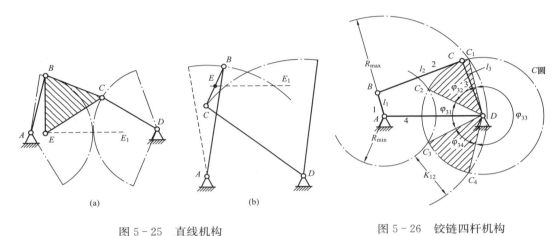

图 5 - 25　直线机构

（a）Chebyshev 直线机构；（b）Roberts 直线机构

$\overline{AB}=\overline{BC}=\overline{CD}=\overline{BE}=\overline{CE}=\overline{AD}/2$；$\overline{AB}=\overline{CD}=2.5\,\overline{BC}=5\,\overline{BE}=1.25\,\overline{AD}$

图 5 - 26　铰链四杆机构

　　由上述可知，在分析连杆机构的运动连续性时，应先分析其可行域。为此，对于如图 5 - 26 所示的铰链四杆机构，设想将铰链 C 拆开，则摇杆 CD 相对于固定铰链 D 能做整周转动，所以杆 CD 上的 C 点可沿 D 做圆周运动。而连杆 BD 上 C 点的运动，因受构件 BC 和构件 AB 的限制，只能在由 $R_{max}=l_1+l_2$ 和 $R_{min}=l_2-l_1$（或 $R_{min}=l_1-l_2$）所决定的圆环面 K_{12} 内运动。所以，该段圆弧所决定的区域即为构件 3 的可行域，其他区域则为非可行域。

　　可见，平面连杆机构，若存在机构的可行域被非可行域所分隔而成为不连续的情况，而机构的各给定位置又不在同一可行域内，则机构必不能实现连续运动。连杆的这种运动不连续称为错位不连续。

　　另外，在连杆机构的运动过程中，其连杆所经过的给定位置一般是有顺序的。当原动件按同一方向连续转动时，若其连杆不能按顺序通过给定的各个位置，这也是一种不连续，称为错序不连续。如图 5 - 26 所示，铰链 C 点只能由 C_1 到 C 再到 C_2。若要求连杆上 C 点从 C_1 到 C_2 再到 C，则此四杆机构便不能完成任务，因为此机构无论原动件运动方向如何，其连杆都不能按上述顺序完成要求，故此机构存在错序不连续问题。

　　在设计四杆机构时，必须检查所设计的机构是否满足运动连续性要求，即检查其是否有错位、错序问题，并考虑能否补救，若不能补救则必须考虑其他方案。

5.3　平面四杆机构的设计

连杆机构设计的基本问题是根据给定的要求选定机构的形式、确定各构件的尺寸，同时还要满足结构条件（如存在曲柄、杆长条件等）、动力条件（如适当的传动角）、运动连续性条件等。

根据机械的用途和性能要求的不同，对连杆机构设计的要求是多种多样的，但这些设计要求，一般可以归纳为以下三类问题：

（1）满足预定的连杆位置要求。即要求连杆能够占据一有序系列的预定位置。

（2）满足预定的运动规律要求。如要求两连架杆的转角能够满足预定的对应位移关系。

（3）满足预定的轨迹要求。即要求在机构运动过程中，连杆上的某些点的轨迹能符合预定的轨迹要求。

四杆机构的设计方法有解析法、几何作图法和实验法。作图法直观，解析法精确，试验法简便。下面介绍各种方法的具体应用。

5.3.1　作图法设计四杆机构

用作图法设计四杆机构，就是利用各铰链之间相对运动的几何关系，通过作图确定各铰链的位置，从而确定出各杆的长度。图解法的优点是直观、简单、快捷，对三个设计位置以下的设计十分方便，其设计精度也能满足精度要求，并能为解析法精确求解提供初始值。

1. 按连杆预定的位置设计四杆机构

下面分两种情况来研究此设计问题。

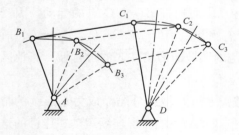

图 5 - 27　已知活动铰链中心
位置的设计

（1）已知活动铰链中心的位置。如图 5 - 27 所示，已知连杆 BC 的长度和预定要占据的三个位置 B_1C_1、B_2C_2 和 B_3C_3，设计此四杆机构。设计的任务就是确定固定铰链 A、D 的位置，从而确定出各杆件的尺寸。由于已知连杆的长度，所以可以在连杆上确定出活动铰链的中心 B、C，当连杆依次占据预定的位置时，B、C 两点的轨迹应都是圆弧。故固定铰链中心 A 必位于 B_1B_2 和 B_2B_3 的垂直平分线上，只需要作 B_1B_2 和 B_2B_3 的垂直平分线，找到交点即可得到固定铰链 A 的位置。同样，固定铰链中心 D 必位于 C_1C_2 和 C_2C_3 的垂直平分线上，只需要作 C_1C_2 和 C_2C_3 的垂直平分线，就可以得到固定铰链 D 的位置。

（2）已知固定铰链中心的位置。根据前面介绍的机构倒置的概念，若改取四杆机构的连杆为机架，则原机构中的固定铰链 A、D 将变为活动铰链，而活动铰链 B、C 则变为固定铰链，这样就成为了已知固定铰链中心的位置来设计四杆机构。如图 5 - 28 所示，已知固定铰链中心 A、D 的位置及机构在运动过程中其连杆上的标线（即在连杆上作出的标志连杆位置的线段）EF 分别要占据的三个位置 E_1F_1、E_2F_2 和 E_3F_3。现要求确定两活动铰链 B、C 的位置。

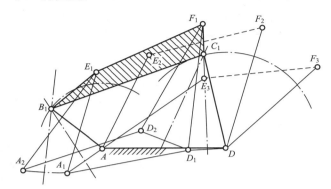

图 5 - 28　已知固定铰链中心位置的设计

设计时，以 E_1F_1（E_2F_2 或 E_3F_3 均可）为倒置机构中新机架的位置，将四边形 AE_2F_2D、AE_3F_3D 分别视为刚体（这是为了保持在机构倒置前后连杆和机架在各位置时的相对位置不变）进行移动，使 E_2F_2 与 E_3F_3 均与 E_1F_1 重合。即作四边形 $A_1E_1F_1D_1 \cong AE_2F_2D$，四边形 $A_2E_1F_1D_2 \cong AE_3F_3D$，由此即可求得 A、D 点的第二、第三位置 A_1、D_1 及 A_2、D 由 A、A_1、A_2 三点所确定的圆弧的圆心即为活动铰链 B 的几何中心 B_1；同样 D、D_1、D_2 三点可确定活动铰链 C 的几何中心 C_1。AB_1C_1D 即为所求的四杆机构。

上面研究了给定连杆三个位置时四杆机构的设计问题。如果只给定连杆的两个位置，则此四杆机构可有无数多解，此时可根据其他条件来选定一个解。如果给定连杆占据四个位置，此时若在连杆平面上任选一点作为活动铰链中心，则可能导致这四个点并不总在同一圆周上，因而可能导致无解。不过，德国学者 Burmester 研究的结果表明，总可以在连杆上找到一些点，使其对应的四个点位于同一圆周上，这样的点称为圆点。圆点就可以被选作活动铰链的中心，一般可以有无穷解。如果连杆占据预定的五个位置，则根据 Burmester 的研究证明，可能有解，但只有两组或四组解，也可能无解（实数解）。在此情况下，即使有解也往往很难令人满意，故一般不按五个预定位置设计。

2. 按两连架杆预定的对应角位移设计四杆机构

下面分两种情况来研究此设计问题。

（1）按两对对应角位移设计。如图 5 - 29（a）所示，已知四杆机构的机架长度为 d，要求原动件和从动件顺时针依次相应转过对应角度 α_{12}、φ_{12}、α_{13}、φ_{13}。试设计此四杆机构。

在解决这类问题时，一般还是采取机构倒置的方法。改取连架杆（从动件）CD 为机架，则连架杆 AB（原动件）变为连杆。为了求出倒置机构中活动铰链 A、B 的位置，可将原机构第二位置的构型设为刚体，绕 D 点反转而求得。这种方法又称为反转法或

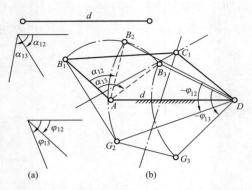

图 5-29　按两连架杆给定两对对应角位移的设计

反转机构法。

根据上述原理，如图 5-29（b）所示，现根据给定机架的长度 d，定出铰链 A、D 的位置，再适当选取原动件 AB 的长度，并任取第一位置 AB_1，然后根据转角 α_{12}、α_{13} 定出其第二、第三位置 AB_2、AB_3。为了求得铰链 C 的位置，连接 B_2D、B_3D，并根据反转原理，将其分别绕 D 点反转 $-\varphi_{12}$、$-\varphi_{13}$，从而求得点 G_2、G_3。则 B_1、G_2、G_3 三点确定的圆弧的圆心即为所求铰链 C 的位置 C_1，而 AB_1C_1D 即为所求的四杆机构。由于 AB 的长度和初始位置可以任选，故有无穷解。

（2）按三对对应角位移设计。当已知两连架杆三对对应角位移时，采用上述反转法可能会因铰链 B 的四个点位 B_1、G_2、G_3、G_4 不在同一圆周上而无解。我们可以采用点位归并（缩减）法解决这个问题。

图 5-30（a）所示为已知条件，设计时当选定固定铰链中心 A、D 之后，分别以 A、D 为顶点［见图 5-30（b）］，按逆时针方向分别作 $\angle xAB_4 = (\alpha_{14} - \alpha_{13})/2$ 和 $\angle xDB_4 = (\varphi_{14} - \varphi_{13})/2$，$AB_4$ 与 DB_4 的交点为 B_4。再以 AB_4 为原动件的长度，根据设计条件定出 AB 的其他三个位置 AB_1、AB_2、AB_3。参照上述反转法作图，求得点位 G_2、G_3、G_4。不难证明，G_3 点与 G_4 点重合，即将 B_1、G_2、G_3、G_4 四个点位缩减为 B_1、G_2、$G_3(G_4)$ 三个点位，其所确定圆弧的圆心即为待求活动铰链的位置 C_1，AB_1C_1D 即为所求的四杆机构。

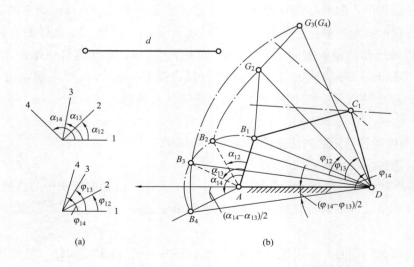

图 5-30　按两连架杆给定三对对应角位移的设计

（3）按多对对应角位移设计。当给定的两连架杆对应的角位移超过三对时，运用上述几何作图法已无法求解。这时可以借助于样板，利用作图法与试凑法结合起来进行，即试验法求解，在后面介绍。

3. 按给定的急回要求设计四杆机构

根据急回运动特性设计四杆机构，主要是利用机构在极位时的几何关系进行设计。下面以曲柄摇杆机构为例介绍其设计过程。

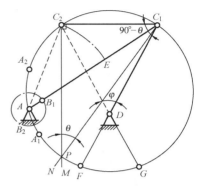

如图 5-31 所示，设已知摇杆长度 $\overline{CD}$、摆角 φ 及行程速比系数 K，试设计此四杆机构。

设计时，先按公式 $\theta = 180° \dfrac{K-1}{K+1}$ 算出极位夹角 θ，并根据摇杆长度 $\overline{CD}$、摆角 φ 作出摇杆的两极位 C_1D、C_2D，如图 5-31 所示。下面来求固定铰链 A。连接 C_1C_2，再作 $C_2M \perp C_1C_2$ 和 $\angle C_2C_1N = 90° - \theta$，$C_2M$ 和 C_1N 交于 P 点，作 C_1C_2P 的外接圆，则圆弧 C_1PC_2 上任一点 A 都满足 $\angle C_1AC_2 = \theta$，所以固定铰链 A 应选在此弧段上。

图 5-31 给定急回要求的设计

而铰链 A 具体位置的确定还需要给定其他附加条件。如给定机架长度 d（曲柄长度 a、杆长比 b/a 或机构的最小传动角 $\gamma_{\min}$ 要求等），这时 A 点的位置才可以完全确定。曲柄和连杆的长度也随之确定：

$$a = (\overline{AC_1} - \overline{AC_2})/2, \quad b = (\overline{AC_1} + \overline{AC_2})/2$$

设计时应注意铰链 A 不能选在劣弧段 FG 上，因为此时两极位 C_1D、C_2D 将在两个不连通的可行域内。若铰链 A 选在弧段 C_1G、C_2F 两弧段上，则当 A 向 G（F）靠近时，机构的最小极位夹角将随之减小并趋向于零，故铰链 A 适当远离 G（F）点较为有利。如果限制条件不充分，可能会有无穷多解，设计时则应以机构在工作行程中具有较大的传动角为出发点，来确定曲柄轴心的位置。如果给出附加条件，则点 A 位置也即确定，此时若所设计的机构不能保证在工作行程中的传动角 $\gamma \geqslant \gamma_{\min}$，则需改选原始数据重新设计。

其他如偏置曲柄滑块机构、摆动导杆机构在已知行程速比系数的情况下的设计与上述设计基本类似。

另外，还有按预定轨迹上的点位或轨迹形状进行四杆机构的设计。在此不再详述，请参考其他资料。

5.3.2 解析法设计四杆机构

解析法设计的特点是借助于计算器或计算机求解，计算精度高，适用于对三个或三个以上位置设计的求解，尤其对机构进行优化设计和精度分析十分有利。在用解析法设计四杆机构时，首先需要建立包含机构的各尺度参数和运动参数的解析关系式，然后再根据已知的运动参数求解所需机构的尺度参数。下面按不同的情况进行讨论。

1. 按预定的连杆位置设计四杆机构

由于连杆做平面运动，可以用在连杆上任选的一个基点 M 的坐标（x_M，y_M）和连杆的方位角 θ_2 来表示连杆的位置，如图 5-32（a）所示。因此，按预定的连杆位置设计可表示为按连杆上的 M 点能占据一系列预定的位置 M_i（x_{Mi}，y_{Mi}）及连杆具有相应转角 θ_{2i} 的设计。

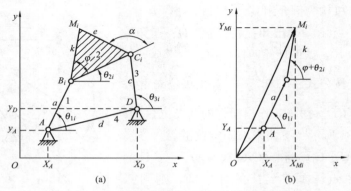

图 5-32　按预定的连杆位置设计的解析法

如图所示建立坐标系 xOy，将四杆机构分为左、右侧两个双杆组来加以讨论。建立左侧双杆组的矢量封闭组，如图 5-32（b）所示，可得

$$\overrightarrow{OA} + \overrightarrow{AB_i} + \overrightarrow{B_iM_i} - \overrightarrow{OM_i} = 0$$

其在 x、y 轴上的投影

$$\left. \begin{array}{l} x_A + a\cos\theta_{1i} + k\cos(\gamma + \theta_{2i}) - x_{Mi} = 0 \\ y_A + a\sin\theta_{1i} + k\sin(\gamma + \theta_{2i}) - y_{Mi} = 0 \end{array} \right\} \tag{5-5}$$

将式（5-5）中的 θ_{1i} 消去，整理得

$$(x_{Mi} - x_A)^2 + (y_{Mi} - y_A)^2 + k^2 - a^2 - 2[(x_{Mi} - x_A)k\cos\gamma + (y_{Mi} - y_A)k\sin\gamma]\cos\theta_{2i}$$
$$+ 2[(x_{Mi} - x_A)k\sin\gamma - (y_{Mi} - y_A)k\cos\gamma]\sin\theta_{2i} = 0 \tag{5-6}$$

同理，由其右侧双杆组可得

$$(x_{Mi} - x_D)^2 + (y_{Mi} - y_D)^2 + e^2 - c^2 - 2[(y_{Mi} - y_D)e\sin\alpha - (x_{Mi} - x_D)e\cos\alpha]\cos\theta_{3i}$$
$$+ 2[(x_{Mi} - x_D)e\sin\alpha + (y_{Mi} - y_D)e\cos\alpha]\sin\theta_{3i} = 0 \tag{5-7}$$

式（5-6）和式（5-7）为非线性方程，各含有 5 个待定系数，分别为 x_A、y_A、a、k、γ 和 x_D、y_D、c、e、α，故最多也只能按 5 个连杆预定位置精确求解。当预定位置 $N < 5$ 时，可预选 $N_0 = 5 - N$ 个参数。如 $N = 3$，并预选 x_A、y_A 后，式（5-6）可化为线性方程

$$X_0 + A_{1i}X_1 + A_{2i}X_2 + A_{3i} = 0 \tag{5-8}$$

其中，$X_0 = k^2 - a^2$，$X_1 = k\cos\gamma$，$X_2 = k\sin\gamma$，为新变量；$A_{1i} = 2[(x_A - x_{Mi})\cos\theta_{2i} + (y_A - y_{Mi})\sin\theta_{2i}]$，$A_{3i} = (x_A - x_{Mi})^2 + (y_A - y_{Mi})^2$，$A_{2i} = 2[(y_A - y_{Mi})\cos\theta_{2i} + (x_A - x_{Mi})\sin\theta_{2i}]$，为已知系数。

由式（5-8）解得 X_0、X_1、X_2 后，即可求得待定参数

$$k = \sqrt{X_1^2 + X_2^2}, \ a = \sqrt{k^2 - 2X_0}, \ \tan\gamma = X_2/X_1$$

γ 所在象限由 X_1、X_2 的正负号来确定。

B 点坐标为

$$\left.\begin{array}{l} x_{Bi} = x_{Mi} - k\cos(\gamma + \theta_{2i}) \\ y_{Bi} = y_{Mi} - k\sin(\gamma - \theta_{2i}) \end{array}\right\}$$

同理，当预选 x_D、y_D 后，由式（5-7）可求得 c、e、α 及 x_{Ci}、y_{Ci}。而四杆机构的连杆长度 b 和机架长度 d 为

$$\left.\begin{array}{l} b = \sqrt{(x_{Bi} - x_{Ci})^2 + (y_{Bi} - y_{Ci})^2} \\ d = \sqrt{(x_A - x_D)^2 + (y_A - y_D)^2} \end{array}\right\}$$

2. 按预定的运动轨迹设计四杆机构

用解析法按预定的运动轨迹设计四杆机构，其设计任务就是要建立机构的各尺度参数与连杆上描点 M 的坐标（x_M，y_M）之间的关系式，再根据给定轨迹上各选定点

M_i 的坐标（x_{Mi}，y_{Mi}）求解机构的各尺度参数。与前面所述的设计问题相比较，两者的设计模型和设计过程相类似，前者的基点 M 就是后者连杆上的描点 M。不同的是连杆的转角 θ_{2i} 对后者是未知量。故这里需要将式（5-6）和式（5-7）联立求解。另外，由图 5-33 可知，$k\sin\gamma = e\sin(180° - \alpha)$，故联立式中有 x_A、y_A、x_D、y_D、a、c、e、k、γ 九个独立的参数，所以最多可按九个预定点位进行精确设计。

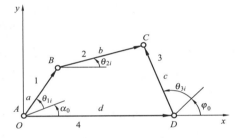

图 5-33　按预定的两连架杆
对应位置设计的解析法

由于式（5-6）和式（5-7）是二维非线性方程组，难以求解，最好采用数值解法，且随给定点位的增加方程个数成倍增加，求解越来越困难。而且往往会没有实数解，有时候即使有也可能因杆长比、传动角等指标不能满足要求。因此，实际设计时常按 4~6 个精确点位设计，这时就有无穷多解，有利于机构的多目标优化设计，从而达到优化的目的。当实际需要多精确点轨迹时，可以利用多杆机构或者组合机构。

3. 按预定的运动规律设计四杆机构

（1）按预定的两连架杆对应位置设计。如图 5-33 所示，若要求从动件 3 与主动件 1 满足的转角之间满足一系列的对应位置关系，即 $\theta_{3i} = f(\theta_i)(i = 1, 2, \cdots, n)$，试设计此四杆机构。

在图示机构中，运动变量为机构的转角 θ_i，由设计要求知 θ_1、θ_3 为已知条件，仅 θ_2 为未知。又因机构按比例放大或缩小，不会改变各机构的相对位置关系，故设计变量为各杆件的相对长度，如取 $a/a = 1$，$b/a = l$，$c/a = m$，$d/a = n$。故设计变量为 l、m、n 以及 θ_1、θ_3 的计量始角 α_0、φ_0，共 5 个。

建立如图所示坐标系 xOy，并将各杆矢向坐标轴投影，可得

$$l\cos\theta_{2i} = n + m\cos(\theta_{3i} + \varphi_0) - \cos(\theta_{1i} + \alpha_0) \left.\right\}$$
$$l\sin\theta_{2i} = m\sin(\theta_{3i} + \varphi_0) - \sin(\theta_{1i} + \alpha_0)$$

$$\text{(5-9)}$$

为消去未知角 θ_{2i}，将式（5-9）两端各平方再相加，经过整理得

$$\cos(\theta_{1i} + \alpha_0) = m\cos(\theta_{3i} + \varphi_0) - (m/n)\cos(\theta_{3i} + \varphi_0 - \theta_{1i} - \alpha_0) +$$
$$(m^2 + n^2 + 1 - l^2)/(2n)$$

令 $P_0 = m$，$P_1 = -m/n$，$P_2 = (m^2 + n^2 + 1 - l^2)/(2n)$，则上式可简化为

$$\cos(\theta_{1i} + \alpha_0) = P_0\cos(\theta_{3i} + \varphi_0) + P_1\cos(\theta_{3i} + \varphi_0 - \theta_{1i} - \alpha_0) + P_2 \quad \text{(5-10)}$$

式（5-10）中，包含 5 个待定参数 P_0、P_1、P_2、α_0 及 φ_0，故四杆机构最多可按两连架杆的 5 个对应位置精确求解。

当两连架杆的对应位置数 $N > 5$ 时，一般不能求得精确解，此时可以用最小二乘法等进行近似设计。当要求的两连架杆对应位置数 $N < 5$ 时，可预选 $N_0 = 5 - N$ 个尺度参数，此时有无穷多解。

当 $N = 4$ 或 5 时，因式（5-10）为非线性方程组，可借助于牛顿-拉普逊（Newton-Raphson）数值法或其他方法求解。

（2）按期望函数设计。如图 5-34 所示，若要求设计四杆机构两连架杆转角之间实现的函数关系为 $y = f(x)$（称为期望函数），由于连杆机构的待定系数较少，故一般不能准确实现该期望函数。设实际实现的函数为 $y = F(x)$（称为再现函数），再现函数与期望函数一般是不一致的。

设计时，应使机构的再现函数尽可能地逼近所要求的期望函数。具体做法：在给定的自变量 x 的变化区间 $x_0 \sim x_m$ 内的某些点上，使再现函数与期望函数的函数值相等。从几何意义上看，即使 $y = F(x)$ 与 $y = f(x)$ 两函数曲线在某些点相交，这些交点称为插值结点。显然，在这些结点处，$f(x) - F(x) = 0$。故在插值结点上，再现函数的函数值是已知的。这样就可以按照上述方法来设计四杆机构。

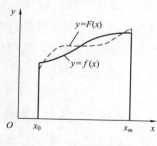

图 5-34 按期望函数
设计的解析法

这种设计方法称为插值逼近法，如图 5-34 所示，在结点以外的其他位置，逼近函数 $y = F(x)$ 与预期函数 $y = f(x)$ 是不相等的，其偏差为 $\Delta y = f(x) - F(x)$。偏差的大小与结点的数目及其分布情况有关。增加结点的数目，有利于逼近精度的提高。但由前述可知，结点数最多为 5 个。至于结点位置的分布，根据函数逼近理论一般有

$$x_i = \frac{1}{2}(x_m + x_0) - \frac{1}{2}(x_m - x_0)\cos\frac{(2i-1)\pi}{2m}$$

如果在设计过程中还有传动角、曲柄存在条件和其他一些结构上的要求时，最好运用优化设计方法，可以得到比较满意的结果。

（3）按给定的急回运动要求设计。用解析法解决此类问题时，主要是利用机构在极位时的特性。设已知行程速比系数（或极位夹角）、摇杆长、摆角及曲柄长（或连杆长），在两极位时有 $\triangle C_1AC_2$ 存在，由三角形的边长关系利用余弦定理经整理可以求得

连杆长（或曲柄长），再求机架长。在设计受力较大的有急回运动的曲柄摇杆机构时，一般希望其最小传动角具有较大值。这时可以参考相关手册。先确定出最小传动角的最大值，再计算各杆的相对长度，选定机架长度，即可算得各杆的绝对长度。

5.3.3　试验法设计四杆机构

对于运动要求比较复杂的四杆机构的设计问题，特别是对于按照给定轨迹要求设计的四杆机构问题，以试验法解决有时显得简便可靠。

若要求设计一四杆机构，其原动件的角位移 α_i（顺时针方向）和从动件的角位移 φ_i（逆时针方向）的对应关系见表 5-1。

表 5-1　　　　　　　　　　　原动件角位移 α_i 和从动件角位移 φ_i 对应关系

位置	1→2	2→3	3→4	4→5	5→6	6→7
α_i	15°	15°	15°	15°	15°	15°
φ_i	10.8°	12.8°	14.2°	15.8°	17.9°	19.5°

设计时，可先在一张纸上取一点为固定点 A，并选取适当长度 $\overline{AB}$，按角位移 α_i 作出原动件 AB 的一系列位置 AB_1、AB_2、$\cdots$、AB_7，如图 5-35（a）所示；再选取一适当的连杆长度 $\overline{BC}$ 为半径，分别以点 B_1、B_2、$\cdots$、B_7 为圆心画弧 K_1、K_2、$\cdots$、K_7。然后，如图 5-35（b）所示，在一透明纸上选一点作为固定铰链 D，并按已知的角位移 φ_i 作出一系列相应的从动件位置线 DD_1、DD_2、$\cdots$；再以点 D 为圆心，以不同长度为半径作一系列同心圆，即得透明纸样板。将透明纸样板覆盖在第一张纸上，并移动样板，力求找到这样的位置，即从动件位置线 DD_1、DD_2、$\cdots$ 与相应的圆弧线 K_1、K_2、$\cdots$ 的交点，应位于（或近似于）以 D 为圆心的某一个同心圆上，如图 5-35（c）所示。此时将样板固定下来，其上 D 点即为所求固定铰链 D 所在的位置，$\overline{AD}$ 为机架长度，$\overline{CD}$ 为从动件的长度。四杆机构各杆的长度已经完全确定。很多时候各交点只能近似地落在某一同心圆上，因而误差较大，常常不能满足设计要求。这时就需要重新选择 $\overline{AB}$、$\overline{BC}$，反复尝试，直到这些交点正好落在或近似落在某一同心圆上，满足精度要求为止。

应当指出，由上述方法求出的图形只表达所求机构各杆的相对长度。各杆的实际尺寸只要与 $ABCD$ 保持同样的比例，都能满足设计要求。

几何试验法方便、实用并相当准确，故在机械设计中得到了广泛的应用。这种方法同样适用于曲柄滑块机构的设计，使之实现曲柄与滑块的多对位置。

5.3.4　四杆机构的优化设计

机构的优化设计是随着计算机的普及而迅速发展起来的一种现代化设计方法。它利用数学规划理论，借助于计算机进行求解，在考虑诸多影响因素的机构设计中，可获得一个多方面均令人满意的机构优化设计方案。而如图 5-33 所示的设计问题（无论按运动规律设计还是按轨迹设计），用一般的设计方法只能按少数精确点进行设计，更难以兼顾其他性

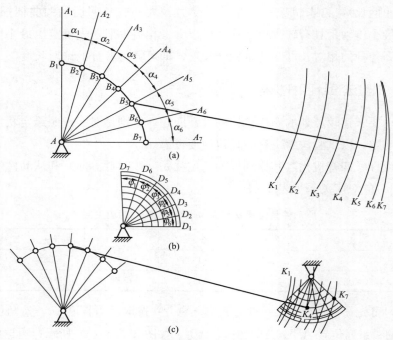

图 5-35 试验法设计四杆机构

能指标。当用优化设计方法时，涉及的因素越多，问题越复杂，越能显示出其优越性。

机构优化设计主要包括两方面的内容：一是建立机构优化数学模型；二是数学模型的求解。由于数学模型是优化设计的关键，所以下面重点介绍机构优化设计数学模型的建立。

1. 建立优化设计数学模型

现以铰链四杆机构按预定轨迹设计为例加以说明。

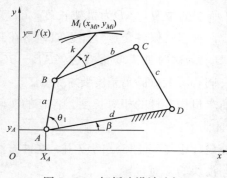

图 5-36 解析法设计连杆上
给定点的轨迹

如图 5-36 所示，设已知连杆上的描点 M 所要实现的预定轨迹点坐标 (x_i, y_i)，$i=1, 2, \cdots, n$，试用优化设计法设计该四杆机构。

（1）确定设计变量。根据设计要求，一些参数可以预先选定，如 (x_A, y_A) 和 β，并将其称为设计常量；而其余的机构尺寸参数如 a、b、c、d、k、γ 为待定参数，是设计变量；常表示为 x_1、x_2、x_3、x_4、x_5、x_6，可以用一个矢量 $\boldsymbol{x}$ 来表示，即

$$\boldsymbol{x} = \begin{bmatrix} x_1 & x_2 & x_3 & x_4 & x_5 & x_6 \end{bmatrix}^{\mathrm{T}}$$

当机构优化设计有 n 个设计变量时，则该设计变量可以表示为

$$\boldsymbol{x} = \begin{bmatrix} x_1 & x_2 & x_3 & x_4 & x_5 & x_6 \end{bmatrix}^{\mathrm{T}} \qquad x \in R^n \qquad (5-11)$$

在优化设计中，设计变量越多，设计越灵活，设计精度越容易满足，但求解运算越复杂。因此，在确定设计变量时，应根据具体要求适当减少设计变量的数目。

（2）建立目标函数。优化设计的任务就是按所追求的设计目标，寻求最优的设计方案，故又称之为最优化设计。而设计目标一般表达为设计变量的函数，称为目标函数，用来评价设计方案的优劣，也称为评价函数，一般表示为

$$f(x) = f(x_1, x_2, x_3, \cdots, x_n)$$

设计目标的最优化一般可表示为目标函数的最小化（或最大化），如涉及设备的重量最轻、尺寸最小、成本最低、误差最小等。反之，要求目标函数取最大值时，如要求其承载能力最大、工作寿命最长等，只要将目标函数取为倒数，也就变成了最小化问题。

如图 5-36 所示四杆机构，按轨迹的优化设计将连杆上 M_i 点（x_{Mi}，y_{Mi}）与预期轨迹点坐标偏差最小为寻求目标，其偏差分别为 $\Delta x_i = x_{Mi} - x_i$ 和 $\Delta y_i = y_{Mi} - y_i (i=1, 2, \cdots, n)$。根据均方根误差可建立目标函数，即

$$f(x) = \sum_{i=1}^{n} [(x_{Mi} - x_i)^2 + (y_{Mi} - y_i)^2]^{1/2} \tag{a}$$

其中，x_{Mi}、y_{Mi} 由式（5-5）来确定。

上述优化设计仅有一个目标函数，称为单目标函数。对于有多个目标函数的优化设计，将各目标函数 $f_i(x)$（$i=1, 2, \cdots, m$）确定以后，可利用线性加权法将其变为一个总目标函数再进行优化设计。该目标函数为

$$f(x) = \sum_{i=1}^{m} \omega_i f_i(x)$$

式中：ω_i 为权因子。

ω 反映分目标的重要程度，其值视具体分目标的重要程度而定。当各分目标的重要程度等同时，可均取为 1。

（3）确定约束条件。在机构的优化设计中，设计变量（如各构件的几何尺寸）取值的限制范围、应满足的运动性能、动力性能要求等限制条件称为约束条件。其中，设计变量的变动范围的约束称为边界约束，而根据机构的某些性能要求推导出的约束关系称为性能约束。约束条件有如下两种表达方式：

1）不等式约束。设有 m 个不等式约束，一般表达式为

$$g_i \leqslant 0 \quad (i = 1, 2, \cdots, m)$$

如曲柄摇杆机构各杆件的长度应大于零，曲柄为最短杆，故设计变量的约束条件为

$$g_1(x) = -a = -x_1 \leqslant 0 \tag{b}$$

杆长条件有

$$g_2(x) = a + d - b - c = x_1 + x_4 - x_2 - x_3 \leqslant 0 \tag{c}$$
$$g_3(x) = a + b - c - d = x_1 + x_2 - x_3 - x_4 \leqslant 0 \tag{d}$$
$$g_4(x) = a + c - b - d = x_1 + x_3 - x_2 - x_4 \leqslant 0 \tag{e}$$

由式（5-4）可得 $\gamma_{min} \geqslant 30°$ 应满足的性能约束条件为

$$g_5(x) = 30° - \arccos\{[x_2^2 + x_3^2 - (x_4 - x_1)^1]/(2x_2 x_3)\} \leqslant 0 \tag{f}$$
$$g_6(x) = \arccos\{[x_2^2 + x_3^2 - (x_4 + x_1)^2]/(2x_2 x_3)\} - 150° \leqslant 0 \tag{g}$$

2) 等式约束。设有 p 个等式约束，一般表达式为

$$h_j = 0 \quad (j = 1, 2, \cdots, p)$$

由于每增加一个等式约束条件，就多一个约束方程，实际上相当于减少一个设计变量，所以等式约束的数目应少于设计变量的数目 n。而每一个不等式约束条件都是以 $g_i(x) = 0$ 为分界线将设计空间分为可行域和不可行域两个部分。由此可见，有约束的优化设计实际上就是在可行域内寻求目标函数值最优的一组设计变量，即寻求最优设计方案，故其解为最优解。对于有 n 个设计变量的有约束优化设计，其数学模型可写成统一形式

$$f(x^*) = \min f(x)$$

且满足
$$g_i(x) \leqslant 0 \quad (i = 1, 2, \cdots, m)$$
$$h_j(x) = 0 \quad (j = 1, 2, \cdots, p)$$

当 $m = p = 0$ 时，则为无约束优化问题。

2. 优化方法

如上所述，优化的实质就是求目标函数的最小值。由于机构优化设计的目标函数、约束条件都为设计变量的非线性函数，故一般采用数值迭代的方法近似求解。

如图 5-36 所示，若已知轨迹曲线 $y = f(x)$ 上的 10 个选定点的坐标 (x_i, y_i)，分别为 (9.50，8.26)，(9.00，8.87)，(7.97，9.51)，(5.65，9.94)，(4.36，9.70)，(3.24，9.00)，(3.26，8.36)，(4.79，8.11)，(6.58，8.00)，(9.12，7.89)。如上所述，建立目标函数（a）和六个不等约束方程（b）～（g）的非线性优化设计问题。选用惩罚函数法进行优化，可求得最优解为 $a^* = 1.678$，$b^* = 5.819$，$c^* = 5.407$，$d^* = 7.03$，$k^* = 7.973$，$x_A^* = 2.066$，$y_A^* = 2.249$，$r^* = 79.016°$，$\beta^* = -70.29°$。

比较上述四杆机构的各种设计方法，各有特点。在实际设计中，究竟采用哪种方法，则应根据具体的设计要求和条件加以确定。

本章知识点

（1）平面四杆机构的基本形式及其演化方法。

（2）平面四杆机构的基本知识：存在曲柄的条件，急回运动和行程速比系数，传动角和死点，铰链四杆机构的运动连续性。

（3）平面四杆机构的基本设计方法，尤其是用作图法设计四杆机构，包括反转法和半角转动法。

（4）了解多杆机构的用途。

思考题及练习题

5-1　铰链四杆机构中，转动副成为整转副的条件是什么？一个四杆机构存在整转

副，就一定存在曲柄吗？

5-2　曲柄摇杆机构中，当以曲柄为原动件时，机构是否一定存在急回运动？如果是，应满足什么条件？如果不是，又有什么条件？

5-3　四杆机构中死点和机构的自锁是否相同？两者有什么关系？死点和极位有何异同？

5-4　如图 5-37 所示，已知四杆机构各构件的长度为 $a=240\text{mm}$，$b=600\text{mm}$，$c=400\text{mm}$，$d=500\text{mm}$。试问：

（1）当取杆 4 为机架时，是否有曲柄存在？

（2）若各杆长度不变，能否采用选不同杆为机架的办法获得双曲柄机构和双摇杆机构？如何获得？

（3）若 a、b、c 三杆的长度不变，取杆 4 为机架，要获得曲柄摇杆机构，d 的取值范围应为何值？

5-5　如图 5-38 所示，各杆的长度为 $a=28\text{mm}$，$b=52\text{mm}$，$c=50\text{mm}$，$d=72\text{mm}$。试求：

（1）当取杆 4 为机架时，该机构的极位夹角 θ、杆 3 的最大摆角 ψ、最小传动角 γ 和行程速比系数 K。

（2）当取杆 1 为机架时，将演化成何种类型的机构？为什么？并说明这时 C、D 两个转动副是整转副还是摆转副？

（3）当取杆 3 为机架时，又将演化成何种类型的机构？这时 A、B 两个转动副是否整转副？

5-6　图 5-39 所示为一偏置曲柄滑块机构，试求杆 AB 为曲柄的条件。若偏距 $e=0$，则杆 AB 为曲柄的条件是什么？

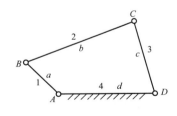

图 5-37　题 5-4 图

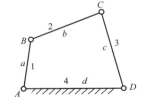

图 5-38　题 5-5 图

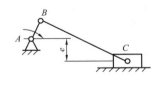

图 5-39　题 5-6 图

5-7　如图 5-40 所示连杆机构中，各杆件的尺寸为 $\overline{AB}=160\text{mm}$，$\overline{BC}=260\text{mm}$，$\overline{CD}=200\text{mm}$，$\overline{AD}=80\text{mm}$；构件 AB 为原动件，沿顺时针方向匀速回转。试确定：

（1）四杆机构 $ABCD$ 的类型。

（2）该四杆机构的最小传动角 γ。

（3）滑块 F 的行程速比系数 K。

5-8　试说明对心曲柄滑块机构当以曲柄为主动件时，其传动角在何处最大，何处最小。

5-9 图5-41所示为偏置导杆机构，试作出图示位置时的传动角及机构的最小传动角及其出现的位置，并确定机构为回转导杆机构的条件。

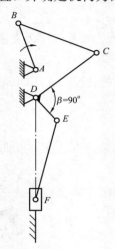

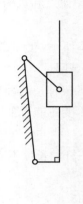

图5-40 题5-7图   图5-41 题5-9图

5-10 图5-42所示为一小电炉的炉门装置，关闭时为位置E_1，开启时为位置E_2。试设计一个四杆机构来操作炉门的启闭（各有关尺寸见图）。（开启时，炉门应向外开启，炉门与炉体不得发生干涉。而关闭时，炉门应有一个自动压向炉体的趋势。图中S为炉门质心位置，B、C为两活动铰链所在位置）

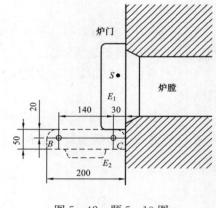

图5-42 题5-10图

5-11 试设计一曲柄摇杆机构。已知摇杆长度$l_3 = 80$mm，摆角$\varphi = 40°$，摇杆的行程速度变化系数$K = 1$，且要求摇杆的一个极限位置与机架间的夹角$\angle CDA = 90°$，试用图解法确定其余三杆的长度。

5-12 试设计一摆动导杆机构。已知机架长度$l_4 = 90$mm，行程速比系数$K = 1.4$，求曲柄长度。

5-13 图5-43所示为一已知的曲柄滑块机构。现要求用一连杆将摇杆CD和滑块F连接起来，使摇杆的三个已知位置C_1D、C_2D、C_3D和滑块的三个位置F_1、F_2、F_3相对应（图示尺寸系按比例绘出）。试确定此连杆的长度及其与摇杆CD铰接点的位置。

5-14 图5-44所示为某仪表用的摇杆滑块机构。已知滑块与摇杆的对应位置为$S_1 = 36$mm，$S_{12} = 8$mm，$S_{23} = 9$mm，$\varphi_{12} = 25°$，$\varphi_{23} = 35°$，摇杆的第Ⅱ位置在铅垂方向上。滑块上铰链点取在B点，偏距$e = 28$mm。试确定曲柄与连杆的长度。

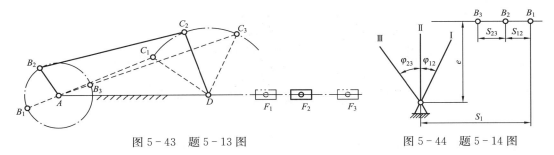

图 5-43　题 5-13 图　　　　　　　图 5-44　题 5-14 图

5-15　试设计如图 5-45 所示的六杆机构。该机构当原动件 1 自 y 轴顺时针转过 $\varphi_{12}=60°$ 时，构件 3 顺时针转过 $\psi_{12}=45°$ 恰与 x 轴重合。此时，滑块 6 自 E_1 点移动到 E_2 点，位移 $S_{12}=20\text{mm}$。试确定铰链 B 及 C 的位置。

5-16　如图 5-46 所示，试设计一铰链四杆机构。设已知摇杆 CD 的长度为 $l_{CD}=75\text{mm}$，行程速比系数 $K=1.5$，机架 AD 的长度为 $l_{AD}=100\text{mm}$，摇杆的另一个极限位置与机架间的夹角为 $\psi=45°$。试求曲柄的长度 l_{AB} 和连杆的长度 l_{BC}。（有两组解）

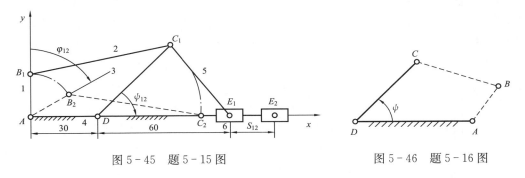

图 5-45　题 5-15 图　　　　　　　图 5-46　题 5-16 图

5-17　设已知破碎机的行程速比系数 $K=1.2$，颚板长度 $l_{CD}=30\text{mm}$，颚板摆角 $\varphi_{12}=35°$，曲柄长度 $l_{AB}=80\text{mm}$。求连杆的长度，并验算最小传动角是否在允许的范围内。

5-18　如图 5-47 所示，设要求四杆机构两连架杆的三组对应位置分别是：$\alpha_1=35°$，$\varphi_1=50°$；$\alpha_2=80°$，$\varphi_2=75°$；$\alpha_3=125°$，$\varphi_3=105°$。试以解析法设计此四杆机构。

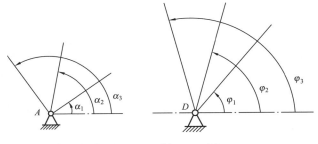

图 5-47　题 5-18 图

5-19　试用解析法设计一曲柄滑块机构，设已知滑块的行程速比系数 $K=1.5$，滑块的冲程 $H=50\text{mm}$，偏距 $e=20\text{mm}$，并求其最大压力角 $\alpha_{\max}$。

第6章 凸轮机构及其设计

6.1 凸轮机构的主要类型及其应用

6.1.1 凸轮机构的基本组成

由第5章所述连杆机构的运动特点可知，连杆机构的运动必须经过中间构件进行传递，传动路线较长，易产生较大的累积误差；同时连杆和滑块运动时产生的惯性力难以用一般的平衡方法加以消除，因此，机构存在使机械效率降低和不易应用于高速运动的缺点。如果要求机构从动件的位移、速度和加速度能够严格地按照预定的规律运动，尤其当原动件做连续运动而从动件需要做间歇运动，从而可以控制执行机构的自动工作循环时，通常多选择凸轮机构。

凸轮机构一般是由主动凸轮、从动件和机架三部分组成的高副机构。常用于将凸轮的均匀转动（或往复移动）转换成从动件的往复移动（直动）或摆动。从动件的运动规律可以任意拟订，从而可以控制执行机构的自动工作循环。其结构简单，只要设计相应的凸轮轮廓，就可使从动件按拟订的规律运动。

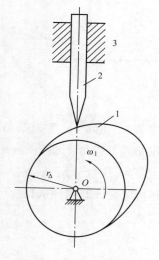

如图6-1所示，构件1是一个具有曲线轮廓的构件，如果以轮廓的最小曲率半径画一个圆，则整个曲线轮廓可以看成是在该圆的基础上凸出一部分形成的。这种具有控制从动件运动规律的曲线轮廓（或沟槽）的构件，称为凸轮。凸轮通常作为主动件使用。当其曲线轮廓运动时，可推动构件2在固定导路（即机架3）中往复运动。这种与凸轮轮廓高副接触，又被凸轮轮廓推动的构件称为从动件（或称为推杆）。由于凸轮机构由三个构件组成，与最简单的平面连杆机构相比较，即与四杆机构相比，还少一个构件，因此结构简单。

6.1.2 凸轮机构的主要类型

图6-1 凸轮机构

凸轮机构应用广泛，能够实现许多特定的运动规律，因此机构的类型也较多。其基本类型可根据凸轮和从动件的不同形式来分类。

1. 按凸轮的形状分

（1）盘形凸轮。盘形凸轮轮廓所处的平面与回转轴线垂直，轮廓上各点到回转轴线的距离是按照拟订的运动规律值给定的，是凸轮的最基本形式，如图6-2所示。

（2）移动凸轮。移动凸轮相对机架做往复直线移动，轮廓与移动直线在一个平面内，轮廓上各点到移动直线的距离是按照拟订的运动规律值给定。可以将其看成是转轴在无穷远处的盘形凸轮的一部分，如图 6-3 所示。

（3）圆柱凸轮。圆柱凸轮是在圆柱端面上做出曲线轮廓的构件。凸轮与推杆的运动不在一个平面内，可以将其看成是将移动凸轮卷于圆柱体上形成的，属于空间凸轮机构，如图 6-4 所示。

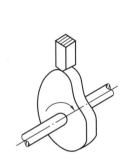　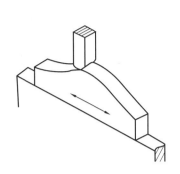　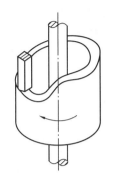

图 6-2　盘形凸轮　　　　　图 6-3　移动凸轮　　　　　图 6-4　圆柱凸轮

2. 按从动件的形状和运动形式分

按照从动件的端部形状可分为尖顶从动件、滚子从动件和平底从动件，按照从动件的运动形式可分为直动从动件和摆动从动件。凸轮机构从动件的基本类型及主要特点见表 6-1。

表 6-1　　　　　　　　凸轮机构从动件的基本类型及主要特点

端部形状	运动形式		主　要　特　点
	直动	摆动	
尖顶			运动副接触面积小，结构紧凑，可实现任意的运动规律；承载能力小，易磨损
滚子			耐磨损，承载能力较大；运动规律有局限性；滚子轴承处有间隙，不适用于高速
平底			运动副接触面积小，结构紧凑，润滑性能好，适用于高速；但凸轮轮廓不能呈凹形，运动规律受到一定的限制

6.1.3　凸轮机构的应用

如图 6-5 所示的往复式内燃发动机中应用的配气机构，盘形凸轮 1 的轮廓形状决定了气阀 2 沿机架 3 移动的运动规律。当凸轮转动时，其轮廓与气阀的平底接触。随着凸轮的连续转动，气阀可产生间歇的、按拟订规律的往复运动，以配合内燃机实现发动机气缸内的进气或排气功能。

　　如图 6-6 所示的自动机械加工机床中应用的走刀机构，圆柱凸轮 1 的轮廓形状决定了摆杆 2 的运动规律。当圆柱凸轮转动时，摆杆上滚子 4 与凸轮的凹槽轮廓接触。随着凸轮的连续转动，摆杆可产生间歇的、按拟订规律的往复运动，摆杆上的不完全齿轮驱动刀架 3，以配合走刀机构实现进刀和退刀功能。

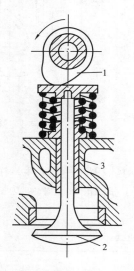
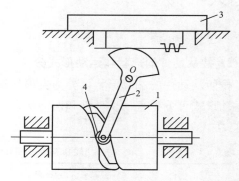

图 6-5　往复式内燃发动机配气机构
1—盘形凸轮；2—气阀；3—机架

图 6-6　走刀机构
1—凸轮；2—摆杆；3—刀架；4—滚子

　　除此之外，应用凸轮机构的机械设备有许多，在此不一一举例。

　　凸轮机构的应用如此广泛，其优点表现为机构简单紧凑，响应速度快，只要精确地设计出凸轮的轮廓曲线，就可以使推杆得到预期的运动规律，并能够较容易地实现复杂的特定运动规律。但是由于凸轮机构是高副机构，凸轮轮廓与推杆之间为点接触或线接触，极易磨损，不宜传递较大的动力。此外，其加工制造相对比较复杂。因此，凸轮机构通常适用于实现特殊要求的运动规律，而传递动力不太大的场合。

　　由于凸轮机构类型中，移动凸轮和圆柱凸轮为盘形凸轮的特例，盘形凸轮是凸轮机构的最基本形式，所以本章以盘形凸轮为主要讨论对象。

6.2　从动件的常用运动规律及选择

　　凸轮机构中只要精确地设计出凸轮的轮廓曲线，就可以使从动件得到预期的运动规律，能够实现复杂的特定运动规律。从动件作为凸轮机构的执行构件，其运动规律的选择和设计，直接关系到凸轮机构的工作质量，因此研究从动件的常用运动规律是必要的。下面介绍三种常用的从动件运动规律。

6.2.1 凸轮机构运动的基本概念

图 6-7 (a) 所示为一对心直动尖顶推杆盘形凸轮机构。图 6-7 (b) 所示为该凸轮机构的位移曲线图。圆心 O 为凸轮的转动轴心，以该轴心到凸轮轮廓曲线的最小距离 r_0 为半径所作的圆称为凸轮的基圆，r_0 称为基圆半径。凸轮轮廓曲线被分成四部分，其中轮廓线 AB 段为推程段。凸轮轮廓与推杆在 A 点接触时，A 点为推杆处于最低位置处。当凸轮转动并沿逆时针方向转过 δ_0 角度时，凸轮轮廓与推杆接触点由 A 点移动到 B 点，推杆由最低位置 A 被推到最高位置 B'，推杆由最低位置升高到最高位置，这一过程称为推程，而相对应的凸轮转角 δ_0 称为推程运动角。轮廓线 BC 段为远休止段。当凸轮继续转动并沿逆时针方向再转过 δ_{01} 角度时，凸轮轮廓与推杆接触点由 B 点移动到 C 点，由于 BC 段为以凸轮轴心 O 为圆心的圆弧，所以推杆将位于最高位置 B' 停止不动，推杆在最高位置处于静止的这一过程称为远休止，而相对应的凸轮转角 δ_{01} 称为远休止角。凸轮廓线 CD 段为回程段。凸轮轮廓与推杆在 C 点接触时，与接触点 B 一样，推杆仍处于最高位置处。当凸轮转动并沿逆时针方向再转过 δ_0' 角度时，凸轮轮廓与推杆接触点由 C 点移动到 D 点，推杆由最高位置 C 降到最低位置 D，推杆由最高位置降低到最低位置的这一过程称为回程，而相对应的凸轮转角 δ_0' 称为回程运动角。凸轮廓线 DA 段为近休止段。当凸轮继续转动并沿逆时针方向再转过角度 δ_{02} 时，凸轮轮廓与推杆接触点由 C 点移动到 A 点，由于 DA 段为凸轮的基圆圆弧，所以推杆将位于最低位置停止不动，推杆在最低位置处于静止的这一过程称为近休止，而相对应的凸轮转角 δ_{02} 称为近休止角。凸轮继续运动时，推杆又将重复上述升—停—降—停的循环过程。推杆在推程或回程运动过程中移动的距离 h 称为推杆的行程。

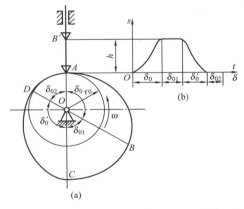

图 6-7 对心直动尖顶推杆盘形凸轮机构
(a) 机构简图；(b) 位移曲线图

6.2.2 从动件常用运动规律

1. 等速运动规律

当凸轮机构的从动件以匀速规律运动时，称为等速运动规律。设以 T 表示从动件完成一个升程 h 运动过程所用的时间（即凸轮转过推程角 δ_0 所用的时间）。因为从动件以匀速规律运动，所以其推程的速度方程应为

$$v = \frac{h}{T} = v_0 \quad (常数) \tag{6-1}$$

将速度 v 对时间积分，可得从动件的位移方程

$$s = \int v \mathrm{d}t = \frac{h}{T}t + C$$

由边界条件可知，当时间 $t=0$ 时，推杆位移 $s=0$，将其代入上式可得 $C=0$，于是位移方程为

$$s = \frac{h}{T}t \qquad\qquad (6\text{-}2)$$

为了便于设计、制造，通常将从动件的运动规律表示为凸轮转角 δ 的函数。当凸轮以等角速度 ω 转动时，凸轮的转角 $\delta=\omega t$，推程角 $\delta_0=\omega T$，由此得到时间 t 和 T 分别为

$$t = \frac{\delta}{\omega} \qquad\qquad (6\text{-}3)$$

$$T = \frac{\delta_0}{\omega} \qquad\qquad (6\text{-}4)$$

代入式（6-2），得到以凸轮转角 δ 表示的位移方程

$$s = \frac{h}{T}t = \frac{h}{\delta_0}\delta \qquad\qquad (6\text{-}5)$$

将式（6-5）代入式（6-1），得到以凸轮转角 δ 表示的速度方程

$$v = v_0 = \frac{h}{\delta_0}\omega \qquad\qquad (6\text{-}6)$$

将速度 v 对时间求导，可得从动件的加速度方程

$$a = \frac{\mathrm{d}v}{\mathrm{d}t} = 0 \qquad\qquad (6\text{-}7)$$

由此得出推杆推程的运动方程为

$$\left.\begin{aligned}s &= \frac{h}{\delta_0}\delta \\ v &= \frac{h\omega}{\delta_0} \\ a &= 0\end{aligned}\right\} \qquad\qquad (6\text{-}8)$$

同理，若推杆处于回程段时，因为规定推杆的位移总是由其最低位置算起，所以推杆的位移 s 是逐渐减小的，其运动方程为

$$\left.\begin{aligned}s &= h\left(1 - \frac{\delta}{\delta_0'}\right) \\ v &= -\frac{h\omega}{\delta_0'} \\ a &= 0\end{aligned}\right\} \qquad\qquad (6\text{-}9)$$

式中：δ_0' 为凸轮的回程运动角，凸轮的转角 δ 由该回程段运动规律的起始位置开始随凸轮的转动而变化。

等速运动规律推程段的运动线图如图 6-8 所示。由于推杆在运动开始和终止的瞬时，推杆速度会产生瞬时突变，所以此时推杆在理论上将出现无穷大的加速度和惯性力，凸轮机构将会受到极大的冲击，这种由于加速度达到无穷大引起的冲击称为刚性冲击。

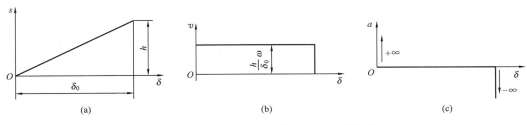

图 6-8　等速运动规律推程段的运动线图

2. 等加速等减速运动规律

当凸轮机构的从动件以等加速和等减速规律运动时，称为等加速等减速运动规律。设以 T 表示从动件完成一个升程 h 运动过程所用的时间（即凸轮转过推程角 δ_0 所用的时间）。若加速段和减速段的时间相等，则各段加速度值的绝对值相等，各段的推杆位移自然也相等，各段位移量为 $h/2$，各段所需时间为 $T/2$。

当从动件以等加速运动规律运动时，其推程的加速度方程应为

$$a = a_0 \quad （常数）$$

将加速度 a 对时间积分，可得速度方程

$$v = \int a\mathrm{d}t = a_0 t + C_1$$

将速度 v 对时间积分，可得位移方程

$$s = \int v\mathrm{d}t = \frac{1}{2}a_0 t^2 + C_1 t + C_2$$

由边界条件可知，当 $t=0$ 时，$v=0$，$s=0$，代入上述公式，得 $C_1=0$，$C_2=0$，因此得出位移、速度、加速度的关系式

$$\left.\begin{array}{l} s = \dfrac{1}{2}a_0 t^2 \\[2mm] v = a_0 t \\[2mm] a = a_0 \end{array}\right\} \tag{6-10}$$

又因为当 $t=\dfrac{T}{2}$ 时，$s=\dfrac{h}{2}$，并且 $t=\dfrac{\delta}{\omega}$，$T=\dfrac{\delta_0}{\omega}$，代入式（6-10）的位移关系式得

$$\frac{h}{2} = \frac{1}{2}a_0 t^2 = \frac{1}{2}a_0 \left(\frac{T}{2}\right)^2 = \frac{1}{2}a_0 \left(\frac{\delta_0}{2\omega}\right)^2$$

整理，得

$$a_0 = \frac{4h\omega^2}{\delta_0^2} \tag{6-11}$$

将式（6-3）和式（6-11）代入式（6-10），得出推杆推程过程中加速段的等加速运动规律方程

$$s = \frac{1}{2}a_0 t^2 = \frac{2h}{\delta_0^2}\delta^2 \left.\right\}$$

$$v = a_0 t = \frac{4h\omega}{\delta_0^2}\delta \qquad \qquad (6-12)$$

$$a = a_0 = \frac{4h\omega^2}{\delta_0^2}$$

其中，转角 δ 的变化范围为 $0 \sim \frac{\delta_0}{2}$。

同理，可求得推杆推程过程中后一半减速段的等减速运动规律方程为

$$s = h - \frac{2h}{\delta_0^2}(\delta_0 - \delta)^2 \left.\right\}$$

$$v = \frac{4h\omega}{\delta_0^2}(\delta_0 - \delta) \qquad \qquad (6-13)$$

$$a = -\frac{4h\omega^2}{\delta_0^2}$$

其中，转角 δ 的变化范围为 $\frac{\delta_0}{2} \sim \delta_0$。

根据式（6-12）和式（6-13）可以绘出从动件做等加速等减速运动规律推程时的运动线图，如图 6-9 所示。由图 6-8 可以看出，加速度曲线在 A、B、C 三个位置出现突变，并且是存在有限值的惯性力突变，因此会产生有限的冲击力。这种由于有限加速度值突变所引起的冲击称为柔性冲击。由于存在柔性冲击，等加速等减速运动规律适用于中速、轻载的场合。

由式（6-12）和式（6-13）可看出，等加速运动规律的位移曲线是抛物线，故又称为抛物线运动规律。当转角 δ 处在 1、2、3 各位置时，位移 s 的值分别为 $1 \times \frac{2h}{\delta_0}$、$4 \times \frac{2h}{\delta_0}$、$9 \times \frac{2h}{\delta_0}$，其比值是 $1:4:9$；对于后一半的等减速运动过程，反过来从最高点向下看，其位移的比值仍为 $1:4:9$。因此，这种位移曲线可用如图 6-9（a）所示作图方法画出。

3. 余弦加速度运动规律

上述运动规律均存在加速度的突变点，使凸轮机构受到冲击。为了克服其缺点，减小冲击对机构产生的危害，可以选择采用余弦加速度运动规律。由于该运动规律的加速度值按余弦曲线变化，因此被称为余弦加速度运动规律，如图 6-10 所示，其加速度运动方程式为

$$a = a_{max}\cos\theta = C_1\cos\theta \qquad \qquad (6-14)$$

由图 6-10（c）可知，当 $\delta = 0$ 时，$a = a_{max}$；当 $\delta = \delta_0$ 时，$a = -a_{max}$；在 $\delta = 0 \rightarrow \delta_0$ 时，对应的 θ 角应为 $\theta = 0 \rightarrow \pi$，正好是余弦函数的半个周期，因此，$\theta$ 与 δ 的关系为

$$\frac{\delta}{\delta_0} = \frac{\theta}{\pi}$$

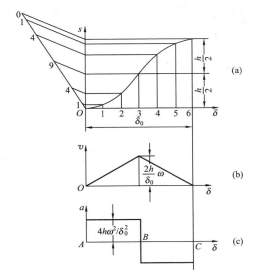

图 6-9 等加速等减速运动规律推程时的运动线图

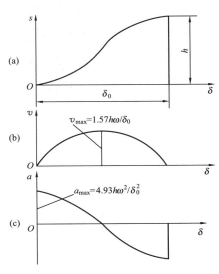

图 6-10 余弦加速度运动规律

即

$$\theta = \frac{\pi}{\delta_0}\delta$$

代入式（6-14）得到

$$a = C_1\cos\left(\frac{\pi}{\delta_0}\delta\right)$$

再将式（6-3）和式（6-4）代入上式得

$$a = C_1\cos\left(\frac{\pi}{T}t\right)$$

将上式对 t 积分一次，可得速度的方程式为

$$v = \int a\mathrm{d}t = C_1\,\frac{T}{\pi}\sin\left(\frac{\pi}{T}t\right) + C_2$$

将上式对 t 积分一次，可得位移的方程式为

$$s = \int v\mathrm{d}t = -C_1\,\frac{T^2}{\pi^2}\cos\left(\frac{\pi}{T}t\right) + C_2 t + C_3$$

由边界条件可知，当 $t=0$ 时，$s=0$、$v=0$；当 $t=T$ 时，$s=h$。将边界条件代入上述积分方程，并将式（6-3）和式（6-4）代入之后，可得方程式

$$\left.\begin{aligned}
s &= \frac{h}{2}\left[1 - \cos\left(\frac{\pi}{\delta_0}\delta\right)\right] \\
v &= \frac{\pi h\omega}{2\delta_0}\sin\left(\frac{\pi}{\delta_0}\delta\right) \\
a &= \frac{\pi^2 h\omega^2}{2\delta_0^2}\cos\left(\frac{\pi}{\delta_0}\delta\right)
\end{aligned}\right\} \quad (6-15)$$

根据式（6-15）可以绘出从动件做余弦加速度运动推程时的运动线图，如图 6-10

所示。由位移方程式可看出，这种运动是简谐运动，因此这种运动规律也称为简谐运动规律。

回程时的运动方程为

$$
\left.
\begin{aligned}
s &= \frac{h}{2}\left[1 + \cos\left(\frac{\pi}{\delta_0'}\delta\right)\right] \\
v &= -\frac{\pi h\omega}{2\delta_0'}\sin\left(\frac{\pi}{\delta_0'}\delta\right) \\
a &= -\frac{\pi^2 h\omega^2}{2\delta_0'^2}\cos\left(\frac{\pi}{\delta_0'}\delta\right)
\end{aligned}
\right\}
\tag{6-16}
$$

由式（6-16）可知，当 $\delta = \frac{\delta_0}{2}$ 时，$v = v_{max} = \frac{\pi h\omega}{2\delta_0} \approx 1.57\frac{h\omega}{\delta_0}$；当 $\delta = 0$ 和 $\delta = \delta_0$ 时，$a = a_{max} = \pm\frac{\pi^2 h\omega^2}{2\delta_0^2} \approx \pm 4.93\frac{h\omega^2}{\delta_0^2}$。

由图 6-10（c）可以看出，这种运动规律只在始、末两点才有加速度的突变，产生柔性冲击。但是当从动件被设计为做无停歇的升—降—升往复运动时，将得到连续的加速度曲线，可完全消除柔性冲击，适用于高速运动。

在选择从动件的运动规律时，除去要考虑刚性冲击与柔性冲击外，还应对各种运动规律所产生的最大速度 v_{max}、最大加速度 a_{max} 及其影响加以分析和比较。最大速度 v_{max} 越大，则动量 mv 越大，当大质量的从动件突然被阻止时，将出现很大的冲击力。因此，对于大质量的从动件应注意控制最大速度 v_{max} 值，不宜太大；最大加速度 a_{max} 越大，则惯性力越大，由于惯性力而引起的动压力，对机构的强度和磨损都有较大的影响，因此，对于高速运动的凸轮机构注意控制最大加速度 a_{max} 值，不宜太大。

上述三种运动规律的特点及适用范围，见表 6-2。

表 6-2　　　　　　　　　　从动件常用运动规律比较

运动规律	$v_{max}(\times h\omega/\delta_0)$	$a_{max}(\times h\omega^2/\delta_0^2)$	特点（设计制造）	冲击	适用范围
等速	1.00	∞	画图易、制造简单	刚性	低速、轻载
等加速等减速	2.00	4.00	画图、制造均较难	柔性	中速、轻载
余弦加速度	1.57	4.93	画图易，制造较难	柔性	中速、中载

6.3　凸轮轮廓曲线设计

在凸轮机构中，主动件凸轮的轮廓曲线为从动件的位移、速度和加速度运动规律的综合体现。当凸轮机构的类型、推杆的运动规律等基本要求确定后，即可按照相应的设计方法进行凸轮轮廓曲线的设计，以实现推杆运动规律的要求。凸轮轮廓曲线的设计方法有图解法和解析法，其基本原理相同。图解法根据选定的从动件运动规律设计凸轮的轮廓曲线，方法简单，而且直观，精确度一般，适用于一般要求的凸轮设计中。解析法计算工作量较大，精确度较高，适用于较高要求的凸轮设计中。本节只探讨图解法的设计原理和方法。

6.3.1　凸轮廓线设计方法的基本原理

用图解法绘制凸轮轮廓时，首先依据所选择的运动规律，画出从动件的位移曲线，然后据此绘制凸轮轮廓曲线。

当确定了从动件的运动形式和运动规律、从动件与凸轮接触部位的形状、凸轮与从动件的相对位置、凸轮转动方向等因素以后，就可用作图方法求凸轮轮廓。作图的原理是应用反转法。将整个凸轮机构绕凸轮转动中心 O 加上一个与凸轮角速度 ω 反向的公共角速度 $-\omega$，这样一来，凸轮将固定不动，从动件将随机架一起以等角速度 $-\omega$ 绕 O 点转动，从动件对凸轮的相对运动并未改变。同时按已知的运动规律对机架做相对运动。由于从动件始终与凸轮轮廓相接触，因此，从动件与凸轮轮廓的接触点将会包络出一条凸轮的实际轮廓来。如果从动件底部是尖顶，则尖顶的运动轨迹即为凸轮的轮廓曲线。如果从动件底部带有滚子，则滚子中心的轨迹为理论轮廓，而由滚子产生的包络线即为工作轮廓。如果从动件的底部是平底，则平底产生的包络线即为其凸轮轮廓。

图 6-11 所示为一对心直动尖顶推杆盘形凸轮机构。当凸轮的轮廓曲线已经根据预期的推杆运动规律设计出来，并且凸轮以角速度 ω 绕轴 O 转动时，推杆的尖顶将沿凸轮轮廓做相对运动，同时推杆将实现预期的运动。设给整个凸轮机构加上一个公共角速度 $-\omega$，使其绕轴心 O 转动。虽然凸轮与推杆之间的相对运动并未改变，但此时凸轮将静止不动，而推杆则即随其导轨以角速度 $-\omega$ 绕轴心 O 转动，又在导轨内做预期的往复移动。很显然，推杆的这种复合运动，在其尖端产生的运动轨迹就是凸轮的轮廓曲线。

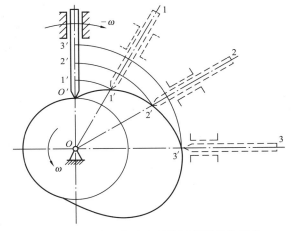

图 6-11　对心直动尖顶推杆盘形凸轮机构

6.3.2　移动从动件的盘形凸轮

根据从动件与凸轮的接触形式不同，其接触形式可分为尖顶接触形式、滚子接触形式和平底接触形式。

（1）尖顶接触形式。图 6-12（a）所示为一偏置直动尖顶推杆盘形凸轮机构，图 6-12（b）所示为给定的推杆位移曲线。已知凸轮以等角速度 ω 逆时针方向转动，基圆半径为 r_0，推杆导路的偏距为 e。设计时首先选定合适的比例尺，凸轮转动中心 O 为圆心，按基圆半径 r_0 画出基圆，再按偏距 e 画出推杆导路位置，确定凸轮轮廓上推程的起

点 A；按照上述反转法的作图方法，将图（b）位移曲线上的 11′、22′、33′、…与图（a）上的 11′、22′、33′、…对应，即可按顺序作出推杆的若干位置。将推杆尖顶所处的一系列位置点 1′、2′、3′、…用平滑曲线连接，其所形成的曲线就是设计的偏置直动尖顶推杆盘形凸轮机构的凸轮轮廓曲线。

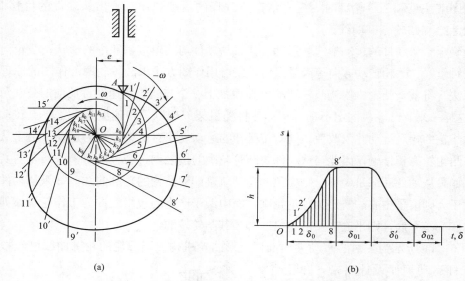

图 6-12　偏置直动尖顶推杆盘形凸轮机构
（a）推杆位置图；（b）推杆位移曲线

（2）滚子接触形式。图 6-13 所示为一偏置直动滚子推杆盘形凸轮机构。与图 6-12 所示尖顶推杆的情况进行比较，只是在推杆顶端加上一个半径为 r_r 的滚子。首先将滚子转动中心看成是尖顶推杆的顶点，按照上述尖顶接触形式作图法画出一条理论轮廓曲线，即图上的理论廓线。然后，以滚子半径 r_r 为半径，在理论廓线上自推程的起点 A 开始，依次画出一系列圆。绘出这一系列圆的内包络线，该包络线即为设计的偏置直动滚子推杆盘形凸轮机构的凸轮轮廓，即工作廓线。显然，凸轮的基圆仍然指的是其理论廓线的基圆，工作廓线的最小半径等于凸轮基圆半径减去滚子的半径，工作廓线与理论廓线是两条法向等距曲线。

（3）平底接触形式。图 6-14 所示为一对心直动平底推杆盘形凸轮机构，与图 6-11 所示尖顶推杆的情况进行比较，只是在推杆顶端将尖顶改为平底。设计时，首先将推杆平底面与其导路中心线的交点看成是平底推杆的顶点，按照上述尖顶接触形式作图法绘出一条理论轮廓曲线。然后，在理论廓线上自推程的起点 A 开始，依次取一系列位置点 1′、2′、3′、…。再过点 1′、2′、3′、…绘出每一点与凸轮转动中心 O 所作连心线的垂线，即相当于推杆的平底。这一系列平底所形成的内包络线，即为设计的对心直动平底推杆盘形凸轮机构的凸轮轮廓。

上述三种接触形式的凸轮轮廓画法，均使用反转法。其基本原理和方法是相似的，反转法的关键是掌握凸轮和从动件的相对运动的关系和相对位置的确定。

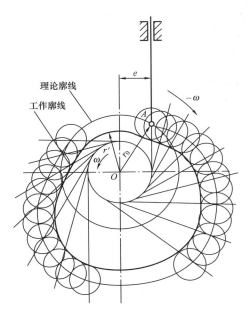

图 6 - 13　偏置直动滚子推杆盘形凸轮机构

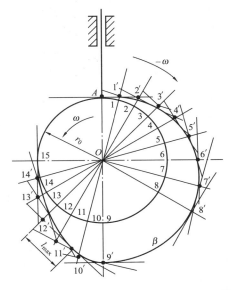

图 6 - 14　对心直动平底推杆盘形凸轮机构

6.4　凸轮机构基本参数的确定

凸轮机构中的基本参数，如压力角、基圆半径、推杆滚子大小等，对机构的受力情况、运动情况、结构尺寸等影响较大。作为设计者要考虑诸多因素，否则将会使机构产生一系列问题，因此，有必要对这些基本尺寸、参数的确定问题加以讨论。

6.4.1　凸轮机构中的作用力和凸轮机构的压力角

一尖顶直动推杆盘形凸轮机构在推程中某一位置时的受力情况如图 6 - 15 所示。图中，G 为推杆所受的总载荷（包括推杆的自重、弹簧压力等）；F 为凸轮对推杆的作用力，φ_1 为其摩擦角；F_{r1} 和 F_{r2} 分别为推杆直动导轨两侧作用于推杆上的总反力，φ_2 为其摩擦角。根据力和力矩的平衡条件，可得

$$\sum F_x = 0, \quad -F\sin(\alpha+\varphi_1)+(F_{r1}-F_{r2})\cos\varphi_2 = 0$$
$$\sum F_y = 0, \quad -G+F\cos(\alpha+\varphi_1)-(F_{r1}+F_{r2})\sin\varphi_2 = 0$$
$$\sum M_B = 0, \quad F_{r2}(l+b)\cos\varphi_2-F_{r1}b\cos\varphi_2 = 0$$

以上三式经整理后，得凸轮对推杆的作用力为

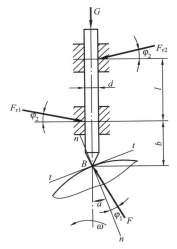

图 6 - 15　尖顶直动推杆盘形
凸轮机构受力情况

$$F = \frac{G}{\cos(\alpha+\varphi_1)-\left(l+\dfrac{2b}{l}\right)\sin(\alpha+\varphi_1)\tan\varphi_2} \tag{6-17}$$

式中：α 为凸轮机构在图示位置的压力角，为凸轮给推杆的正压力的方向即公法线 n—n 方向与推杆受力点 B 的速度方向所夹的锐角。

由式（6-17）可以看出，压力角 α 越大，分母数值越小，则凸轮对推杆的作用力 F 将越大；如果当 α 增大致使分母趋近于零，则作用力 F 将增至无穷大。因为压力角 α 增大，不但使凸轮与推杆的作用力 F 增大，而且使推杆导路中的摩擦力也增大。当压力角大到某一临界值 α_c 时，机构将发生自锁，此时的压力角称为临界压力角。

令式（6-17）分母为零时，可求得临界压力角 α_c 为

$$\alpha_c = \arctan\left[\frac{1}{(l+2b/l)\tan\varphi_2}\right] - \varphi_1 \qquad (6-18)$$

凸轮廓线上位置不同，压力角就不同。为保证凸轮的正常运转，应使其最大压力角 α_{max} 小于临界压力角 α_c。同时由式（6-18）可以看出，减小导轨长度 l 或增大悬臂尺寸 b 也可减小临界压力角 α_c 的数值。

除此之外，凸轮机构压力角的大小，不仅和机构传动时的受力情况好坏有关，还和凸轮尺寸的大小有关。当载荷和机构的运动规律确定以后，为了使凸轮有较小的尺寸可选取较小的基圆半径，但此时压力角就会增大，从而使机构受力情况变坏。因此，凸轮基圆大小还与压力角有关。在设计中，如果对机构尺寸没有严格限制时，为了使机构有良好的受力情况，可将基圆半径选得大一些，以减小压力角；反之，若要求凸轮尺寸尽量小而受力情况也大致不太差时，可适当减小基圆半径，此时压力角将变大，但应注意必须保证最大压力角 α_{max} 不超过许用压力角值，即 $\alpha_{max} < [\alpha]$。许用压力角 $[\alpha]$ 值见表 6-3。

表 6-3 　　　　　　　　　　凸轮机构的许用压力角 $[\alpha]$

类　　别	推　　程	回　　程	
		力封闭	形封闭
直动从动件	$\leqslant 30°$	$\leqslant 70°\sim 80°$	$\leqslant 30°$
摆动从动件	$\leqslant 35°\sim 45°$	$\leqslant 70°\sim 80°$	$\leqslant 35°\sim 45°$

注　1. 直动从动件当要求凸轮尽可能小时，$[\alpha]$ 可用到 $45°$ 或更大些。

　　2. 滚子从动件比尖顶从动件的 $[\alpha]$ 可稍大些。

当推杆处于回程段时，属于空回过程，推杆受力较小，一般情况下不会出现自锁现象，因此其许用压力角 $[\alpha]$ 可选取得大一些，通常可取 $[\alpha] = 70°\sim 80°$。

6.4.2　凸轮基圆半径的确定

凸轮机构的基圆半径大小与压力角有直接关系，对凸轮机构运动影响较大，为使凸轮机构不自锁，需要对基圆半径的确定进行探讨。盘形凸轮的基圆半径 r_0 一般是指凸轮理论轮廓的最小半径。下面以如图 6-16 所示的偏置直动尖顶推杆盘形凸轮机构为例探讨。凸轮机构中，推杆与凸轮的相对速度瞬心为 P 点，则有 $v_P = v = \omega \overline{OP}$，因此

$$\overline{OP} = v/\omega = \mathrm{d}s/\mathrm{d}\delta$$

在图中直角 $\triangle BCP$ 中

$$\tan\alpha = \frac{\overline{OP} - e}{s_0 + s} = \frac{(\mathrm{d}s/\mathrm{d}\delta) - e}{\sqrt{r_0^2 - e^2} + s} \qquad (6-19)$$

由式（6-19）可以看出，偏距 e 为常数，基圆半径 r_0 与压力角 α 成反比。改变基圆半径 r_0 的数值，可有效调整压力角 α 的大小。基圆半径 r_0 增加，压力角 α 的值将会减小，对机构运动有利，但机构的尺寸也会相应增大；基圆半径 r_0 减小，压力角 α 的值将会增加，机构的尺寸会相应减小，但对机构的传力特性有影响，因此需要合理地确定凸轮的基圆半径值，处理好压力角、空间尺寸、机构效率之间的相互关系。在压力角不超过许用值的原则下，应尽可能采用较小的基圆半径。为使凸轮机构不自锁，故应满足最大压力角 $\alpha_{\max} < [\alpha]$ 的条件。

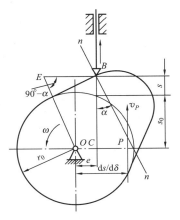

图 6-16　偏置直动尖顶推杆盘形凸轮机构

对于直动推杆盘形凸轮机构，若推程的压力角 $\alpha \leqslant [\alpha]$，由式（6-19）可求出基圆半径 r_0 的计算公式

$$r_0 \geqslant \sqrt{\left[\frac{(\mathrm{d}s/\mathrm{d}\delta) - e}{\tan[\alpha]} - s\right]^2 + e^2} \qquad (6-20)$$

6.4.3　滚子推杆滚子半径的选择和平底推杆平底尺寸的确定

1. 滚子推杆滚子半径的选择

在滚子推杆中，滚子半径大小对凸轮工作廓线有直接的影响。由于凸轮廓线形态各异，若滚子半径选取不当，将会使推杆运动失真。

图 6-17（a）所示为内凹的凸轮轮廓曲线，a 为工作廓线，b 为理论廓线。工作廓线的曲率半径为 ρ_a，理论廓线的曲率半径为 ρ，滚子半径为 r_r，它们之间的关系为 $\rho_a = \rho + r_r$，可以看出其工作廓线平滑，工作廓线与理论廓线始终保持为两条法向等距曲线。图 6-17（b）所示为外凸的凸轮轮廓曲线，其工作廓线的曲率半径 ρ_a 等于理论廓线的曲率半径 ρ 与滚子半径 r_r 之差，即 $\rho_a = \rho - r_r$。图中，理论廓线的曲率半径 ρ 大于滚子半径 r_r，即 $\rho > r_r$。图 6-17（c）所示为外凸的凸轮轮廓曲线，其理论廓线的曲率半径 ρ 与滚子半径 r_r 相等，即 $\rho = r_r$，则工作廓线的曲率半径 $\rho_a = 0$，此时工作廓线上将会出现曲率半径为零的尖点，这种凸轮轮廓变尖现象在实际应用过程中极易磨损，因此设计时应避免出现变尖现象。图 6-17（d）所示为外凸的凸轮轮廓曲线，其理论廓线的曲率半径 ρ 小于滚子半径 r_r，即 $\rho < r_r$，则工作廓线的曲率半径 $\rho_a < 0$，为负值。此时工作廓线出现交叉，图中交叉廓线部分在切削加工过程中将被切掉，由此导致推杆不能按设计要求的运动规律运动，这种现象称为失真现象，因此设计时也应避免出现失真现象。

由此可见只有合理选取推杆滚子半径的大小，才能避免凸轮变尖和失真现象出现。对于外凸的凸轮轮廓曲线，应使滚子半径 r_r 小于理论廓线上的最小曲率半径 $\rho_{\min}$，因此，设计时可以采取减小滚子半径 r_r 或增大理论廓线上的最小曲率半径 $\rho_{\min}$ 的方法。通常情况下，设计时凸轮工作廓线的最小曲率半径 $\rho_{\min}$ 要求一般不应小于 $1 \sim 5\mathrm{mm}$。如果

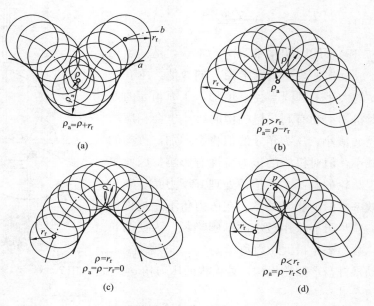

图 6-17　滚子半径的选择

不能满足此要求，就应增大基圆半径 r_0 或适当减小滚子半径 r_r，通常取滚子半径 $r_r =$ $(0.1 \sim 0.5) r_0$。

2. 平底推杆平底尺寸的确定

如图 6-14 所示，对心直动平底推杆盘形凸轮机构在转动过程中，推杆的平底始终与凸轮轮廓相切。随着凸轮转角 δ 的变化，推杆的平底与凸轮廓线的切点在平底上的位置随之而变。应用作图法进行凸轮廓线设计时，可以根据比例尺从设计图上手工测绘出凸轮机构整个转动周期中平底上的每个切点距导路中心的距离，并找出最大值 l_{max}。考虑到长度上需留有一定的余量，因此，平底的长度尺寸 l 可确定为

$$l = 2l_{max} + (5 \sim 7) \quad \text{mm} \tag{6-21}$$

由上述分析可知，在凸轮廓线设计过程中，需要综合考虑凸轮机构的基本参数，尤其是凸轮的基圆半径。因此，基圆半径的大小直接影响机构的结构尺寸、推杆是否自锁（即压力角的大小）、凸轮廓线是否变尖或失真等。同时，还要考虑选取滚子半径或平底尺寸大小等。如果在结构尺寸允许的情况下，还可适当地加长推杆导轨长度和减小悬臂尺寸。合理选择和优化基本参数是凸轮机构设计的重要组成部分。

🔍 本章知识点

（1）了解凸轮机构的类型及各类凸轮机构的特点和适用场合，学会根据工作要求和使用场合选择凸轮机构的类型。

（2）掌握从动件几种常用运动规律的特点和适用场合，学会根据工作要求选择或设计从动件运动规律。

（3）掌握凸轮机构基本尺寸确定的原则，根据这些原则确定移动滚子从动件盘形凸轮机构的基圆半径、滚子半径和偏置方向以及移动平底从动件盘形凸轮机构的基圆半径、平底宽度和偏置方向。

（4）熟练掌握并灵活运用反转法原理，学会根据这一原理设计各类凸轮的廓线。

（5）掌握凸轮机构设计的基本步骤，学会用计算机对凸轮机构进行辅助设计的方法。

思考题及练习题

6-1 试比较尖顶推杆与滚子推杆的优缺点及其应用场合。

6-2 何谓凸轮传动机构中的刚性冲击和柔性冲击？

6-3 等加速等减速运动规律中既有等加速段又有等减速段，是否可以只有等加速段而无等减速段，为什么？

6-4 凸轮工作廓线的变尖现象和推杆运动的失真现象产生的原因有哪些？它对凸轮机构的工作有何影响？如何加以避免？

6-5 何谓凸轮机构的压力角？压力角的大小与凸轮的尺寸有何关系？为什么要确定许用压力角 $[\alpha]$？

6-6 选择滚子从动件的滚子半径时要考虑哪些因素？

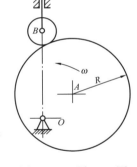

图 6-18 题 6-7 图

6-7 如图 6-18 所示的对心直动滚子推杆盘形凸轮机构中，凸轮的工作廓线为一圆，圆心在 A 点，半径 $R = 40\text{mm}$，凸轮绕轴心 O 沿顺时针方向转动，$l_{OA} = 25\text{mm}$，滚子半径 $r_r = 10\text{mm}$。试求凸轮的基圆半径、推杆行程、推程中最大压力角。

6-8 如图 6-18 所示的凸轮机构中，试讨论下列两种情况中推杆的运动规律是否改变，为什么？

（1）若将滚子半径改为 $r_r = 15\text{mm}$ 或改为尖顶杆而其他条件均不变。

（2）若安装时使推杆轴线对于凸轮轴心 O 向右偏移 $e = 5\text{mm}$，而其他条件不变。

6-9 试以作图法设计一对心直动尖顶推杆盘凸轮机构凸轮的轮廓曲线。已知凸轮以等角速度顺时针回转，基圆半径 $r_0 = 30\text{mm}$。推杆运动规律：凸轮转角 $\delta = 0° \sim 150°$ 时，推杆等加速等减速上升 16mm；$\delta = 150° \sim 180°$ 时，推杆远休；$\delta = 180° \sim 300°$ 时，推杆等速回程 16mm；$\delta = 300° \sim 360°$ 时，推杆近休。

6-10 试设计一对心平底直动推杆盘形凸轮机构凸轮的轮廓曲线。已知凸轮基圆半径 $r_0 = 30\text{mm}$，推杆平底与导轨的中心线垂直，凸轮逆时针方向等速转动。当凸轮转过 150° 时，推杆以余弦加速度运动规律上升 20mm；再转过 120° 时，推杆又以余弦加速度运动规律回到原位，凸轮转过其余 90° 时，推杆静止不动。

6-11 试设计一偏置直动滚子推杆盘形凸轮机构凸轮的理论轮廓曲线和工作曲线。

已知凸轮轴置于推杆轴线右侧，偏距 $e = 20$mm，基圆半径 $r_0 = 50$mm，滚子半径 $r_r = 10$mm。凸轮以等角速度沿逆时针方向回转，在凸轮转过角 $\delta_1 = 120°$ 的过程中，推杆按余弦加速度运动规律上升 $h = 50$mm；凸轮继续转过 $\delta_2 = 30°$ 时，推杆保持不动；凸轮再转角度 $\delta_3 = 150°$ 时，推杆按等加速等减速运动规律下降至起始位置；凸轮转过一周的其余角度时，推杆又静止不动。

第7章 齿轮机构及其设计

7.1 齿轮机构的特点及分类

齿轮机构是在各种机构中应用最为广泛的一种传动机构，它依靠轮齿齿廓直接接触来传递任意两轴间的运动和动力。齿轮机构传递运动平稳可靠，且传动比准确、承载能力大、效率高、结构紧凑，使用寿命长；但是对制造、安装精度要求以及成本较高，不宜用于两轴间距离较远的传动。

齿轮机构的类型很多。按照一对齿轮在啮合过程中其瞬时传动比（$i_{12} = \omega_1/\omega_2$）是否恒定，将齿轮机构分为圆形齿轮机构（$i_{12} =$ 常数）和非圆齿轮机构（$i_{12} \neq$ 常数）。应用最广泛的是圆形齿轮机构，而非圆齿轮机构则应用于一些有特殊要求的机械中。本章主要研究圆形齿轮机构。

按照一对齿轮传递的相对运动是平面运动还是空间运动，圆形齿轮机构又可分为平面齿轮机构和空间齿轮机构两大类。

7.1.1 平面齿轮机构

做平面相对运动的齿轮机构称为平面齿轮机构，其特点是组成齿轮机构的两齿轮的轴线相互平行。图 7－1（a）所示为外啮合齿轮机构，两轮转向相反；图 7－1（b）所示为内啮合齿轮机构，两轮转向相同；图 7－1（c）所示为齿轮齿条机构，齿条做直线移动。图 7－1（a）、（b）、（c）中各轮齿的齿向与齿轮轴线的方向平行，称为直齿轮。图 7－1（d）中轮齿的齿向相对于齿轮的轴线倾斜了一个角度，称为斜齿轮。图 7－1（e）

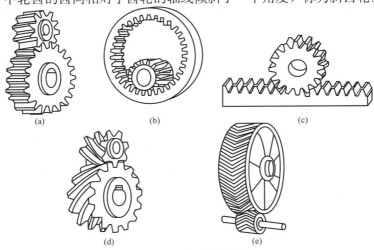

(a)　　　　　(b)　　　　　(c)

(d)　　　　　(e)

图 7－1　平面齿轮机构

（a）外啮合齿轮机构；（b）内啮合齿轮机构；（c）齿轮齿条机构；
（d）斜齿轮；（e）人字齿轮

所示为人字齿轮，它可视为由螺旋角方向相反的两个斜齿轮所组成。

7.1.2　空间齿轮机构

做空间相对运动的齿轮机构称为空间齿轮机构，其特点是组成空间齿轮机构的两齿轮的轴线不平行。

（1）用于相交轴间传动的齿轮机构。如图 7-2 所示，用于相交轴间的锥齿轮机构可分为直齿、斜齿和曲线齿。

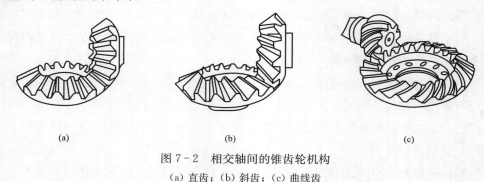

（a）   （b）   （c）

图 7-2　相交轴间的锥齿轮机构

（a）直齿；（b）斜齿；（c）曲线齿

（2）用于交错轴间传动的齿轮机构。图 7-3（a）所示为交错轴斜齿轮机构，图 7-3（b）所示为准双曲面齿轮机构，图 7-3（c）所示为蜗杆蜗轮机构。

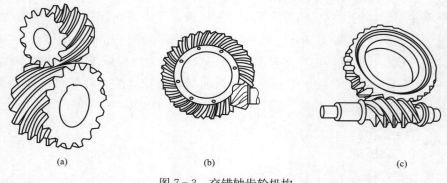

（a）   （b）   （c）

图 7-3　交错轴齿轮机构

（a）交错轴斜齿轮机构；（b）准双曲面齿轮机构；（c）蜗杆蜗轮机构

7.2　渐开线齿廓及其啮合特性

7.2.1　齿轮的齿廓曲线

一对齿轮传递运动和动力，是通过这对齿轮主动轮上的齿廓与从动轮上的齿廓依次啮合来实现的。对齿轮传动最基本的要求是传动准确平稳，即要求瞬时传动比必须保持不变。否则，当主动轮以等角速度回转时，从动轮做变角速度转动，所产生的惯性力不仅影响齿轮的寿命,而且还会引起机器的振动和噪声,影响工作精度。为此,需要研究轮齿的齿廓形状和齿轮瞬时传动比之间的关系。

1. 齿廓啮合基本定律

一对齿轮的瞬时传动比就是主、从动轮瞬时角速度 ω_1、ω_2 之比,常用 i_{12} 表示,即

$$i_{12} = \frac{\omega_1}{\omega_2} \tag{7-1}$$

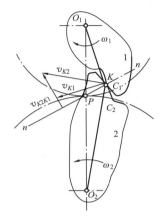

如图 7-4 所示的一对相互啮合传动的齿轮,O_1、O_2 为两齿轮的转动中心,C_1、C_2 为相互啮合的一对齿廓,若两齿廓在某一瞬间在 K 点接触,则齿轮 1 和齿轮 2 在 K 点的速度分别为 $v_{K1} = \omega_1 \overline{O_1K}$,$v_{K2} = \omega_2 \overline{O_2K}$。由于两轮的齿廓是连续接触,故速度 v_{K1}、v_{K2} 在公法线上的速度分量应相等;否则,两齿廓将不是彼此分离就是相互嵌入,不能正常传动。则两齿廓接触点间的相对速度 v_{K2K1} 只能沿两齿廓接触点处的公切线方向。

由瞬心概念可知,两啮合齿廓在接触点处的公法线 nn 与其连心线 O_1O_2 的交点 P 即为两齿轮的相对瞬心,故两轮此时的传动比为

图 7-4 齿轮啮合的基本定律

$$i_{12} = \omega_1/\omega_2 = \overline{O_2P}/\overline{O_1P} \tag{7-2}$$

式 (7-2) 表明,相互啮合传动的一对齿轮,在任意位置时的传动比,都与其连心线 O_1O_2 被其啮合齿廓在接触点处的公法线所分成的两线段成反比。这一规律称为齿廓啮合基本定律。根据这一定律可知,齿轮的瞬时传动比与齿廓形状有关,可根据齿廓曲线来确定齿轮的传动比;反之,也可以根据给定的传动比来确定齿廓曲线。

齿廓公法线 nn 与两轮连心线 O_1O_2 的交点 P 称为节点。则对于定传动比传动,要求两齿廓在任意位置啮合时,其节点 P 都为连心线 O_1O_2 上一固定点。故两齿轮定传动比的条件是:不论两齿轮齿廓在何位置接触,过接触点所作的两齿廓公法线与两齿轮的连心线交于一定点。

两齿轮做定传动比传动时,节点为连心线 O_1O_2 上一定点,故 P 点在两轮各自运动平面内的轨迹分别是以 O_1、O_2 为圆心,$\overline{O_1P}$ 和 $\overline{O_2P}$ 为半径所作的圆,这两个圆称为两轮的节圆,其半径用 r_1' 和 r_2' 表示。由于两轮的节圆相切于 P 点,且在 P 点速度相等,因此齿轮传动就可以看成是这对齿轮的节圆在做纯滚动。

对于变传动比传动,则节点 P 不再是连心线上一定点,而是按传动比的规律在连心线上移动,故此时 P 点在两轮运动平面内的轨迹不再是圆,而是某种非圆曲线,称为节线。例如椭圆齿轮传动中,其节线为两椭圆(见图 7-5)。

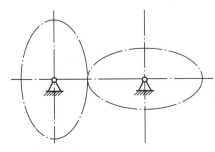

图 7-5 非圆齿轮节线(椭圆节线)

2. 齿廓曲线的选择

凡能满足齿廓啮合基本定律的一对齿廓称为共轭齿廓。一般而言，对于预定的传动比，只要给出一齿轮的齿廓曲线，就可根据齿廓啮合基本定律求出与其共轭的另一条齿廓曲线。因此，理论上能满足一定传动比规律的共轭齿廓曲线有无穷多条。但是在生产实际中，齿廓曲线的选择，除了应满足传动比的要求外，还必须综合考虑设计、制造、安装、强度等要求。对于定传动比传动，通常采用渐开线、摆线、圆弧等几种曲线作为齿轮的齿廓曲线。由于渐开线齿廓具有良好的传递性能，且便于制造、安装、测量和互换使用，因此其应用最广泛，本章着重介绍渐开线齿廓的齿轮。

7.2.2　渐开线齿廓及其啮合特点

1. 渐开线的形成

如图 7-6（a）所示，当直线 NK 沿一圆周做纯滚动时，直线上任一点 K 的轨迹 AK 就是该圆的渐开线。该圆称为渐开线的基圆，其半径用 r_b 表示。直线 NK 称为渐开线的发生线。角 θ_K 称为渐开线 AK 的展角。

2. 渐开线的性质

（1）发生线沿基圆滚过的长度，等于基圆上被滚过的弧长，即 $\overline{NK}=\overparen{AN}$。

（2）发生线是渐开线在 K 点的法线；又因为发生线总是基圆的切线，故渐开线上任意点的法线始终与基圆相切。

（3）发生线与基圆的切点 N 是渐开线在 K 点的曲率中心，线段 $\overline{NK}$ 是渐开线在 K 点的曲率半径，由图 7-6（a）可见，渐开线上越接近基圆的点，其曲率半径越小，在基圆上其曲率半径等于零。

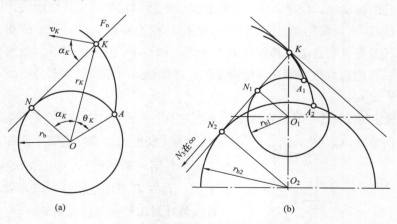

图 7-6　渐开线形成及其性质
（a）渐开线形成；（b）渐开线与基圆半径关系

（4）渐开线齿廓上各点具有不同的压力角。如图 7-6（a）所示，齿廓在点 K 受到的正压力 F_n 沿 $\overline{NK}$ 方向，与该点的线速度方向（垂直于 $\overline{OK}$）之间所夹的锐角，称为渐开线齿廓在该点的压力角，用 α_K 表示，其大小在数值上等于 $\overline{ON}$ 与 $\overline{OK}$ 的夹角。由

△*NOK* 可知

$$\cos\alpha_K = \frac{\overline{ON}}{\overline{OK}} = \frac{r_b}{r_K} \qquad (7-3)$$

式中：r_K 为渐开线上 K 点的向径。

式（7-3）表明渐开线上各点的压力角是不相同的。r_K 越大（点 K 离基圆中心 O 越远），其压力角也越大；渐开线在基圆上的压力角等于零。

（5）渐开线的形状取决于基圆的大小。基圆越大，渐开线越平直；当基圆半径无穷大时，渐开线成为一条直线。齿条的齿廓曲线就是直线，如图 7-6（b）所示。

（6）基圆内无渐开线。

3. 渐开线的方程式及渐开线函数

根据渐开线的性质，可推导出渐开线极坐标方程式。如图 7-6（a）所示，渐开线上任意点 K 的展角 $\theta_K = \angle AON - \alpha_K$，即

$$\theta_K = \frac{\overset{\frown}{AN}}{r_b} - \alpha_K = \frac{\overline{NK}}{r_b} - \alpha_K = \tan\alpha_K - \alpha_K \qquad (7-4)$$

由式（7-4）可知，展角 θ_K 是压力角 α_K 的函数，称为渐开线函数。工程上常用 $\mathrm{inv}\alpha_K$ 表示 θ_K，即

$$\mathrm{inv}\alpha_K = \theta_K = \tan\alpha_K - \alpha_K$$

由式（7-3）和式（7-4）可得渐开线上的极坐标方程式为

$$\left.\begin{array}{l} r_K = \dfrac{r_b}{\cos\alpha_K} \\[2mm] \theta_K = \mathrm{inv}\alpha_K = \tan\alpha_K - \alpha_K \end{array}\right\} \qquad (7-5)$$

4. 渐开线齿廓的啮合特点

渐开线齿廓传动具有以下几个特点：

（1）渐开线齿廓能保证定传动比传动。如图 7-7 所示，两齿轮上一对渐开线齿廓在任意点相啮合。由渐开线的性质可知，过点 K 所作的公法线必同时与两基圆相切，即公法线为两轮基圆的一条内公切线 N_1N_2，而在齿轮啮合传动过程中，两基圆的大小和位置都不变，因此其同一方向的内公切线是唯一的，即两齿廓在任意点啮合的公法线是一条定直线，从而与两轮连心线 O_1O_2 的交点 P 是固定的。因此，渐开线齿廓能保证实现定传动比传动。由图可知，因 △$O_1N_1P \backsim$△O_2N_2P，两轮的传动比可写为

$$i_{12} = \omega_1/\omega_2 = \overline{O_2P}/\overline{O_1P} = r_{b2}/r_{b1} \qquad (7-6)$$

（2）渐开线齿廓之间的正压力方向不变。齿轮传

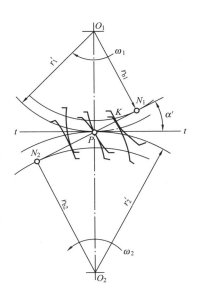

图 7-7　渐开线齿廓的啮合特点

动中，两齿廓啮合点的轨迹称为啮合线。如前所述，两渐开线齿廓在任意点啮合的公法线是一条定直线，而啮合点必在公法线上。所以，啮合线与两齿廓接触点的公法线始终重合，也是两基圆的一条内公切线 N_1N_2。

啮合线与两齿轮节圆的内公切线 tt 所夹的锐角 α' 称为啮合角，它在数值上恒等于节圆上的压力角。

在渐开线齿廓的啮合过程中，两齿廓间的正压力始终沿着公法线方向，而啮合线和啮合角是恒定不变的，因而两齿廓间的正压力方向在啮合过程中保持不变，始终与两轮基圆的内公切线 N_1N_2 重合。这对于齿轮传动的平稳性是十分有利的。

（3）渐开线齿廓传动具有可分性。一对渐开线齿轮在实际工作中，由于制造、安装误差等原因，其中心距会有所变化，但这仅仅只改变了两轮的节圆半径，而其基圆半径不变，根据式（7-6），其传动比仍然保持不变。渐开线齿轮传动中心距变化不影响其传动比的特性，称为中心距的可分性。这种特性给渐开线齿轮的制造和安装带来方便，是渐开线齿轮传动的又一优点。

由于渐开线齿廓还有加工刀具简单、工艺成熟等优点，故其应用特别广泛。

7.3 渐开线标准直齿圆柱齿轮

7.3.1 齿轮各部分的名称和符号

图 7-8 所示为标准直齿圆柱外齿轮的一部分。为便于齿轮的设计与计算，其各部分的名称和符号规定如下：

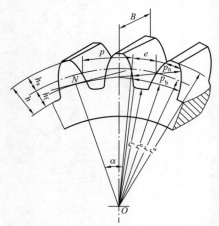

图 7-8 标准直齿外齿轮各部分
名称及符号

（1）齿顶圆。齿轮各齿顶所在的圆称为齿顶圆，其直径和半径分别用 d_a 和 r_a 表示。

（2）齿根圆。相邻两齿的空间部分称为齿槽，各齿槽底所在的圆称为齿根圆，其直径和半径分别用 d_f 和 r_f 表示。

（3）齿厚。沿任意圆周所量得轮齿的弧线厚度称为该圆周上的齿厚，用 s_i 表示。

（4）齿槽宽。相邻两轮齿之间的齿槽沿任意圆周所量得的弧线厚度，称为该圆周上的齿槽宽，用 e_i 表示。

（5）齿距。沿任意圆周所量得的相邻两齿上同侧齿廓间的弧长，称为该圆周上的齿距，用 p_i 表示。显然，在同一圆周上，齿距等于齿厚和齿槽宽的和，即

$$p_i = s_i + e_i \tag{7-7}$$

（6）分度圆。为了便于计算齿轮各部分的尺寸，在齿轮上选择一个圆作为尺寸计算

基准，称该圆为齿轮的分度圆，其直径、半径、齿厚、齿槽宽、齿距分别用 d、r、s、e、p 表示。

（7）齿顶高。分度圆与齿顶圆之间的径向距离称为齿顶高，用 h_a 表示。

（8）齿根高。分度圆与齿根圆之间的径向距离称为齿根高，用 h_f 表示。

（9）齿全高。齿顶圆与齿根圆之间的径向距离称为齿全高，用 h 表示，显然 $h=h_a+h_f$。

7.3.2　渐开线齿轮的基本参数

（1）齿数。齿轮圆周上的轮齿总数，用 z 表示。

（2）模数。若已知齿轮的齿数 z 和齿距 p，分度圆的直径即为

$$d = \frac{p}{\pi}z \tag{7-8}$$

式中所含的无理数 π，给齿轮的计算、制造和测量带来不便，因此，将 p/π 的值规定为标准值，此值称为模数，用 m 表示，单位为 mm。故齿轮的分度圆直径可表示为

$$d = mz \tag{7-9}$$

模数是齿轮的一个重要参数，模数越大，则齿距越大，轮齿也就越大，轮齿的抗弯曲能力便越强。模数 m 已经标准化，在设计齿轮时，如无特殊需要，应采用国家标准规定的标准模数系列，见表 7-1。

表 7-1	圆柱齿轮标准模数系列表（GB/T 1357—2008）													mm
第一系列	0.12	0.15	0.2	0.25	0.3	0.4	0.5	0.6	0.8	1	1.25	1.5	2	2.5	3	4	5	6	8
	10	12	16	20	25	32	40	50								
第二系列	0.35	0.7	0.9	1.75	2.25	2.75	(3.25)	3.5	(3.75)	4.5	5.5	(6.5)	7	9	(11)
	14	18	22	28	(30)	36	45								

　　注　选用模数时，应优先选用第一系列，其次是第二系列，括号内的模数尽可能不用。

（3）分度圆压力角（简称压力角）。由式（7-3）可知，同一渐开线上各点的压力角不同，通常所说的齿轮压力角是指在分度圆上的压力角，以 α 表示。根据式（7-3）有

$$\alpha = \arccos(r_b/r) \tag{7-10}$$

或

$$r_b = r\cos\alpha = \frac{mz}{2}\cos\alpha \tag{7-11}$$

压力角是决定齿廓形状的主要参数，GB/T 1356—2001 中规定，分度圆上的压力角为标准值，$\alpha=20°$。在一些特殊场合，α 也允许采用其他值。

（4）齿顶高系数。齿顶高系数 h_a^* 为齿顶高 h_a 与模数 m 之比，$h_a^* = h_a/m$。

（5）顶隙系数。顶隙系数 c^* 为顶隙 c 与模数 m 之比，$c^*=c/m$。

GB/T 1356—2001 规定，正常齿制标准值为 $h_a^*=1$，$c^*=0.25$；短齿制标准值为 $h_a^*=0.8$，$c^*=0.3$。

7.3.3　渐开线标准直齿圆柱齿轮各部分的尺寸

所谓标准齿轮是指模数 m、压力角 α、齿顶高系数 h_a^* 和顶隙系数 c^* 均为标准值，且分度圆上的齿厚 s 与齿槽宽 e 相等的齿轮。为了便于计算渐开线标准直齿圆柱齿轮传

动的几何尺寸，现将其计算公式列于表 7 - 2 中。

表 7 - 2　　　　　　　　　渐开线标准直齿圆柱齿轮传动几何尺寸的计算公式

名　称	代号	计 算 公 式	
		小齿轮	大齿轮
模数	m	（根据齿轮受力情况和结构需要确定，选取标准值）	
压力角	α	选取标准值	
分度圆直径	d	$d_1=mz_1$	$d_2=mz_2$
齿顶高	h_a	$h_{a1}=h_{a2}=h_a^* m$	
齿根高	h_f	$h_{f1}=h_{f2}=(h_a^*+c^*)m$	
齿全高	h	$h_1=h_2=(2h_a^*+c^*)m$	
齿顶圆直径	d_a	$d_{a1}=(z_1+2h_a^*)m$	$d_{a2}=(z_2+2h_a^*)m$
齿根圆直径	d_f	$d_{f1}=(z_1-2h_a^*-2c^*)m$	$d_{f2}=(z_2-2h_a^*-2c^*)m$
基圆直径	d_b	$d_{b1}=d_1\cos\alpha$	$d_{b2}=d_2\cos\alpha$
齿距	p	$p=\pi m$	
基圆齿距（法向齿距）	p_b	$p_b=p\cos\alpha$	
齿厚	s	$s=\pi m/2$	
齿槽宽	e	$e=\pi m/2$	
任意圆（半径为 r_i）齿厚	s_i	$s_i=sr_i/r-2r_i(\text{inv}\alpha_i-\text{inv}\alpha)$	
顶隙	c	$c=c^* m$	
标准中心距	a	$a=m(z_1+z_2)/2$	
节圆直径	d'	（当中心距为标准中心距 a 时）$d'=d$	
传动比	i	$i_{12}=\omega_1/\omega_2=z_2/z_1=d_2'/d_1'=d_2/d_1=d_{b2}/d_{b1}$	

7.3.4　齿条和内齿轮的尺寸

1. 齿条

如图 7 - 9 所示，齿条与齿轮相比有以下主要特点：

（1）齿条相当于齿数无穷多的齿轮，故齿轮中的圆在齿条中都变成了直线，如齿顶线、分度线、齿根线等。

（2）齿条的齿廓是直线，所以齿廓上各点的法线是平行的，又由于齿条做直线移动，故其齿廓上各点的压力角相等，并等于齿廓直线的齿形角 α。

（3）齿条上各同侧齿廓是平行，所以在与分度线平行的各直线上其齿距相等（即 $p_i=p=\pi m$）。

齿条的基本尺寸可参照外齿轮的计算公式进行计算。

2. 内齿轮

图 7 - 10 所示为一内齿圆柱齿轮的一部分。其轮齿分布在空心圆柱体的内表面上，

与外齿轮相比有下列不同点。

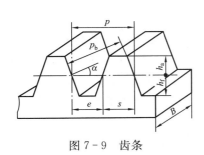

图 7 - 9　齿条

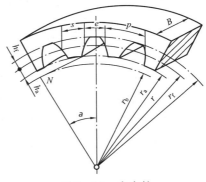

图 7 - 10　内齿轮

（1）内齿轮的轮齿相当于外齿轮的齿槽，内齿轮的齿槽相当于外齿轮的轮齿。

（2）内齿轮的齿根圆大于齿顶圆。

（3）为了使内齿轮齿顶的齿廓全部为渐开线，其齿顶圆必须大于基圆。

因此，内齿轮除了下列基本尺寸计算与外齿轮不同之外，其他尺寸可参照外齿轮的计算公式进行：

齿顶圆 $\qquad\qquad d_a = (z - 2h_a^*)m$

齿根圆 $\qquad\qquad d_f = (z + 2h_a^* + 2c^*)m$

7.4　渐开线直齿圆柱齿轮的啮合传动

7.4.1　一对渐开线齿轮正确啮合的条件

渐开线齿廓能够满足定传动比传动，但这不等于说任意两个渐开线齿轮都能够搭配起来正确地啮合传动。要正确啮合，还必须满足一定的条件。现以图 7 - 11 为例加以说明。

如前所述，一对渐开线齿轮在传动时，它们的齿廓啮合点都应位于啮合线 N_1N_2 上，即当主动轮 1 的齿廓和从动轮 2 的齿廓在啮合线上 N_1N_2 的 K 点接触时，为了保证两轮能正确啮合，后一对齿廓如果已经进入啮合区，则它们应在啮合线上 N_1N_2 的 K' 点接触，为此两齿轮的法向齿距应相等，即

$$p_{b1} = \pi m_1 \cos\alpha_1 = p_{b2} = \pi m_2 \cos\alpha_2$$

$$m_1 \cos\alpha_1 = m_2 \cos\alpha_2$$

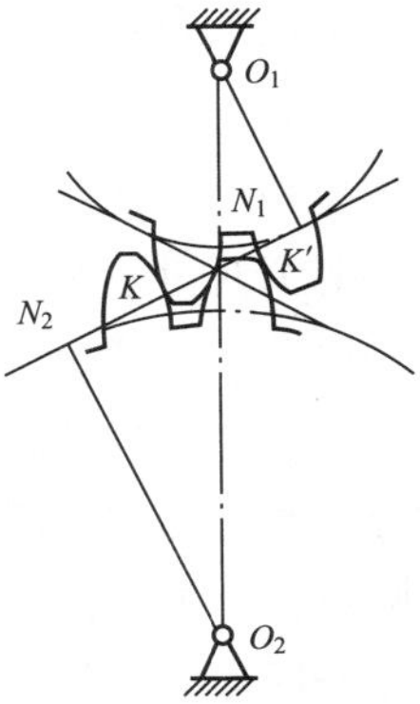

式中：m_1、m_2 及 α_1、α_2 分别为两轮的模数和压力角。

由于模数和压力角已经标准化，为满足上式应使

$$m_1 = m_2 = m, \ \alpha_1 = \alpha_2 = \alpha \qquad\qquad (7-12)$$

图 7 - 11　正确啮合条件

故一对渐开线直齿圆柱齿轮正确啮合的条件是两轮的模数和压力角应分别相等。

7.4.2　齿轮传动的中心距和啮合角

齿轮传动中心距的变化虽然不影响传动比，但会改变顶隙和齿侧间隙的大小。在确定中心距时，应满足以下两点要求：

（1）保证两轮的顶隙为标准值。一对齿轮传动时，为了避免一轮的齿顶与另一轮的齿槽底部及齿根过渡曲线部分相抵触，并有一定空隙以便储存润滑油，故在一轮的齿顶圆与另一轮的齿根圆之间留有一定的间隙，称为顶隙。顶隙的标准值为 $c=c^*m$。对于图 7-12 所示的标准齿轮外啮合传动，当顶隙为标准值时，两轮的中心距应为

$$
\begin{aligned}
a &= r_{a1} + c + r_{f2} \\
&= (r_1 + h_a^* m) + c^* m + (r_2 - h_a^* m - c^* m) \\
&= r_1 + r_2 \\
&= m(z_1 + z_2)/2
\end{aligned}
\tag{7-13}
$$

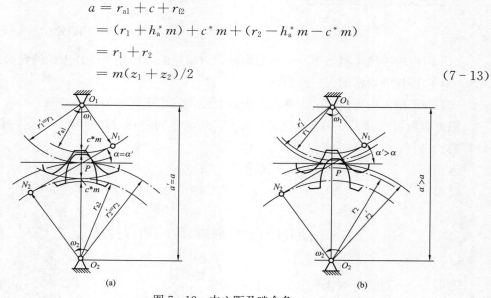

图 7-12　中心距及啮合角

(a) 标准安装；(b) 非标准安装

即两轮的中心距应等于两轮分度圆半径之和，此中心距称为标准中心距。

（2）保证两轮的理论齿侧间隙为零。虽然在实际齿轮传动中，在两轮的非工作齿侧之间要留有一定的齿侧间隙。但齿侧间隙一般都很小，由制造公差来保证。故在计算齿轮的名义尺寸和中心距时，都是按齿侧间隙为零来考虑的。欲使一对齿轮在传动时其齿侧间隙为零，需使一个齿轮在节圆上的齿厚等于另一个齿轮在节圆上的齿槽宽。

由于一对齿轮啮合传动时两轮的节圆总是相切，而当两轮按标准中心距安装时，两轮的分度圆也相切，即 $r_1' + r_2' = r_1 + r_2$。又因 $i_{12} = r_2'/r_1' = r_2/r_1$，故此时两轮的节圆分别与分度圆重合。由于分度圆上的齿厚与齿槽宽相等，因此有 $s_1' = e_1' = s_2' = e_2' = \pi m/2$，故标准齿轮在按标准中心距安装时无齿侧间隙。由前述啮合角的定义可知，啮合角等于节圆压力角。因此，当两轮按标准中心距安装时，啮合角也等于分度圆压力角［见图 7-12（a）］。

当两轮的实际中心距 a' 与标准中心距 a 不相同时，如将中心距加大，如图 7-12（b）所示，此时两轮的分度圆不再相切，而是相互分离。两轮的节圆半径将大于各自的分度圆半径，其啮合角 a' 也将大于分度圆的压力角 α。因 $r_b = r\cos\alpha = r'\cos\alpha'$，故有

$$r_{b1} + r_{b2} = (r_1 + r_2)\cos\alpha = (r_1' + r_2')\cos\alpha'$$

可得齿轮中心距与啮合角的关系式为

$$a'\cos\alpha' = a\cos\alpha \qquad (7-14)$$

对于齿轮与齿条传动，如图 7-13 所示，不论是否为标准安装，齿条的直线齿廓总是保持原来的方向不变，因此啮合线及节点的位置始终保持不变。故齿轮的节圆恒与其分度圆重合，啮合角恒等于分度圆压力角。只是在非标准安装时，齿条的节线与其分度线不再重合。

对于内啮合传动，其标准中心距为

$$a = r_2 - r_1 = m(z_2 - z_1)/2 \qquad (7-15)$$

当两轮分度圆相离时，即实际中心距小于标准中心距时，由式（7-14）可知，啮合角将小于分度圆压力角。

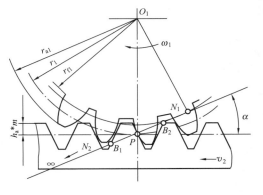

图 7-13　齿轮齿条传动

7.4.3　一对渐开线齿轮连续传动的条件

一对渐开线直齿圆柱齿轮能够正确啮合，但不一定能够实现连续的定传动比传动。为研究齿轮连续传动的条件，先来讨论齿轮传动的啮合过程。图 7-14（a）所示为一对渐开线直齿圆柱齿轮啮合的情况。其中，轮 1 为主动轮，轮 2 为从动轮，直线 N_1N_2 为啮合线。一对齿轮的啮合是从主动轮的齿根推动从动轮的齿顶开始的。初始啮合点是从动轮齿顶与啮合线的交点 B_2，随着啮合传动的进行，轮齿的啮合点将沿线段 N_1N_2 向 N_2 方向移动，同时主动轮齿廓上的啮合点将由齿根向齿顶移动，从动轮齿廓上的啮合点将由齿顶向齿根移动。当啮合进行到主动轮的齿顶圆与啮合线的交点 B_1 时，两轮齿即将脱离啮合。

B_1 点为轮齿啮合终止点。一对轮齿的啮合点实际所走过的轨迹只是啮合线 N_1N_2 上的一段 B_1B_2，故称 B_1B_2 为实际啮合线，它由两轮齿顶圆与啮合线的交点得到。若将两轮的齿顶圆加大，则 B_2、B_1 分别向 N_1、N_2 靠近，$\overline{B_1B_2}$ 线段变长。但因基圆内没有渐开线，所以两轮的齿顶圆不能超过 N_1 及 N_2 点。因此，啮合线 N_1N_2 是理论上可能达到的最大啮合线段，称为理论啮合线段。N_1、N_2 称为啮合极限点。

由以上分析可知，要使一对齿轮连续传动，必须保证前一对轮齿尚未脱离啮合时，后一对轮齿能及时进入啮合，为了达到此目的，要求实际啮合线段 $\overline{B_1B_2}$ 应大于齿轮的法向齿距 p_b，否则将不能连续传动，见图 7-14（b）。$\overline{B_1B_2}$ 与 p_b 的比值 ε_a 称为齿轮传动的重合度。

因此，一对齿轮连续传动的条件是

$$\varepsilon_\alpha = \overline{B_1B_2}/p_b \geqslant [\varepsilon_\alpha] \qquad (7-16)$$

$[\varepsilon_\alpha]$ 根据齿轮的使用要求和制造精度而定，其推荐值见表 7-3。

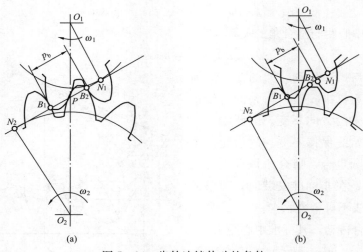

(a)   (b)

图 7-14　齿轮连续传动的条件

（a）一对渐开线直齿圆柱齿轮的啮合；（b）$\overline{B_1B_2} < p_b$

表 7-3　　　　　　　　　**$[\varepsilon_\alpha]$ 的推荐值**

使用场合	一般机械制造业	汽车拖拉机	金属切削机床
$[\varepsilon_\alpha]$	1.4	1.1～1.2	1.3

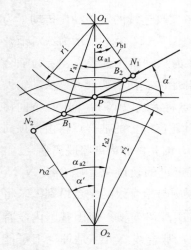

图 7-15　外啮合齿轮传动
重合度的计算

重合度 ε_α 的计算，由图 7-15 可得

$$\varepsilon_\alpha = \overline{B_1B_2}/p_b = (PB_2 + PB_1)/\pi\cos\alpha$$

$$= [z_1(\tan\alpha_{a1} - \tan\alpha') + z_2(\tan\alpha_{a2} - \tan\alpha')]/(2\pi)$$

$$(7-17)$$

重合度不仅反映一对齿轮能否实现连续传动，还表明同时参与啮合的轮齿对数。重合度越大，意味着同时参与啮合的轮齿对数越多，对提高齿轮传动的平稳性和承载能力有重要意义。

由式（7-17）可知，重合度 ε_α 与模数 m 无关，而随着齿数 z 的增多而增大，对于按标准中心距安装的标准齿轮传动，当两轮的齿数趋于无穷大时的极限重合度 $\varepsilon_{\alpha\max} = 1.981$。重合度 ε_α 还随啮合角 α' 的减小和齿顶高系数 h_a^* 的增大而增大。

7.5　渐开线齿廓的切制及变位齿轮

7.5.1　齿廓切制的基本原理

渐开线齿轮齿廓加工方法很多，通常有铸造法、热轧法、冲压法、切制法等，常用的是切制法。切制法加工齿轮的工艺有多种，但就其原理来分，可概括为仿形法和范成法两类。

仿形法是在铣床上，采用刀刃形状与被切齿轮的齿槽两侧齿廓形状相同的铣刀逐个齿槽进行切制的。因此，这种方法生产效率低，被切齿轮精度差，适合于单件精度要求不高或大模数的齿轮加工。

范成法又称展成法、包络法，是利用一对齿轮（或齿轮与齿条）无侧隙啮合时，两轮齿廓互为包络线的原理来切制轮齿的加工方法。将其中一个齿轮（或齿条）制成刀具，当它的节圆（或齿条刀具节线）与被加工轮坯的节圆（分度圆）做纯滚动（该运动是由加工齿轮的机床提供的，称为范成运动）时，刀具在与轮坯相对运动的各个位置，切去轮坯上的材料，留下刀具的渐开线齿廓外形，轮坯上刀具的各个渐开线齿廓外形的包络线，便是被加工齿轮的齿廓。由此可知，范成法加工的关键如下：

（1）轮坯与刀具的节圆要做纯滚动——范成运动，即轮坯与刀具由加工机床保证按一对齿轮那样做定传动比转动。

（2）刀具要具有渐开线齿廓的刀刃。在用范成法切制标准齿轮时，要求标准刀具的分度线与轮坯的分度圆相切且做纯滚动，这样切出的齿轮才是分度圆上齿厚等于齿槽宽的标准齿轮。

采用范成法切制齿轮时，常用的刀具有齿轮插刀、齿条插刀和齿轮滚刀。

图 7-16 所示为用齿轮插刀加工齿轮的情形。齿轮插刀可看作是一个具有刀刃的外齿轮，其模数和压力角均与被加工齿轮相同。加工时插刀沿轮坯轴线方向做往复切削运动，同时，插刀与轮坯按恒定的传动比 $i = \omega_{刀} / \omega_{坯} = z_{坯} / z_{刀}$ 做范成运动。在切削之初，插刀还需向轮坯中心做径向进给运动，以便切出轮齿的高度。此外，为防止插刀在向上退刀时擦伤已切好的齿面，轮坯还需做小距离的让刀运动。这样，刀具的渐开线齿廓就在轮坯上切出与其共轭的渐开线齿廓。

图 7-17 所示为齿条插刀加工齿轮的情形。加工时轮坯以角速度 ω 转动，齿条插刀以速度 $v = r\omega$ 移动（即范成运动），其中，r 为被加工齿轮的分度圆半径。齿条插刀的切齿原理与齿轮插刀切齿原理相似。

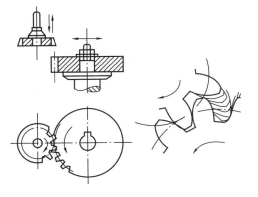

图 7-16 齿轮插刀加工齿轮

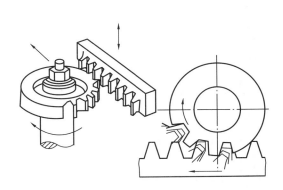

图 7-17 齿条插刀加工齿轮

不论用齿轮插刀还是齿条插刀加工齿轮，其切削都是不连续的，这就影响了生产率的提高。因此，在生产中更广泛地采用齿轮滚刀来加工齿轮，如图 7-18 所示。

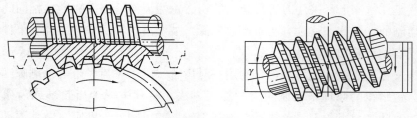

图 7-18　齿轮滚刀加工齿轮

用滚刀来加工直齿轮时，滚刀的轴线与轮坯端面之间的夹角应等于滚刀的导程角 γ。这样，在切削啮合处滚刀螺旋的切线方向恰与轮坯的齿向相同。而滚刀在轮坯端面上的投影相当于一个齿条。滚刀转动时，一方面产生切削运动，另一方面相当于齿条在移动，从而与轮坯转动一起构成范成运动。故滚刀切制齿轮的原理与齿条插刀相似，只不过滚刀的螺旋运动代替了插刀的切削运动和范成运动。此外，为了切制具有一定轴向宽度的齿轮，滚刀还需沿轮坯轴线方向做缓慢的进给运动。

用范成方法加工齿轮时，只要刀具和被加工齿轮的模数和压力角分别相等，则无论被加工齿轮的齿数是多少，都可以用同一把刀具来加工，给生产带来很大的方便。由于范成法生产效率高，加工齿轮精度好，所以得到广泛应用。

7.5.2　用范成法加工标准齿轮时齿条形刀具的位置

用范成法加工标准齿轮时，所用标准齿条形刀具的分度线必须与被切齿轮的分度圆相切并做纯滚动，如图 7-19 所示。由于标准刀具分度线齿厚与齿槽宽相等，故被加工齿轮的分度圆上齿槽宽与齿厚也相等。

7.5.3　渐开线齿廓的根切现象和标准齿轮不发生根切的最少齿数

用范成法切制齿轮时，有时候刀具的顶部会过多地切入轮齿根部，因而将齿根的渐开线切去一部分，这种现象称为轮齿的根切，如图 7-20 所示。产生严重根切的齿轮，轮齿的抗弯强度降低，对传动不利，因此应避免严重根切的发生。

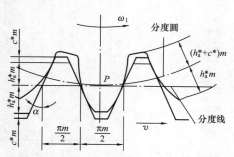

图 7-19　加工标准齿轮时齿条刀具位置

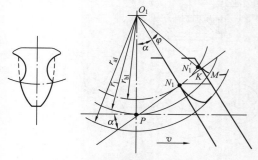

图 7-20　根切现象及其原因

为了避免根切，首先要了解根切发生的原因。图 7 - 20 中，用标准齿条形刀具切制标准齿轮时刀具的分度线与被切齿轮分度圆相切。当刀具由左向右移动切削加工，其直线轮廓到 N_1 时，轮坯渐开线齿廓完成加工。但此时刀具齿顶线已经超过了啮合极限点 N_1 到达 N_1'，刀具齿顶将进入齿轮基圆以内进行切削，基圆以内没有渐开线，此时不仅不能范成渐开线齿廓，还会将齿根附近已经加工好的渐开线切去一部分，因此发生了根切。

可见，为了避免在切制标准齿轮时发生根切，在保证刀具的分度线与齿轮的分度圆相切的前提下，还必须使刀具的齿顶不超过啮合极限点 N_1，即应使 $h_a^* m \leqslant \overline{PN_1} \sin\alpha$，由此可求得为了避免根切，被切齿轮的齿数必须满足条件：

$$z_{\min} \geqslant \frac{2h_a^*}{\sin^2\alpha} \tag{7-18}$$

对于标准齿轮，当 $h_a^* = 1$，$\alpha = 20°$ 时，$z_{\min} = 17$。

7.6 渐开线变位齿轮及其传动

7.6.1 渐开线标准齿轮的局限性

渐开线标准齿轮有设计简单、互换性好等优点，但也存在以下不足：

（1）用范成法加工时，齿数少于 $z_{\min}$ 的标准齿轮将发生根切。

（2）标准齿轮不适合实际中心距 a' 不等于标准中心距 a 的场合。因为当 $a' < a$ 时，无法安装；当 $a' > a$ 时，将产生较大齿侧间隙，重合度减小，传动平稳性降低。

（3）在一对相互啮合的标准齿轮中，小齿轮渐开线齿廓曲率半径较小，齿根厚度较薄，参与啮合的次数多，故强度较低，影响到整个齿轮传动的承载能力。

为改善和解决标准齿轮的上述不足之处，工程上常应用变位修正法来对齿轮进行修正。

7.6.2 变位齿轮

实际机械中常用到齿数小于 $z_{\min}$ 的齿轮，为避免根切，应设法减小 $z_{\min}$。由式（7-18）可知，减小 h_a^*、增大 α 虽可减小 $z_{\min}$，但 h_a^* 减小会降低传动的重合度，影响传动平稳性；而增大 α 将增大齿廓间的受力及功率损耗。更为重要的是均不能用标准刀具加工齿轮。

我们知道，发生根切的根本原因是刀具的齿顶线超过了啮合极限点 N_1，如图 7 - 21 所示。当标准刀具从发生根切的位置相对于轮坯中心向外移动至刀具齿顶线不超过

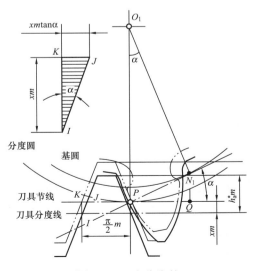

图 7 - 21 变位齿轮

啮合极限点 N_1 位置，则切出的齿轮就不发生根切。这种用改变刀具与轮坯相对位置加工齿轮的方法称为变位修正法。这时，刀具的分度线与齿轮轮坯的分度圆不再相切，而这样加工出来的齿轮，由于 $s \neq e$，已不再是标准齿轮，故称为变位齿轮。齿条刀具移动的距离称为径向变位量，用 xm 表示，其中，m 为模数，x 为径向变位系数。相对于轮坯中心，刀具向外移动称为正变位，$x>0$；刀具向里移动称为负变位，$x<0$。刀具正变位加工出的齿轮称为正变位齿轮，负变位加工出的称为负变位齿轮。

7.6.3 变位齿轮的几何尺寸

如图 7-21 所示，对于正变位齿轮，由于被切齿轮分度圆相切的已不再是刀具的中线，而是刀具的节线。刀具节线上的齿槽宽较分度线上的齿槽宽增到了 $2\overline{KJ}$，由于轮坯分度圆与刀具节线做纯滚动，故知其齿厚也增大了 $2\overline{KJ}$。由 $\triangle IJK$ 可知，$\overline{KJ} = xm\tan\alpha$。因此，正变位齿轮的齿厚为

$$s = \pi m/2 + 2\overline{KJ} = (\pi/2 + 2x\tan\alpha)m \tag{7-19}$$

又由于齿条刀具的齿距恒等于 πm，故知正变位齿轮的齿槽宽为

$$e = (\pi/2 - 2x\tan\alpha)m \tag{7-20}$$

由图 7-21 可见，当刀具正变位 xm 后切出的正变位齿轮，其齿根高较标准齿轮减小了 xm，即

$$h_f = h_a^* m + c^* m - xm = (h_a^* + c^* - x)m \tag{7-21}$$

而其齿顶高，若不计它对顶隙的影响，为了保持齿全高不变，应较标准齿轮增大 xm，此时应为

$$h_a = (h_a^* + x)m \tag{7-22}$$

其齿顶圆半径和齿根圆半径分别为

$$r_a = r + (h_a^* + x)m \tag{7-23}$$

$$r_f = r - (h_a^* + c^* - x)m \tag{7-24}$$

对于负变位齿轮，上述公式同样适用，只需注意到其变位系数 x 为负即可。

将相同模数、压力角及齿数的变位齿轮与标准齿轮的尺寸相比较，由图 7-22

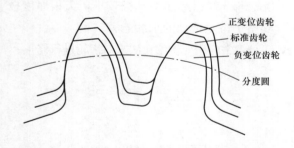

图 7-22 变位齿轮与标准齿轮对比

可见，不难看出它们之间的明显差别。

7.6.4 变位齿轮传动

1. 正确啮合条件和连续传动条件

变位齿轮传动的正确啮合条件和连续传动条件与标准齿轮传动相同，即两变位齿轮的模数和压力角分别相等，重合度 $\varepsilon_\alpha \geqslant [\varepsilon_\alpha]$。

2. 变位齿轮传动的中心距

变位齿轮传动中心距的确定也应该满足无侧隙啮合和顶隙为标准值两方面的要求。

若要满足无侧隙啮合，要求其一轮在节圆上的齿厚应等于另一轮在节圆上的齿槽宽，由此条件可推得

$$\mathrm{inv}\alpha' = 2\tan\alpha(x_1 + x_2)/(z_1 + z_2) + \mathrm{inv}\alpha \tag{7-25}$$

式（7-25）称为无侧隙啮合方程。其中，z_1、z_2 分别为两轮的齿数；α 为分度圆压力角；α' 为啮合角；x_1、x_2 分别为两轮的变位系数。

式（7-25）表明，若两轮变位系数之和 $x_1 + x_2 \neq 0$，则其啮合角 α' 将不等于分度圆压力角。此时，两轮的实际中心距不等于标准中心距。

设两轮做无侧隙啮合时的中心距为 a'，它与标准中心距之差为 ym，其中，m 为模数，y 为中心距变动系数，则

$$a' = a + ym \tag{7-26}$$

故

$$y = (z_1 + z_2)(\cos\alpha/\cos\alpha' - 1)/2 \tag{7-27}$$

要保证两轮之间具有标准顶隙 $c = c^* m$，两轮的中心距 a'' 应等于

$$\begin{aligned}
a'' &= r_{a1} + c + r_{f2} \\
&= r_1 + (h_a^* + x_1)m + c^* m + r_2 - (h_a^* + c^* - x_2)m \\
&= a + (x_1 + x_2)m
\end{aligned} \tag{7-28}$$

由式（7-26）和式（7-28）可知，如果 $y = x_1 + x_2$，就可同时满足上述两个条件。但经证明，只要 $x_1 + x_2 \neq 0$，总是 $x_1 + x_2 > y$，即 $a'' > a'$。工程上为了解决这一矛盾，采用如下办法：两轮按无侧隙中心距 $a' = a + ym$ 安装，而将两轮的齿顶高各减短 Δym，以满足标准顶隙要求。Δy 称为齿顶高降低系数，其值为

$$\Delta y = (x_1 + x_2) - y \tag{7-29}$$

这时，齿轮的齿顶高为

$$h_a = h_a^* m + xm - \Delta ym = (h_a^* + x - \Delta y)m \tag{7-30}$$

3. 变位齿轮传动的类型及其特点

按照相互啮合的两齿轮的变位系数和（$x_1 + x_2$）的不同，可将变位齿轮传动分为三种基本类型。

（1）$x_1 + x_2 = 0$，且 $x_1 = x_2 = 0$。此类齿轮传动称为标准齿轮传动。

（2）$x_1 + x_2 = 0$，且 $x_1 = -x_2 \neq 0$。此类齿轮传动称为等变位齿轮传动（又称为高度变位齿轮传动）。根据式（7-25）、式（7-14）、式（7-27）和式（7-29），由于 $x_1 + x_2 = 0$，故

$$\alpha' = \alpha, \ a' = a, \ y = 0, \ \Delta y = 0$$

即其啮合角等于分度圆压力角，中心距等于标准中心距，节圆与分度圆重合，齿顶高不需降低。

对于等变位齿轮传动，为了提高强度，小齿轮应采用正变位，大齿轮应采用负变位，使大、小齿轮的强度趋于接近，从而提高齿轮的承载能力。

（3）$x_1 + x_2 \neq 0$。此类齿轮传动称为不等变位齿轮传动（又称为角度变位齿轮传

动）。当 $x_1 + x_2 > 0$ 时，称为正传动；$x_1 + x_2 < 0$ 时，称为负传动。

1）正传动。由于此时 $x_1 + x_2 > 0$，根据式（7-25）、式（7-14）、式（7-27）和式（7-29）可知

$$\alpha' > \alpha, \; a' > a, \; y > 0, \; \Delta y > 0$$

即在正传动中，其啮合角 α' 大于分度圆压力角 α，中心距 a' 大于标准中心距 a，两轮的分度圆相离，齿顶高需缩减。

正传动的优点是可以减小机构的尺寸，能使齿轮机构的承载能力有较大提高。其缺点是重合度减小较多。

2）负传动。由于 $x_1 + x_2 < 0$，故

$$\alpha' < \alpha, \; a' < a, \; y < 0, \; \Delta y > 0$$

负传动的优缺点正好与正传动的优缺点相反，即其重合度略有增加，但轮齿的强度有所下降，所以负传动只用于配凑中心距这种特殊需要的场合中。

综上所述，采用变位修正法来制造渐开线齿轮，不仅可以避免根切，还可以运用这种方法来提高齿轮机构的承载能力、配凑中心距和减小机构的几何尺寸等，并且仍采用标准刀具，并不增加制造的困难。正因如此，其在各种重要传动中得到广泛采用。

4. 变位齿轮传动的设计步骤

从机械原理角度来看，遇到的变位齿轮传动设计问题可以分为两类。

（1）已知中心距的设计。此时已知条件是 z_1、z_2、m、α、a'，设计步骤如下：

1）由式（7-14）确定啮合角

$$\alpha' = \arccos[(a\cos\alpha)/a']$$

2）由式（7-25）确定变位系数和

$$x_1 + x_2 = (\mathrm{inv}\alpha' - \mathrm{inv}\alpha)(z_1 + z_2)/(2\tan\alpha)$$

3）由式（7-26）确定中心距变动系数

$$y = (a' - a)/m$$

4）由式（7-29）确定齿顶高降低系数

$$\Delta y = (x_1 + x_2) - y$$

5）分配变位系数 x_1、x_2，并按表 7-4 计算齿轮的几何尺寸。

（2）已知变位系数的设计。此时已知条件是 z_1、z_2、m、α、x_1、x_2，设计步骤如下：

1）由式（7-25）确定啮合角

$$\mathrm{inv}\alpha' = 2\tan\alpha(x_1 + x_2)/(z_1 + z_2) + \mathrm{inv}\alpha$$

2）由式（7-14）确定中心距

$$a' = a\cos\alpha/\cos\alpha'$$

3）由式（7-26）及式（7-29）确定中心距变动系数 y 及齿顶高降低系数 Δy。

4）按表 7-4 计算齿轮的几何尺寸。

表 7 - 4 外啮合直齿圆柱齿轮传动的计算公式

名称	符号	标准齿轮传动	等变位齿轮传动	不等变位齿轮传动
变位系数	x	$x_1 = x_2 = 0$	$x_1 + x_2 = 0$ $x_1 = -x_2$	$x_1 + x_2 \neq 0$
节圆直径	d'	$d_i' = d_i = m z_i$ $(i = 1, 2)$		$d_i' = d_i \cos\alpha / \cos\alpha'$
啮合角	α'	$\alpha' = \alpha$		$\cos\alpha' = (a \cos\alpha)/a'$
齿顶高	h_a	$h_a = h_a^* m$	$h_{ai} = (h_a^* + x_i) m$	$h_{ai} = (h_a^* + x_i - \Delta y) m$
齿根高	h_f	$h_f = (h_a^* + c^*) m$		$h_{fi} = (h_a^* + c^* - x_i) m$
齿顶圆直径	d_a	$d_{ai} = d_i + 2 h_{ai}$		
齿根圆直径	d_f	$d_{fi} = d_i - 2 h_{fi}$		
中心距	a	$a = (d_2 + d_1)/2$		$a' = (d_2' + d_1')/2$
中心距变动系数	y	$y = 0$		$y = (a' - a)/m$
齿顶高降低系数	Δy	$\Delta y = 0$		$\Delta y = (x_1 + x_2) - y$

7.7 斜齿圆柱齿轮传动

7.7.1 齿面的形成与啮合特点

前面研究直齿圆柱齿轮的啮合原理时,是仅就齿轮的一个端面而言的。当考虑轮齿的宽度时,基圆就是基圆柱,发生线就是发生面。直齿圆柱齿轮的齿廓曲面是发生面沿基圆柱做纯滚动时,其上与基圆柱母线 NN' 平行的某一条直线 KK' 在空间的轨迹形成了渐开面,即直齿轮的齿廓曲面。当一对直齿圆柱齿轮相啮合时,其齿廓的公法面既是两基圆柱的内公切面,又是两齿轮传动的啮合面,其接触线是与轴线平行的直线〔见图 7 - 23(a)〕。因此,这种齿轮的啮合情况是突然地沿整个齿宽同时进入啮合和退出啮合,从而轮齿所受的力也是突然加上或突然卸掉。故传动平稳性差,冲击和噪声大。

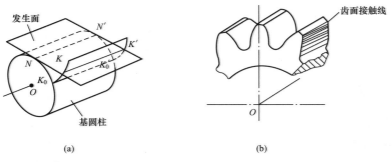

图 7 - 23 渐开线直齿圆柱齿轮齿面的形成
(a) 齿面形成;(b) 齿面接触线

斜齿圆柱齿轮齿面的形成原理和直齿圆柱齿轮相似,所不同的是直线 KK' 与母线 NN' 不平行而是呈一夹角 β_b〔见图 7 - 24(a)〕。故当发生面沿基圆柱做纯滚动时,直线

KK' 上任一点的轨迹都是基圆柱的一条渐开线，而整个直线 KK' 上各点所展成的渐开线就形成了渐开线曲面，称为渐开线螺旋面。它在齿顶圆柱和基圆柱之间的部分构成了斜齿轮的齿廓曲面。

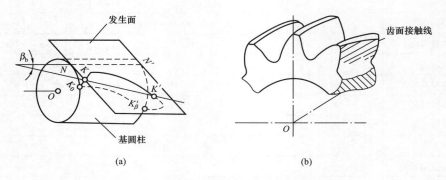

图 7-24　渐开线斜齿圆柱齿轮齿面的形成
（a）齿面形成；（b）齿面接触线

渐开线螺旋面有如下特点：

（1）由于基圆柱平面与齿廓曲面的交线为斜直线，它与基圆柱母线的夹角总等于 β_b。

（2）基圆柱面以及和它同轴的圆柱面与齿廓曲面的交线都是螺旋线，但其螺旋角（螺旋线与轴线之间所夹的锐角）不等。基圆柱上的螺旋角用 β_b 表示，分度圆柱面上的螺旋角简称螺旋角，用 β 表示。

（3）端面（垂直于齿轮轴线的平面）齿廓曲线均为渐开线，只是各渐开线的起点不同而已。基圆柱上的螺旋线分别为各端面齿廓渐开线的起点。

从端面看，一对斜齿圆柱齿轮传动，就相当于一对渐开线直齿圆柱齿轮传动，其啮合线为两基圆的内公切线，它也满足齿廓啮合基本定律；沿轴线方向看，一对斜齿齿廓曲面的啮合情况与直齿齿廓相似，两斜齿齿廓的公法面也是两基圆柱的内公切面和传动的啮合面。所不同的是两齿廓的接触线与轴线不平行，因此，其啮合过程是由前端面从动轮的齿顶一点开始进入啮合，其接触线由短变长，再由长变短 [见图 7-24（b）]，最后在后端面主动轮的齿顶一点退出啮合。因此，斜齿轮的轮齿上所受的载荷是逐渐加上再逐渐卸掉的，故传动较平稳，冲击和噪声小，适用于高速、重载传动。

7.7.2　斜齿圆柱齿轮的基本参数与几何尺寸计算

由于斜齿轮的轮齿倾斜了 β 角，故其垂直于轴线的端面齿形和垂直于螺旋线方向的法面齿形是不相同的，因此，它的法面参数和端面参数也不相同。由于用仿形法加工斜齿轮时，刀具沿垂直于法面的方向进刀，故其法面参数（m_n、a_n、h_{an}^*、c_n^* 等）与刀具的参数相同，所以取为标准值。而斜齿轮的端面与直齿轮相同，因此可按端面参数代入直齿轮的计算公式进行斜齿轮基本尺寸的计算，因此必须建立端面参数与法面参数之间的换算关系。

（1）模数。将斜齿条沿其分度线剖开如图 7-25 所示。图中阴影线部分为轮齿，空白部分为齿槽，由图可见

$$p_n = \pi m_n = p_t\cos\beta = \pi m_t\cos\beta$$
$$m_n = m_t\cos\beta \tag{7-31}$$

（2）压力角。斜齿轮和斜齿条正确啮合时，它们的法面参数和端面参数应分别相同，因此，可以方便地分析端面压力角 α_t 与法面压力角 α_n 之间的关系。图 7-26 所示为斜齿条的一个轮齿，$\triangle a'b'c'$ 在法面上，$\triangle abc$ 在端面上。

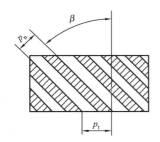

图 7-25　斜齿条沿分度线剖开

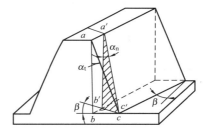

图 7-26　端面压力角与法面压力角

由图 7-26 可见

$$\tan\alpha_n = \tan\angle a'b'c' = \overline{a'c}/\overline{a'b'}, \ \tan\alpha_t = \tan\angle abc = \overline{ac}/\overline{ab}$$

由于 $\overline{ab}=\overline{a'b'}$，$\overline{a'c}=\overline{ac}\cos\beta$，得

$$\tan\alpha_n = \tan\alpha_t\cos\beta \tag{7-32}$$

（3）齿顶高系数、顶隙系数。无论从法面或端面来看，斜齿轮的齿顶高及顶隙都是相等的，故有

$$h_a = h_{an}^* m_n = h_{at}^* m_t, \ c = c_n^* m_n = c_t^* m_t$$

由此可得
$$h_{at}^* = h_{an}^*\cos\beta \tag{7-33}$$
$$c_t^* = c_n^*\cos\beta \tag{7-34}$$

（4）变位系数。切制齿轮时，刀具沿被切齿轮的径向前移或后移，其移动的距离无论是从法面还是从端面来看都是相同的，因此，端面变位系数和法面变位系数的关系为

$$x_t = x_n\cos\beta \tag{7-35}$$

（5）分度圆直径与中心距。斜齿轮在其端面上的分度圆直径为

$$d = zm_t = zm_n/\cos\beta \tag{7-36}$$

斜齿轮传动的标准中心距为

$$a = (d_1 + d_2)/2 = m_n(z_1 + z_2)/(2\cos\beta) \tag{7-37}$$

由式（7-37）可知，可以用改变螺旋角 β 的方法来调整其中心距的大小。故斜齿轮传动的中心距常做圆整，以利于加工。

7.7.3　一对斜齿轮的啮合传动

1. 一对斜齿轮正确啮合的条件

斜齿轮传动的正确啮合条件，除了模数和压力角分别相等（$m_{n1}=m_{n2}$，$\alpha_{n1}=\alpha_{n2}$）外，它们的螺旋角还必须满足以下条件：

（1）外啮合：$\beta_1 = -\beta_2$（即两轮旋向相反，一个为左旋，一个为右旋）。

（2）内啮合：$\beta_1 = \beta_2$（即两轮旋向相同，均为左旋或右旋）。

2. 斜齿轮传动的重合度

为了便于说明斜齿轮传动的重合度，现将斜齿轮传动与和其端面尺寸相同的一对直齿轮传动进行对比。图 7-27（a）所示为直齿轮传动的啮合情况，轮齿沿整个齿宽在点 B_2 处开始进入啮合，而且也是沿整个齿宽在点 B_1 处脱离啮合，所以 L 为其啮合区，故直齿轮传动的重合度为

$$\varepsilon_\alpha = L/p_{bt}$$

式中：p_{bt} 为端面齿距。

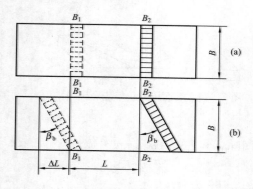

图 7-27　重合度计算

(a) 直齿轮传动；(b) 斜齿轮传动

图 7-27（b）所示为斜齿轮传动的啮合情况，轮齿前端也在点 B_2 处开始进入啮合，由于其轮齿相对于轴线倾斜，这时不是整个齿宽同时进入啮合，而是由轮齿的前端先进入啮合，随着齿轮的转动，才逐渐达到沿全齿宽接触。当轮齿前端在点 B_1 处终止啮合时，也是轮齿的前端先脱离接触，轮齿后端还继续啮合，待轮齿后端到达终止点 B_1，轮齿才完全脱离啮合。可见，斜齿轮传动实际的啮合区比直齿圆柱齿轮传动的啮合区增长了 ΔL，故其啮合区长为 $L + \Delta L$，其总重合度为

$$\varepsilon_\gamma = (L + \Delta L)/p_{bt} = \varepsilon_\alpha + \varepsilon_\beta \tag{7-38}$$

ε_α 为端面重合度，$\varepsilon_\alpha = L/p_{bt}$，由直齿轮传动可得其计算公式为

$$\varepsilon_\alpha = [z_1(\tan\alpha_{at1} - \tan\alpha_t') + z_2(\tan\alpha_{at2} - \tan\alpha_t')]/(2\pi) \tag{7-39}$$

ε_β 为轴向重合度（纵向重合度），$\varepsilon_\beta = \Delta L/p_{bt}$，其计算公式为

$$\varepsilon_\beta = B\sin\beta/(\pi m_n) \tag{7-40}$$

可见，斜齿轮的重合度随齿宽 B 和螺旋角 β 的增大而增大，可达到很大的数值，这也是斜齿轮传动平稳、承载能力高的主要原因之一。

7.7.4　斜齿轮的当量齿轮与当量齿数

为了切制斜齿轮和计算齿轮强度的需要，下面介绍斜齿轮法面齿形的近似计算。

如图 7-28 所示，设经过斜齿轮分度圆柱面上的一点 C，作轮齿的法面，将斜齿轮的分度圆柱剖开，其剖面为一椭圆。现以椭圆上 C 点的曲率半径 ρ 为半径作一圆，作为一假想直齿轮的分度圆，以该斜齿轮的法面模数为模数，法面压力角为压力角，作一直齿轮，其齿形就是斜齿轮的法面近似齿形，称此直齿轮为斜齿轮的当量齿轮，其齿数为当量齿数，以 z_v 表示。

由图 7-28 可知，椭圆的长半轴 $a = d/(2\cos\beta)$，短半轴 $b = d/2$，而

$$\rho = a^2/b = d/(2\cos^2\beta)$$

故得

$$z_v = 2\rho/m_n = d/(m_n\cos^2\beta) = zm_t/(m_n\cos^2\beta) = z/\cos^3\beta \tag{7-41}$$

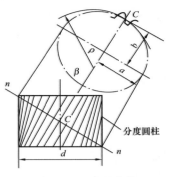

图 7-28　当量齿轮

渐开线标准斜齿圆柱齿轮不发生根切的最少齿数可由式（7-41）得出

$$z_{min} = z_{vmin}\cos^3\beta \tag{7-42}$$

式中：z_{vmin} 为当量直齿标准齿轮不发生根切的最少齿数。

可见，斜齿轮的最小齿数比直齿轮少，故结构较紧凑。这是斜齿轮传动的又一优点。

斜齿轮各参数及几何尺寸的计算公式见表 7-5。

表 7-5　　　　　　　　　斜齿圆柱齿轮的参数及几何尺寸的计算公式

名　称	符　号	计算公式
螺旋角	β	一般取 $8°\sim20°$
基圆柱螺旋角	β_b	$\tan\beta_b = \tan\beta\cos\alpha_t$
法面模数	m_n	按表 7-1 取标准值
端面模数	m_t	$m_t = m_n/\cos\beta$
法面压力角	α_n	$\alpha_n = 20°$
端面压力角	α_t	$\tan\alpha_t = \tan\alpha_n/\cos\beta$
法面齿距	p_n	$p_n = \pi m_n$
端面齿距	p_t	$p_t = \pi m_t = p_n/\cos\beta$
法面基圆齿距	p_{bn}	$p_{bn} = p_n\cos\alpha_n$
法面齿顶高系数	h_{an}^*	$h_{an}^* = 1$
法面顶隙系数	c_n^*	$c_n^* = 0.25$
分度圆直径	d	$d = zm_t = zm_n/\cos\beta$
基圆直径	d_b	$d_b = d\cos\alpha_t$
最少齿数	z_{min}	$z_{min} = z_{vmin}\cos^3\beta$
端面变位系数	x_t	$x_t = x_n\cos\beta$
齿顶高	h_a	$h_a = m_n(h_{an}^* + x_n)$
齿根高	h_f	$h_f = m_n(h_{an}^* + c_n^* - x_n)$
齿顶圆直径	d_a	$d_a = d + 2h_a$
齿根圆直径	d_f	$d_f = d - 2h_f$
法面齿厚	s_n	$s_n = (\pi/2 + 2x_n\tan\alpha_n)m_n$
端面齿厚	s_t	$s_t = (\pi/2 + 2x_t\tan\alpha_t)m_t$
当量齿数	z_v	$z_v = z/\cos^3\beta$

注　1. m_t 应计算到小数后第四位，其余长度尺寸应计算到小数后三位。

2. 螺旋角 β 的计算应精确到 ××°××′××″。

7.7.5　斜齿轮传动的主要优缺点

与直齿轮传动相比，斜齿轮传动具有以下主要优点：

（1）啮合性能好，传动平稳、噪声小。

（2）重合度大，降低了每对轮齿的载荷，提高了齿轮的承载能力。

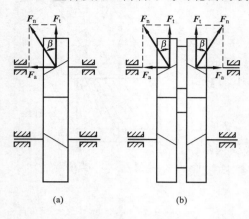

图 7 - 29　斜齿轮的轴向力
(a) 斜齿轮；(b) 人字齿轮

（3）不产生根切的最小齿数少。

需强调的是，斜齿轮的主要缺点是在工作时会产生轴向推力 F_a［见图 7 - 29（a）］，其轴向推力为 $F_a = F_t \tan\beta$，当圆周力 F_t 一定时，轴向推力 F_a 随螺旋角 β 的增大而增大。因此在斜齿轮传动中必须采用向心推力轴承来承受轴向载荷。此外，轴向推力 F_a 是有害分力，它将增加传动中的摩擦损失。为了克服这一缺点，可以采用图 7 - 29（b）所示的人字齿轮。这种齿轮的左右两排轮齿完全对称，所以两个轴向推力互相抵消。人字齿轮的缺点是制造比较困难。

由上可知，螺旋角 β 的大小对斜齿轮传动的质量有很大的影响。若 β 太小斜齿轮的优点不突出，若 β 太大又会产生很大的轴向推力，故一般取 $\beta = 8° \sim 20°$。采用人字齿轮一般取 $\beta = 25° \sim 40°$。

7.8　蜗杆蜗轮机构

7.8.1　蜗杆蜗轮传动及其特点

蜗杆蜗轮机构用来传递两交错轴之间的运动和动力。最常用的是两轴交错角 $\Sigma = 90°$ 的减速传动。

如图 7 - 30 所示，在分度圆柱上具有完整螺旋齿的构件 1 称为蜗杆。而与蜗杆相啮合的构件 2 称为蜗轮。通常，以蜗杆为原动件做减速运动。当其反行程不自锁时，也可以蜗轮为原动件做增速运动。

蜗杆与螺旋相似，有左旋与右旋之分，但通常取右旋居多。

蜗杆传动的主要特点有以下几个：

（1）由于蜗杆的轮齿是连续不断的螺旋齿，故传动平稳，啮合冲击小。

（2）由于蜗杆的齿数（头数）少，单级传动可获得较大传动比（可达 1000），故结构紧凑。在做减速动力传动时，传动比的范围为 $5 \leqslant i_{12} \leqslant 70$；增速时，传动比 $i_{21} = 1/15 \sim 1/5$。

（3）由于蜗杆蜗轮啮合轮齿间的相对滑动速度较大，摩擦损失大，传动效率较低，易出现发热现象，常需用较贵的减摩耐磨材料来制造蜗

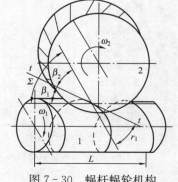

图 7 - 30　蜗杆蜗轮机构
1—蜗杆；2—蜗轮

轮，成本较高。

（4）当蜗杆的导程角 γ_1 小于啮合轮齿间的当量摩擦角 φ_v 时，机构反行程具有自锁性。在此情况下，只能蜗杆带动蜗轮（此时效率小于 50%），而不能由蜗轮带动蜗杆。

蜗杆传动的类型很多，其中，阿基米德蜗杆传动是最基本的，现仅就这种蜗杆传动做简单介绍。

7.8.2 蜗杆蜗轮正确啮合的条件

图 7-31 所示为蜗轮与阿基米德蜗杆啮合的情况。过蜗杆的轴线作一平面垂直于蜗轮的轴线，该平面对于蜗杆是轴面，对于蜗轮是端面，这个平面称为蜗杆传动的中间平面。在此平面内，蜗杆的齿廓相当于齿条，蜗轮的齿廓相当于一个齿轮，即在中间平面上两者相当于齿条与齿轮啮合。因此，蜗杆蜗轮的正确啮合条件为蜗杆的轴面模数 m_{x1} 和压力角 α_{x1} 分别等于蜗轮的端面模数 m_{t2} 和压力角 α_{t2}，且均取为标准值 m 和 α，即

$$m_{x1} = m_{t2} = m, \ \alpha_{x1} = \alpha_{t2} = \alpha$$

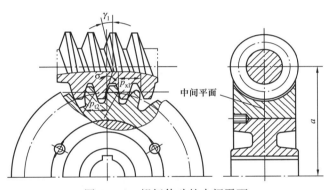

图 7-31 蜗杆传动的中间平面

当蜗杆与蜗轮的轴线交错角 $\Sigma = 90°$ 时，还需保证蜗杆的导程角等于蜗轮的螺旋角，即 $\gamma_1 = \beta_2$，且两者螺旋线的旋向相同。

7.8.3 蜗杆传动的主要参数及几何尺寸

（1）蜗杆的头数和蜗轮的齿数。蜗杆单头和多头之分，蜗杆的头数就是其齿数 z_1，通常取 1~10，推荐取 $z_1 = 1$，2，4，6。当要求传动比大或反行程自锁时，常取 $z_1 = 1$，即单头蜗杆；当要求有较高传动效率时，则 z_1 应取较大值。蜗轮齿数 z_2 可根据传动比计算而得，对于动力传动一般取为 $z_2 = 28~80$。

（2）蜗杆模数。蜗杆模数系列与齿轮模数系列有所不同，见表 7-6。

表 7-6   **蜗杆 m 值**

第一系列	1	1.25	1.6	2	2.5	3.15	4	5	6.3	8	10	12.5	16	20	25	31.5	40
第二系列	1.5		3		3.5	4.5	5.5	6	7	12	14						

注   选用模数时，应优先选用第一系列。

（3）压力角。GB/T 10087—1988《圆柱蜗杆基本齿廓》规定，阿基米德蜗杆的压力角 $\alpha=20°$。在动力传动中，允许增大压力角，推荐用 25°；在分度传动中，允许减小压力角，推荐用 15°或 12°。

（4）蜗杆分度圆直径。对于同一模数的蜗杆，对应于每一种分度圆的直径，相应就需要有一把加工其蜗轮的滚刀。为了限制蜗轮滚刀的数目，GB/T 10088—1988《圆柱蜗杆模数和直径》规定将蜗杆的分度圆直径标准化，且与其模数相匹配，蜗杆分度圆直径与其模数的匹配标准系列见表 7-7。

表 7-7　　　　　　　　蜗杆分度圆直径与其模数的匹配标准系列

m	1	1.25	1.6	2	2.5	3.15	4	5	6.3	8	10
d_1	18	20 22.4	20 28	(18) 22.4 (28) 35.5	(22.4) 28 (35.5) 45	(28) 35.5 (45) 56	(31.5) 40 (50) 71	(40) 50 (63) 90	(50) 63 (80) 112	(63) 80 (100) 140	(71) 90 ⋮

（5）蜗杆传动的中心距。蜗杆传动的中心距为

$$a = r_1 + r_2$$

7.9　圆 锥 齿 轮 机 构

7.9.1　圆锥齿轮机构概述

圆锥齿轮机构用于传递两相交轴间的运动和动力（见图 7-32），在一般机械中，锥

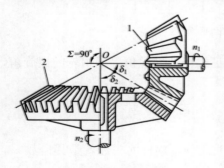

图 7-32　圆锥齿轮

齿轮两轴之间的交角 $\Sigma=90°$。锥齿轮的轮齿分布在圆锥面上，有直齿、斜齿和曲线齿之分，本节只介绍直齿圆锥齿轮。对应于直齿圆柱齿轮传动中的五对圆柱，直齿圆锥齿轮传动中有五对圆锥：节圆锥、分度圆锥、齿顶圆锥、齿根圆锥和基圆锥。锥齿轮是一个锥体，因而轮齿有大端和小端之分。为了计算和测量方便，通常取锥齿轮大端的参数为标准值，即大端的模数按表 7-8 选取，其压力角一般为 20°，$h_a^*=1$，$c^*=0.2$。

表 7-8　　　　　　　　锥齿轮标准模数系列（GB 12368—1990）

m	1　1.125　1.25　1.375　1.5　1.75　2　2.25　2.5　2.75　3　3.25　3.5　3.75　4　4.5　5　5.5 6　6.5　7　8　9　10

7.9.2　直齿圆锥齿轮齿廓曲面的形成

一对直齿圆锥齿轮传动时，两轮的节圆锥相切并做纯滚动，由于两节圆锥顶交于一

点 O，运动时两齿轮的相对运动为球面运动 [见图 7-33（a）]。

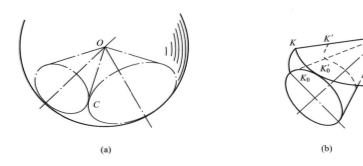

图 7-33　直齿圆锥齿轮齿廓曲面的形成
（a）两齿轮相对运动；（b）齿廓曲面形成

如图 7-33（b）所示，有一发生面 S 与基圆锥相切，当发生面在基圆锥上做纯滚动时，发生面上有一过锥顶的直线 $\overline{OK}$，该线上各点在空间所展开的轨迹为球面渐开线（各渐开线在半径不同的球面上）。两对称的渐开线为直齿锥齿轮的一个齿廓，并向球心收敛，因此形成大端齿廓和小端齿廓。由于一对锥齿轮啮合时，两基圆锥的锥顶也交于一点，所以与它共轭的齿廓也是球面渐开曲面。

球面渐开曲面是向锥顶逐渐收缩的，离锥顶越近，其球面渐开线曲率半径越小。这种球面渐开曲面与直齿圆柱齿轮的渐开曲面有相类似的特性，如切于基圆锥的平面是球面渐开曲面的法面、基圆锥内无球面渐开曲面等。

7.9.3　背锥与当量齿轮

由于球面渐开曲面无法展成平面，致使锥齿轮的设计和制造遇到许多困难。因而，不得不采用下面的近似齿廓代替。

图 7-34 所示为一对直齿圆锥齿轮轴面的剖面图。如果作圆锥 O_1C_1C 和 O_2C_2C，使之分别在两轮节圆锥处与两轮的大端球面相切，切点分别为 C_1、C、C_2，则这两个圆锥称为背锥。将两轮的球面渐开线 ab 和 ef 分别投影到各自的背锥上，得到在背锥上的渐开线 $\overline{a'b'}$ 和 $\overline{e'f'}$，由图可知投影出来的齿形与原齿形非常相似，因此可用背锥上的齿形代替球面渐开线。

将背锥展开成平面后，如图 7-34（b）所示，可以得到两个扇形齿轮，其齿数为锥齿轮的齿数 z；若将扇形的缺口补全使之成为

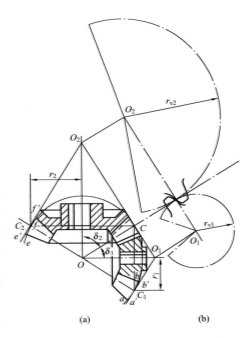

图 7-34　一对直齿圆锥齿轮轴面剖面图
（a）剖面图；（b）背锥展开

完整的圆形齿轮，这个齿轮称为当量齿轮，其齿形近似等于直齿锥齿轮大端面的齿形。当量齿轮的分度圆半径 r_v 即等于背锥锥距。由图 7-34 可得

$$r_{v1} = r_1/\cos\delta_1 , \; r_{v2} = r_2/\cos\delta_2$$

式中：δ_1、δ_2 分别为锥齿轮轮 1 和轮 2 的分度圆锥角；r_1、r_2 分别为两轮的分度圆半径。

根据 $r = mz/2$ 及 $r_v = mz_v/2$ 可推导出锥齿轮的当量齿数分别为

$$z_{v1} = z_1/\cos\delta_1 , \; z_{v2} = z_2/\cos\delta_2$$

则对于任一锥齿轮有

$$z_v = z/\cos\delta \tag{7-43}$$

借助锥齿轮当量齿轮的概念，可以将前面对于圆柱齿轮传动所研究的一些结论直接应用于锥齿轮传动。例如，根据一对圆柱齿轮的正确啮合条件可知，一对锥齿轮的正确啮合条件应为两轮大端的模数和压力角分别相等（对于标准直齿圆锥齿轮传动，还应保证两轮的分度圆锥共顶）；一对锥齿轮传动的重合度可以近似地按其当量齿轮传动的重合度来计算；为了避免轮齿的根切，锥齿轮不发生根切的最小齿数 $z_{min} = z_{vmin}\cos\delta$ 等。

7.9.4 直齿锥齿轮传动的几何参数和尺寸计算

前面已指出，大端参数为锥齿轮的标准参数，因此其基本尺寸计算也以大端为准。

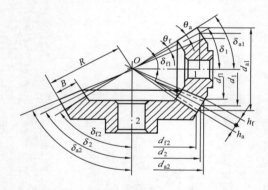

如图 7-35 所示，两锥齿轮的分度圆直径分别为

$$d_1 = 2R\sin\delta_1 , \; d_2 = 2R\sin\delta_2 \tag{7-44}$$

式中：R 为分度圆锥锥顶到大端的距离，称为锥距；δ_1、δ_2 分别为两轮的分度圆锥角（简称分锥角）。

两轮的传动比为

$$i_{12} = \omega_1/\omega_2 = z_2/z_1 = d_2/d_1 = \sin\delta_2/\sin\delta_1 \tag{7-45}$$

图 7-35 锥齿轮的基本尺寸

当两锥齿轮之间的轴交角 $\Sigma = 90°$ 时，则因 $\delta_1 + \delta_2 = 90°$，式（7-45）变为

$$i_{12} = \omega_1/\omega_2 = z_2/z_1 = d_2/d_1 = \cot\delta_1 = \tan\delta_2 \tag{7-46}$$

在设计锥齿轮传动时，可根据给定的传动比 i_{12} 按式（7-46）确定两轮分锥角的值。

至于锥齿轮齿顶圆锥角和齿根圆锥角的大小，则与两圆锥齿轮啮合传动时对其顶隙的要求有关。根据 GB/T 12369—1990、GB/T 12370—1990 规定，现多采用等顶隙锥齿轮传动，如图 7-35 所示。其两轮的顶隙从齿轮大端到小端是相等的，两轮的分度圆

锥及齿根圆锥的锥顶重合于一点。但两轮的齿顶圆锥，因其母线各自平行于与之啮合传动的另一锥齿轮的齿根圆锥的母线，故其锥顶就不再与分度圆锥锥顶重合。这种圆锥齿轮相当于降低了轮齿小端的齿顶高，从而减小了齿顶过尖的可能性；且齿根圆角半径较大，有利于提高轮齿的承载能力、刀具寿命和储油润滑。

锥齿轮传动的主要几何尺寸的计算公式见表 7－9。

表 7－9　　　　标准直齿圆锥齿轮传动的几何参数及尺寸计算（ ＝90°）

名　称	代　号	计　算　公　式	
		小齿轮	大齿轮
分锥角	δ	$\delta_1 = \arctan(z_1/z_2)$	$\delta_2 = 90° - \delta_1$
齿顶高	h_a	$h_a = h_a^* m = m$	
齿根高	h_f	$h_f = (h_a^* + c^*) m = 1.2 m$	
分度圆直径	d	$d_1 = m z_1$	$d_2 = m z_2$
齿顶圆直径	d_a	$d_{a1} = d_1 + 2 h_a \cos\delta_1$	$d_{a2} = d_2 + 2 h_a \cos\delta_2$
齿根圆直径	d_f	$d_{f1} = d_1 - 2 h_f \cos\delta_1$	$d_{f2} = d_2 - 2 h_f \cos\delta_2$
锥距	R	$R = m \sqrt{z_1^2 + z_2^2}/2$	
齿根角	θ_f	$\tan\theta_f = h_f/R$	
顶锥角	δ_a	$\delta_{a1} = \delta_1 + \theta_f$	$\delta_{a2} = \delta_2 + \theta_f$
根锥角	δ_f	$\delta_{f1} = \delta_1 - \theta_f$	$\delta_{f2} = \delta_2 - \theta_f$
顶隙	c	$c = c^* m$ （一般取 $c^* = 0.2$）	
分度圆齿厚	s	$s = \pi m/2$	
当量齿数	z_v	$z_{v1} = z_1/\cos\delta_1$	$z_{v2} = z_2/\cos\delta_2$
齿宽	B	$B \leqslant R/3$ （取整）	

注　1. 当 $m \leqslant 1\mathrm{mm}$ 时，$c^* = 0.25$，$h_f = 1.25 m$。
　　2. 各角度计算应准确到 ××°××′。

7.10　非圆齿轮机构

7.10.1　非圆齿轮机构简介

非圆齿轮机构是一种用于变传动比传动的齿轮机构。其传动比是按一定规律变化的，其节点不再是一个定点；节线也不是一个圆，而是一条非圆曲线。

图 7－36（a）所示为一非圆齿轮机构，其节线 G_1 和 G_2 在点 P 处相切，机构的瞬时传动比为

$$i_{12} = \frac{\omega_1}{\omega_2} = \frac{\mathrm{d}\varphi_1}{\mathrm{d}\varphi_2} = \frac{\overline{O_2 P}}{\overline{O_1 P}} = \frac{r_2}{r_1} \tag{7－47}$$

式中：r_1、r_2 分别为两轮节线的向径；ω_1、ω_2 分别为两轮的角速度；φ_2、φ_1 分别为两轮的转角。

非圆齿轮机构传动时，两轮节线（实际上是两轮的瞬心轨迹，即瞬心线）做无滑动

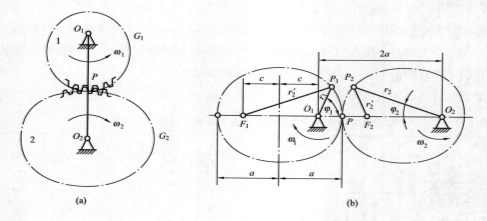

图 7-36 非圆齿轮机构

(a) 非圆齿轮；(b) 椭圆齿轮

的滚动，它们有下列性质：

（1）任何瞬时两轮的向径之和等于两轮的中心距 a，即

$$a = r_1 + r_2$$

（2）互相滚过的两弧长应相等，即

$$r_1 \mathrm{d}\varphi_1 = r_2 \mathrm{d}\varphi_2$$

上述两个性质为非圆齿轮机构能够实现传动的两个条件。由此可知，大轮节线长度必是小轮节线长度的整数倍，该整数就是两轮的转速之比。

理论而言，两轮节线的形状是没有限制的，但实际应用中用作非圆齿轮节线的只有椭圆、卵形曲线、对数螺旋线等少数几种曲线，其中椭圆形节线最为常见，应用最多。

7.10.2 椭圆齿轮机构

图 7-36（b）所示为两个完全相同的椭圆齿轮，其长轴为 $2a$，短轴为 $2b$，焦距为 $2c$，离心率 $e = c/a$，两轮各绕其一个焦点回转，且中心距为 $2a$。根据椭圆性质，不难证明此椭圆齿轮机构能满足上述的两个传动条件，可以推得椭圆齿轮机构的传动比为

$$i_{12} = \frac{\omega_1}{\omega_2} = \frac{r_2}{r_1} = \frac{1 + e^2 + 2e\cos\varphi_1}{1 - e^2} \qquad (7-48)$$

由式（7-48）可知传动比的几种情况：

（1）当 $\varphi_1 = 0°$ 时，i_{12} 达到最大，即

$$(i_{12})_{\max} = \frac{1 + e}{1 - e}$$

（2）当 $\varphi_1 = 180°$ 时，i_{12} 达到最小，即

$$(i_{12})_{\min} = \frac{1 - e}{1 + e}$$

（3）椭圆齿轮机构的传动比是主动轮 1 转角 φ_1 的函数，且与椭圆离心率 e 有关。当主动轮 1 匀速转动时，从动轮 2 做变速运动，其转速的波动呈现周期性。

7.10.3　非圆齿轮机构的特点和应用

非圆齿轮机构与连杆机构相比较，其机构紧凑、容易平衡。随着数控技术的发展，非圆齿轮的加工成本大大下降，现已广泛应用于机床、自动化设备、印刷机、纺织机械、仪器及解算装置中。作为自动进给机构或用以实现函数关系，也可以与其他机构组合来改变运动特性和改善动力条件。

本章知识点

（1）了解齿轮机构的分类及应用。

（2）掌握齿廓啮合基本定律与共轭齿廓的概念。

（3）掌握渐开线及渐开线齿廓的性质。

（4）掌握渐开线标准直齿圆柱齿轮及其啮合传动的概念及其有关计算。

（5）掌握渐开线齿廓的切制及变位齿轮的概念及计算。

（6）掌握斜齿圆柱齿轮传动、蜗杆传动、圆锥齿轮传动及非圆齿轮的传动有关概念及其计算。

思考题及练习题

7-1　何谓齿廓啮合基本定律？

7-2　渐开线具有哪些重要性质？渐开线齿廓啮合传动具有哪些优点？

7-3　具有标准中心距的标准齿轮传动具有哪些特点？

7-4　一对渐开线齿轮如何能正确啮合？

7-5　节圆与分度圆、啮合角与压力角有何区别？中心距与啮合角之间有何关系？

7-6　何谓重合度？重合度有何重要意义？如何增大重合度？

7-7　何谓根切？发生根切有何危害？如何避免根切？

7-8　齿轮为何要进行变位修正？齿轮正变位后和变位前相比，其参数 z、m、α、h_a、h_f、d、d_a、d_f、d_b、s、e，哪些不变，哪些发生变化，变大还是变小？

7-9　如何设计变位齿轮传动？

7-10　为什么斜齿轮的标准参数要规定在法面上，而其几何尺寸要按端面参数来计算？

7-11　何谓斜齿轮的当量齿轮？为什么提出当量齿轮的概念？

7-12　斜齿轮传动与直齿轮传动相比有何优点？

7-13　何谓蜗杆传动的中间平面？蜗杆传动的正确啮合条件是什么？

7-14　何谓直齿锥齿轮的背锥和当量齿轮？直齿锥齿轮传动的正确啮合条件是什么？

7-15　在图 7-37 中，已知基圆半径 $r_b = 40\text{mm}$，求当 $r_K = 50\text{mm}$ 时，渐开线的展角 θ_K 和渐开线的压力角 α_K。

7-16　已知一对外啮合标准直齿圆柱齿轮的标准中心距 $a = 160\text{mm}$，求齿数模数和分度圆直径。

7-17　已知一正常齿制标准直齿圆柱齿轮 $\alpha = 20°$，$m = 5\text{mm}$，$z = 40$，试分别求出分度圆、基圆、齿顶圆上渐开线齿廓的曲率半径和压力角。

7-18　已知一对渐开线标准外啮合圆柱齿轮传动的模数 $m = 5\text{mm}$，压力角 $\alpha = 20°$，中心距 $a = 350\text{mm}$，传动比 $i_{12} = 9/5$，试求两轮的齿数、分度圆直径、齿顶圆直径、基圆直径，以及分度圆上的齿厚和齿槽宽。

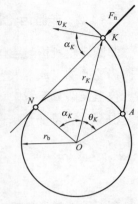

图 7-37　题 7-15 图

7-19　比较正常齿制渐开线标准直齿圆柱齿轮的基圆和齿根圆，试问在什么条件下基圆大于齿根圆，什么条件下基圆小于齿根圆？

7-20　试根据渐开线特性说明一对模数相等，压力角相等，但齿数不等的渐开线标准直齿圆柱齿轮，其分度圆齿厚、齿顶圆齿厚和齿根圆齿厚是否相等，哪一个较大。

7-21　已知一对标准外啮合直齿圆柱齿轮传动的 $\alpha = 20°$，$m = 5\text{mm}$，$z_1 = 19$，$z_2 = 42$，试求其重合度 ε_a。问当有一对轮齿在节点 P 处啮合时，是否还有其他轮齿也处于啮合状态？又当一对轮齿在 B_1 点处啮合时，情况又如何？

7-22　设有一对外啮合齿轮的 $z_1 = 30$，$z_2 = 40$，$m = 20\text{mm}$，$\alpha = 20°$，$h_a^* = 1$。试求当 $a' = 725\text{mm}$ 时，两轮的啮合角 α'；又当啮合角 $\alpha' = 22°30'$ 时，求其中心距 a'。

7-23　已知一对外啮合变位齿轮传动的 $z_1 = z_2 = 12$，$m = 10\text{mm}$，$\alpha = 20°$，$h_a^* = 1$，$a' = 130\text{mm}$，试设计这对齿轮（取 $x_1 = x_2$）。

7-24　在某牛头刨床中，有一对外啮合渐开线直齿圆柱齿轮传动。已知 $z_1 = 17$，$z_2 = 118$，$m = 5\text{mm}$，$\alpha = 20°$，$h_a^* = 1$，$a' = 337.5\text{mm}$。现发现小齿轮已严重磨损，拟将其报废。大齿轮磨损较轻（沿分度圆齿厚两侧的磨损量为 0.75mm），拟修复使用，并要求所设计的小齿轮的齿顶厚尽可能大些，问应如何设计这对齿厚？

7-25　试设计一对外啮合圆柱齿轮，已知 $z_1 = 21$，$z_2 = 32$，$m_n = 2\text{mm}$，实际中心距为 55mm，问：

（1）该对齿轮能否采用标准直齿圆柱齿轮传动？

（2）若采用标准斜齿圆柱齿轮传动来满足中心距要求，其分度圆螺旋角 β 及分度圆直径 d_1、d_2 各为多少？

7-26　已知一对正常齿制渐开线标准斜齿圆柱齿轮 $a = 250\text{mm}$，$z_1 = 23$，$z_2 = 98$，$m_n = 4\text{mm}$，试计算其螺旋角、端面模数、端面压力角、当量齿数、分度圆直径、齿顶圆直径和齿根圆直径。

7-27　试求 $\beta=20°$和 $\beta=30°$的正常齿制渐开线标准斜齿圆柱齿轮不发生根切的最小齿数。

7-28　已知一对斜齿轮传动的 $z_1=20$，$z_2=40$，$m_n=8\text{mm}$，$\beta=15°$（初选值），$B=30\text{mm}$，$h_{an}^*=1$。试求中心距 a（应圆整，并精确计算 β）、ε_γ 及 z_{v1}、z_{v2}。

7-29　已知一对等顶隙渐开线标准直齿锥齿轮的 $\Sigma=90°$，$z_1=17$，$z_2=43$，$m=3\text{mm}$，试求分度圆锥角、分度圆直径、齿顶圆直径、齿根圆直径、外锥距、顶锥角、根锥角和当量齿数。

7-30　有一对标准直齿锥齿轮传动，试问：

（1）当 $\Sigma=90°$，$z_1=14$，$z_2=30$ 时，小齿轮是否会发生根切？

（2）当 $\Sigma=90°$，$z_1=14$，$z_2=20$ 时，小齿轮是否会发生根切？

7-31　一蜗轮的齿数 $z_2=40$，$d_2=200\text{mm}$，与一单头蜗杆啮合，试求：

（1）蜗轮端面模数 m_{t2} 及蜗杆轴面模数 m_{x1}。

（2）两轮的中心距 a。

（3）蜗杆的导程角 γ_1、蜗轮的螺旋角 β_2 及两轮轮齿的旋向。

第8章　齿轮系的传动比计算

8.1　轮 系 的 类 型

在第 7 章中对一对齿轮的啮合原理和几何设计问题进行了研究。然而，在工程实际中仅用一对齿轮往往不能满足对传动系统提出的多种要求。例如，在钟表中为了使时针、分针和秒针的转速具有一定的比例关系，在机床中为了使主轴具有多级转速，为了使汽车在行驶中根据路况不同而采用不同速度前进或倒车等，经常需要采用若干个彼此啮合的齿轮来传递运动和动力，这种由一系列齿轮组成的传动装置称为轮系。

根据轮系运动时其中各个齿轮轴线的位置是否固定，可以将轮系分为定轴轮系、周转轮系及复合轮系三类。

8.1.1　定轴轮系

在如图 8-1 所示的轮系中，运动和动力由齿轮 1 输入，通过中间一系列齿轮的啮合传动，最终带动齿轮 5 转动。在该轮系的传动过程中，各轮轴线相对于机架的位置均固定不动。这种所有齿轮几何轴线的位置在运转过程中均固定不变的轮系，称为定轴轮系。

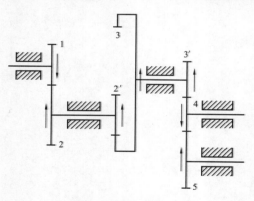

图 8-1　定轴轮系

8.1.2　周转轮系

在图 8-2 所示的轮系中，齿轮 1、3 的轴线重合且固定，即为轴线 OO，齿轮 2 的转轴装在构件 H 上，在构件 H 的带动下绕轴线 OO 转动。这种在运转过程中至少有一个齿轮的几何轴线位置不固定，而是绕着其他齿轮的固定轴线回转的轮系，称为周转轮系。

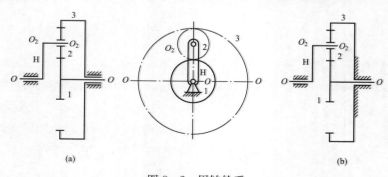

(a)　　　　　　　　　　　　(b)

图 8-2　周转轮系

(a) 差动轮系；(b) 行星轮系

在周转轮系中，齿轮 1、3 绕固定轴线回转，称为中心轮或太阳轮；齿轮 2 既绕自己的轴线做自转，又随构件 H 绕齿轮 1、3 的公共轴线 OO 做公转，就像行星的运动一样，故称其为行星轮；支撑行星轮的构件 H 则称为系杆或行星架。

在周转轮系中，通常以中心轮和系杆作为运动的输入或输出构件，故又称其为周转轮系的基本构件。基本构件都是绕着同一固定轴线回转的。

根据周转轮系所具有自由度数目的不同，周转轮系可进一步分为行星轮系和差动轮系两类。

（1）行星轮系。在如图 8-2（b）所示的周转轮系中，将中心轮 3（或 1）固定，则整个轮系的自由度为 1。这种自由度为 1 的周转轮系称为行星轮系。为了使行星轮系具有确定的运动，需要一个原动件。

（2）差动轮系。在如图 8-2（a）所示的周转轮系中，中心轮 1、3 均不固定，则整个轮系的自由度为 2。这种自由度为 2 的周转轮系称为差动轮系。为了使差动轮系具有确定的运动，需要两个原动件。

此外，周转轮系还可根据其基本构件的不同加以分类。设轮系中的中心轮用 K 表示，系杆用 H 表示。在如图 8-2 所示的轮系中，基本构件为两个中心轮 1、3 和系杆 H，通常称其为 2K-H 型周转轮系。而如图 8-3 所示的轮系，其基本构件是 1、3、4 三个中心轮，行星架 H 只起支撑行星轮 2 和 2′ 的作用，不是基本构件，称其为 3K 型周转轮系，在轮系的型号中不含 "H"。在实际机械中采用最多的是 2K-H 型周转轮系。

8.1.3 复合轮系

在实际机械中所用的轮系，往往既包含定轴轮系部分，又包含周转轮系部分［见图 8-4（a）］，或者是由几部分周转轮系组成的［见图 8-4（b）］，这种轮系称为复合轮系。

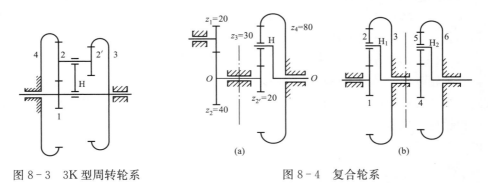

图 8-3　3K 型周转轮系　　　　　　图 8-4　复合轮系

8.2　轮 系 的 传 动 比

所谓轮系的传动比，指的是轮系中输入轴与输出轴的角速度（或转速）之比。轮系传动比的确定包括计算传动比的大小和确定输入轴、输出轴的转向关系。

8.2.1　定轴轮系传动比的计算

现以如图 8-1 所示的轮系为例来讨论定轴轮系传动比的计算方法。

设齿轮 1 的轴为输入轴，齿轮 5 的轴为输出轴，各轮的角速度和齿数分别用 n_1、n_2、$n_{2'}$、n_3、$n_{3'}$、n_4、n_5 和 z_1、z_2、$z_{2'}$、z_3、$z_{3'}$、z_4、z_5 表示，则该轮系传动比 i_{15} 的大小计算如下。

由图 8-1 可知，齿轮 1 到齿轮 5 之间的传动是通过一对对齿轮依次啮合来实现的。为此，首先求出该轮系中各对啮合齿轮传动比的大小。

$$i_{12} = n_1/n_2 = z_2/z_1$$
$$i_{2'3} = n_{2'}/n_3 = n_2/n_3 = z_3/z_{2'}$$
$$i_{3'4} = n_{3'}/n_4 = n_3/n_4 = z_4/z_{3'}$$
$$i_{45} = n_4/n_5 = z_5/z_4$$

将以上各式两边分别连乘，可得

$$i_{12}\,i_{2'3}\,i_{3'4}\,i_{45} = \frac{n_1}{n_2}\frac{n_2}{n_3}\frac{n_3}{n_4}\frac{n_4}{n_5} = \frac{n_1}{n_5}$$

即

$$i_{15} = \frac{n_1}{n_5} = i_{12}\,i_{2'3}\,i_{3'4}\,i_{45} = \frac{z_2 z_3 z_4 z_5}{z_1 z_{2'} z_{3'} z_4}$$

上式说明，定轴轮系的传动比等于组成该轮系中的各对啮合齿轮传动比的连乘积，也等于各对啮合齿轮中从动轮齿数的连乘积与各对啮合齿轮中主动轮齿数的连乘积之比，即

$$定轴轮系的传动比 = \frac{轮系中所有从动轮齿数的连乘积}{轮系中所有主动轮齿数的连乘积} \qquad (8-1)$$

在如图 8-1 所示的轮系中，齿轮 4 同时与齿轮 3′ 及齿轮 5 相啮合，它既是前者的从动轮，又是后者的主动轮，z_4 在分子、分母中同时出现而被约去，即其齿数不影响轮系传动比的大小，但它能改变从动轮的转向。这种齿轮称为惰轮（或过轮、中介轮）。

轮系的传动比计算，不仅需要知道传动比的大小，还需要确定输入轴和输出轴之间的转向关系。下面分以下几种情况进行讨论：

（1）平面定轴轮系。如图 8-1 所示，该轮系由圆柱齿轮组成，其各轮的轴线互相平行，这种轮系称为平面定轴轮系。在该轮系中各轮的转向不是相同就是相反，因此可以规定：当两者转向相同时，其传动比为正，用"＋"表示；反之为负，用"－"表示。

根据这一规定，图 8-1 所示轮系的传动比为

$$i_{15} = -\frac{z_2 z_3 z_5}{z_1 z_{2'} z_{3'}}$$

上式同时表示了轮系传动比的大小和首末轮的转向关系。

当然，也可用式（8-1）只计算平面定轴轮系传动比的大小，而首末轮的转向可以用标箭头的方法来表示，如图 8-1 所示。

（2）空间定轴轮系。如果轮系中各轮的轴线不是都平行，该轮系就称为空间定轴轮系。此时必须用标箭头的方法确定各轮的转向，又可分为以下两种情况：

1）输入轴与输出轴平行。在实际机器中，输入轴与输出轴相互平行的轮系应用较

多。其传动比大小及首末轮转向的确定方法与平面定
轴轮系相同。

2）输入轴与输出轴不平行。当输入轴与输出轴不
平行时，两者在两个不同的平面内转动，转向无所谓
相同或相反，因此不能采用在传动比前加"＋""－"
号的方法来表示，而只能用标箭头的方法来表明，如
图 8-5 所示。

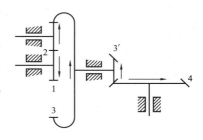

图 8-5　空间定轴轮系

8.2.2　周转轮系的传动比

对定轴轮系和周转轮系进行比较，可以发现其根本差别就在于周转轮系中有转动的
行星架，其上的行星轮既有自转又有公转。故周转轮系的传动比不能直接采用求解定轴
轮系传动比的方法来计算。但是如果能通过某种方法将周转轮系中的行星架相对固定，
即将周转轮系转化为定轴轮系，就可以借助此转化轮系，按定轴轮系的传动比公式进行
周转轮系传动比的计算，这种方法称为反转法或转化机构法。

根据相对运动原理，假定给整个周转轮系（见图 8-6）加上一个与行星架转速大小
相等而方向相反的公共角速度（$-\omega_H$）绕 OO 轴线回转，轮系中各构件之间的相对运
动关系保持不变，但行星架的角速度变成为 $\omega_H - \omega_H = 0$，因而行星架"静止不动"。这
样，周转轮系就转化为假想的"定轴轮系"，并称其为原周转轮系的转化轮系（或称为
转化机构）。转化前后各构件的角速度的变化见表 8-1。

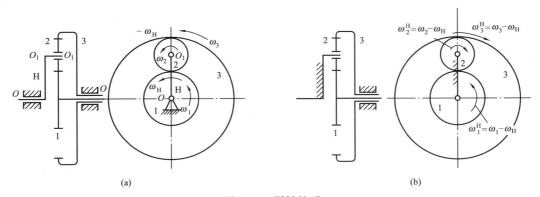

图 8-6　周转轮系

表 8-1　　　　　　　　　　　**周转轮系转化前后各构件的角速度**

构　　件	原有的角速度	转化轮系中各构件的角速度（相对于行星架的角速度）
中心轮 1	ω_1	$\omega_1^H = \omega_1 - \omega_H$
行星轮 2	ω_2	$\omega_2^H = \omega_2 - \omega_H$
中心轮 3	ω_3	$\omega_3^H = \omega_3 - \omega_H$
机架 4	0	$\omega_4^H = \omega_4 - \omega_H = -\omega_H$
行星架 H	ω_H	$\omega_H^H = \omega_H - \omega_H = 0$

下面进一步介绍，如何通过转化轮系传动比的计算，得到周转轮系中各构件的角速度关系及传动比。

1. 周转轮系传动比的计算

周转轮系的转化轮系是定轴轮系，转化轮系中轴线平行的任意两轮间的传动比（是相对运动的传动比）可按定轴轮系的传动比公式进行计算，即

$$i_{13}^{H} = \frac{\omega_{1}^{H}}{\omega_{3}^{H}} = \frac{\omega_{1} - \omega_{H}}{\omega_{3} - \omega_{H}} = -\frac{z_{2}z_{3}}{z_{1}z_{2}} = -\frac{z_{3}}{z_{1}} \tag{8-2}$$

其中，i_{13}^{H} 中的上标 H 表示转化轮系中构件 1 与构件 3 的转速比；齿数比前的"－"号表示在转化轮系中轮 1 和轮 3 的转向相反，即转化轮系中的角速度 ω_{1}^{H} 与 ω_{3}^{H} 的转向相反，而不是指轮 1 与轮 3 在原周转轮系中的角速度 ω_{1} 与 ω_{3} 的转向关系。

式（8-2）已包含了轮系中各基本构件的角速度和各轮齿数之间的关系。在 ω_{1}、ω_{3}、ω_{H} 中只要知道其中任意两个角速度（含大小和转向）就可以确定第三个角速度（大小和转向），从而可间接地求出周转轮系中各构件之间的传动比。

根据上述原理，在任一周转轮系中，当任意两轮 A、B 及行星架 H 回转轴线平行时，则其转化轮系传动比的一般计算公式为

$$i_{AB}^{H} = \frac{\omega_{A}^{H}}{\omega_{B}^{H}} = \frac{\omega_{A} - \omega_{H}}{\omega_{B} - \omega_{H}}$$

$$= \pm \frac{\text{转化轮系中从齿轮 } A \text{ 到齿轮 } B \text{ 之间所有从动轮齿数的连乘积}}{\text{转化轮系中从齿轮 } A \text{ 到齿轮 } B \text{ 之间所有主动轮齿数的连乘积}} \tag{8-3}$$

2. 计算周转轮系传动比时的注意事项

（1）式（8-3）只适用于齿轮 A、B 与行星架 H 轴线平行的场合。

（2）式中齿数比前"＋"号表示转化轮系首、末两轮转向相同，"－"号表示转化轮系首、末两轮转向相反。此处的"＋""－"号不仅表明转化轮系首、末两轮的转向，还直接影响着方程求解后各构件角速度之间的数值关系，因此不能忽略。

（3）ω_{A}、ω_{B}、ω_{H} 均为代数值，在计算中必须同时代入正、负号，如已知两构件转向相反，则一个取正值，另一个取负值。求得的结果也为代数值，即同时求得了构件角速度的大小和转向。

如果所研究的轮系为具有固定轮的行星轮系，设固定轮为 B 即 $\omega_{B}=0$，则式（8-3）可改写为

$$i_{AB}^{H} = \frac{\omega_{A}^{H}}{\omega_{B}^{H}} = \frac{\omega_{A} - \omega_{H}}{0 - \omega_{H}} = -i_{AH} + 1$$

即
$$i_{AH} = 1 - i_{AB}^{H} \tag{8-4}$$

【例 8-1】 在图 8-7 所示周转轮系中，已知各轮齿数 $z_{1}=100$，$z_{2}=101$，$z_{2'}=100$，$z_{3}=99$，试求传动比 i_{H1}。

解 在图示轮系中，由于齿轮 3 为固定轮（即 $n_{3}=0$）。故该轮系为一个 2K-H 型行星轮系。由式（8-4）可得

$$i_{1H} = 1 - i_{13}^{H} = 1 - z_{2}z_{3}/(z_{1}z_{2'})$$

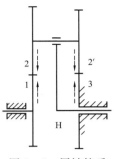

$$= 1 - 101 \times 99/(100 \times 100)$$
$$= 1/10\,000$$

所以

$$i_{H1} = 1/i_{1H} = 10\,000$$

传动比 i_{H1} 为正，表示行星架 H 与齿轮 1 转向相同。

［例 8-1］说明行星轮系可以用少数几个齿轮获得很大的传动比。但要注意，这种类型的行星轮系传动，减速比越大，其机械效率越低。

图 8-7　周转轮系

若将如图 8-7 所示的轮系中齿轮 $2'$ 的齿数改为 $z_{2'} = 99$，则

$$i_{1H} = 1 - i_{13}^{H} = 1 - z_2 z_3/(z_1 z_{2'})$$
$$= 1 - 101 \times 99/(100 \times 99)$$
$$= -1/100$$
$$i_{H1} = -100$$

当系杆转 100 转时，轮 1 反向转 1 转。该例说明行星轮系中从动轮的转向不仅与主动轮的转向有关，而且与轮系中各轮的齿数有关。

【例 8-2】　在如图 8-8（a）所示的差动轮系中，已知 $z_1 = 48$，$z_2 = 42$，$z_{2'} = 18$，$z_3 = 21$，$n_1 = 100$r/min，其转向如图 8-8 所示。（1）当 $n_3 = 80$r/min，求 n_H；（2）当 $n_3 = -80$r/min，求 n_H。

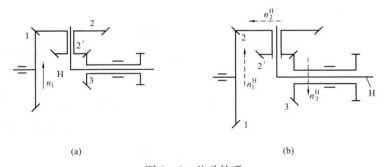

(a)　　　　　　　　　　(b)

图 8-8　差动轮系

解　这是一个由锥齿轮组成的差动轮系，其转化轮系为一空间定轴轮系，用画箭头的方法来确定各轮的转向关系，如图 8-8（b）所示。其转化轮系传动比为

$$i_{13}^{H} = \frac{n_1 - n_H}{n_3 - n_H} = -\frac{z_2 z_3}{z_1 z_{2'}} = -\frac{42 \times 21}{48 \times 18} = -\frac{49}{48}$$

（1）当 $n_3 = 80$r/min 时，有

$$i_{13}^{H} = \frac{n_1 - n_H}{n_3 - n_H} = \frac{100 - n_H}{80 - n_H} = -\frac{49}{48}$$

解得

$$n_H = \frac{8720}{97} \approx 89.897 \text{（r/min）}$$

其结果为正，表明系杆和齿轮 1 的转动方向相同。

（2）当 $n_3 = -80\text{r/min}$，有

$$i_{13}^{H} = \frac{n_1 - n_H}{n_3 - n_H} = \frac{100 - n_H}{-80 - n_H} = -\frac{z_2 z_3}{z_1 z_{2'}} = -\frac{42 \times 21}{48 \times 18} = -\frac{49}{48}$$

解得

$$n_H = \frac{880}{97} \approx 9.07 \ (\text{r/min})$$

其结果也为正，表明系杆和齿轮 1 的转动方向相同。

分析以上计算结果可知，当 n_1、n_3 转速不变，但 n_3 转向改变时，系杆输出转速 n_H 发生改变。

8.2.3　复合轮系的传动比

如前所述，复合轮系中或者既包含定轴轮系部分，又包含周转轮系部分，或者包含几部分周转轮系。在计算复合轮系的传动比时，既不能将其视为定轴轮系处理，也不能将其视为周转轮系来处理。正确的方法有以下几个：

（1）正确划分轮系各组成部分（关键是要把其中的周转轮系部分找出来）。划分轮系时应先将每个基本周转轮系划分出来。根据周转轮系具有行星轮和行星架的特点，首先要找出行星轮，再找出行星架（行星架往往是由轮系中具有其他功用的构件所兼任），以及与行星轮相啮合的所有中心轮。在一个复合轮系中可能包含有几个基本周转轮系，逐一找出后，剩下的便是定轴轮系部分。

（2）分别列出计算定轴轮系和周转轮系传动比的方程式。

（3）找出各基本轮系之间的联系，将各传动比关系式联立求解，就可求得复合轮系的传动比。

【例 8-3】　在如图 8-4（a）所示的轮系中，设已知各轮齿数，试求传动比 i_{1H}。

解　该轮系是复合轮系，它是由齿轮 1、2 所组成的定轴轮系和由齿轮 $2'$、3、4 与行星架 H 所组成的行星轮系组成，分别计算各轮系的传动比。

定轴轮系部分

$$i_{12} = n_1/n_2 = -z_2/z_1 = -40/20 = -2$$

周转轮系部分

$$i_{2'H} = 1 - i_{2'4}^{H} = 1 - (-z_4/z_{2'}) = 1 + 80/20 = 5$$

故

$$i_{1H} = i_{12} i_{2'H} = -2 \times 5 = -10$$

"-"表示 n_1 与 n_H 转向相反。

【例 8-4】　在如图 8-9 所示的电动卷扬机减速器中，已知 $z_1 = 24$，$z_2 = 52$，$z_{2'} = 21$，$z_3 = 97$，$z_{3'} = 18$，$z_5 = 79$，试求传动比 i_{15}。

解　在该减速器中，齿轮 $2-2'$ 的几何轴线不固定，而是随着内齿轮 5 绕中心轴线

的转动而运动，所以是行星轮；支持它运动的内齿轮 5 就是系杆；和行星轮 2-2′相啮合的定轴齿轮 1 和齿轮 3 是两个中心轮，这两个中心轮都能转动。所以齿轮 1、2-2′、3、5（相当于 H）组成一个差动轮系，剩余的齿轮 3′、4 和 5 组成一个定轴轮系。

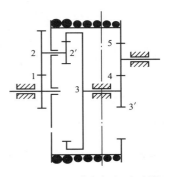

图 8-9 电动卷扬机减速器

齿轮 3 和齿轮 3′是同一构件，齿轮 5 和系杆是同一个构件，也就是说差动轮系的两个基本构件太阳轮和系杆被定轴轮系封闭起来了。这种通过一个定轴轮系把差动轮系的两个基本构件（中心轮和系杆）封闭起来而组成的自由度为 1 的复合轮系，通常称为封闭式行星轮系。

在差动轮系中，有

$$i_{13}^5 = \frac{n_1 - n_5}{n_3 - n_5} = -\frac{z_2 z_3}{z_1 z_{2'}}$$

在定轴轮系中，有

$$i_{3'5} = \frac{n_{3'}}{n_5} = -\frac{z_5}{z_{3'}}$$

又

$$n_3 = n_{3'}$$

联立以上几式得

$$i_{15} = 54.935$$

i_{15} 为正，表明齿轮 1 和齿轮 5 的转向相同。

8.3 轮 系 的 功 能

在各种机械中轮系的应用十分广泛，其主要功用有以下几个方面。

8.3.1 实现大传动比传动

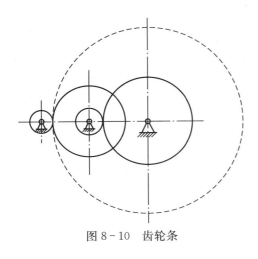

图 8-10 齿轮条

当两轴之间需要较大的传动比时，若仅用一对齿轮传动，则两轮齿数相差很多，尺寸相差悬殊，如图 8-10 中的虚线所示。这使大小齿轮的强度相差很大，小齿轮易于损坏，而大齿轮的工作能力却得不到充分发挥，所以一对齿轮的传动比一般不大于 8。当两轴间需要较大的传动比时，就需要采用轮系。特别是采用周转轮系，可以用少量几个齿轮，并且在结构紧凑的条件下，得到很大的传动比，如图 8-7 所示的周转轮系就是实现大传动比的一个实例。

8.3.2　实现分路传动

利用定轴轮系可实现几个从动轴分路输出传动，如图8-11所示的滚齿机工作台就是一例。

当电动机带动主动轴转动时，通过该轴上的齿轮1和3，分两路分别将运动传递给滚刀和轮坯，从而使刀具和轮坯之间实现确定的相对运动关系，从而实现范成运动。

8.3.3　实现变速、换向传动

在主动轴转速和转向不变的情况下，利用轮系可使从动轴获得不同转速和转向。例如，汽车变速箱可以使行驶的汽车方便地实现变速和倒车（即变向），在汽车变速箱的传动简图（见图8-12）中，牙嵌离合器的一半A和齿轮1固连在输入轴Ⅰ上，其另一半则和滑移双连齿轮4、6用花键与输出轴Ⅳ相连。齿轮2、3、5、7固连在轴Ⅱ上。齿轮8固连在轴Ⅲ上。这样可在输出轴Ⅳ上获得四种不同转速及换向传动。

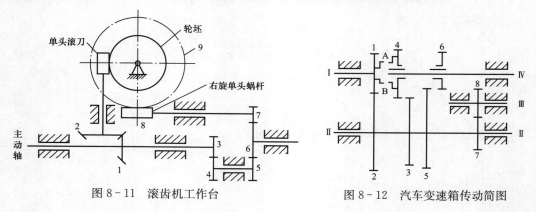

图8-11　滚齿机工作台　　　　　图8-12　汽车变速箱传动简图

变速、换向传动还广泛地应用在金属切削机床等设备上。

8.3.4　在尺寸及重量较小的条件下实现大功率传动

用作动力传动的周转轮系，通常可采用若干个行星轮均匀分布在中心轮四周的结构形式，如图8-13所示。这样，用几个行星轮来共同分担载荷，可大大提高承载能力，又因行星轮均匀分布，可使行星轮因公转所产生的离心惯性力和各齿廓啮合处的径向分力得以平衡，因此可以减小主轴承内的作用力，增加运动的平稳性。此外，采用内啮合又有效地利用了空间，加之其输入轴与输出轴共轴线，使得径向尺寸非常紧凑。因此，可在结构紧凑的条件下，实现大功率传动。

图8-13所示为某涡轮螺旋桨发动机主减速器的传动简图，其右部为差动轮系，左部为定轴轮系，整体为一个自由度的封闭式行星轮系。它有4个行星轮2，如图8-13（b）所示，6个中介轮5。动力由中心轮1输入后，经系杆H和内齿轮3分两路输往左部，最后在系杆H与内齿轮5的接合处汇合，输往螺旋桨。由于是功率分路传递，加之采用了

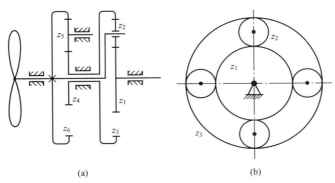

图 8-13　涡轮螺旋桨发动机主减速器的传动简图

多个行星轮均匀分布承担载荷，从而使整个装置体积小、重量轻，传动功率大。

8.3.5　实现运动的合成

由于差动轮系的自由度为 2，所以必须给定三个基本构件中任意两个的运动后，第三个基本构件的运动才能确定。利用这一特点，差动轮系可用来将两个运动合成为一个运动。

在如图 8-14 所示轮系中，若 $z_1 = z_3$，则

$$i_{13}^H = n_1^H / n_3^H = (n_1 - n_H)/(n_3 - n_H) = -z_3/z_1 = -1$$

得
$$2n_H = n_1 + n_3 \tag{8-5}$$

式（8-5）的说明，行星架的转速是轮 1、3 转速的合成，故此种轮系可用作和差运算。这种合成作用在机床、计算机构、补偿装置等中都得到应用。

8.3.6　实现运动的分解

差动轮系不仅能将两个独立的运动合成为一个运动，而且还可以将一个基本构件的主动转动，按所需比例分解成另两个基本构件的不同转动。汽车后桥的差速器就利用了差动轮系的这一特性。

如图 8-15 所示的汽车后桥上的差速器，发动机通过传动轴驱动齿轮 5，齿轮 4 上固连着行星架 H，其上装有行星轮 2 和 2′。1、2、2′、3、H 组成差动轮系。左、右两个后轮分别和圆锥齿轮 1、3 连接，且 $z_1 = z_3$，圆锥齿轮 4 空套在左轮轴上。

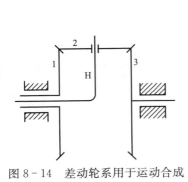

图 8-14　差动轮系用于运动合成

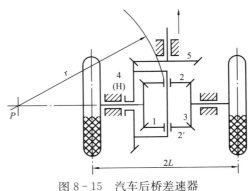

图 8-15　汽车后桥差速器

当汽车直线行驶时，由于两个后轮所滚过的距离相等，其转速也相等，即 $n_1 = n_3$。在差动轮系中

$$i_{13}^{H} = \frac{n_1 - n_H}{n_3 - n_H} = -\frac{z_3}{z_1} = -1$$

故
$$n_H = \frac{n_1 + n_3}{2} \tag{a}$$

将 $n_1 = n_3$ 代入式（a），有 $n_1 = n_3 = n_H = n_4$，即此时齿轮 1、3、4 及系杆 H 作为一个整体运动。

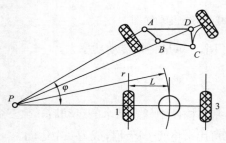

图 8-16 汽车前轮转向机构

当汽车转弯时，设汽车向左转弯行驶，汽车两前轮在梯形转向机构 ABCD 的作用下向左偏转，前后四个轮子绕同一点 P 转动（见图 8-16），故处于弯道外侧的右轮滚过地面的弧长应大于处于弯道内侧的左轮滚过地面的弧长，左轮与右轮具有不同的转速。其轴线与汽车两后轮的轴线相交于 P 点。两个后轮在与地面不打滑的条件下，其转速应与弯道半径成正比，即应有

$$\frac{n_1}{n_3} = \frac{r - L}{r + L} \tag{b}$$

式中：r 为弯道平均半径；L 为两后轮间距之半。

联立式（a）和式（b），就可得到两后轮的转速

$$n_1 = \frac{r - L}{r} n_4, \quad n_3 = \frac{r + L}{r} n_4$$

可见，齿轮 4 的转速通过差动轮系分解成 n_1 和 n_3 两个转速，这两个转速随弯道的半径不同而不同。

这里需要特别说明的是，差动轮系可以将一个转动分解成另两个转动是有前提条件的，其前提条件是这两个转动之间必须具有一个确定的关系。在上述汽车差速器的实例中，两后轮转动之间的确定关系是由地面的约束条件确定的。

8.4 轮系的设计

本节讨论设计行星轮系时，其各轮齿数和行星轮数目的选择问题。在选择时一般应满足以下四个条件：

（1）尽可能近似地实现给定的传动比要求。

（2）满足同心条件，即保证系杆的转轴和中心轮的轴线重合。

（3）满足均布安装条件，即保证在采用多个行星轮时，各行星轮能够均匀地分布在中心轮周围。

（4）满足邻接条件，即保证多个均布的行星轮相互间不发生干涉。

不同类型的周转轮系满足上述四个条件的关系式也不尽相同，现以如图 8-17 所示的行星轮系为例，说明行星轮系中各轮齿数如何满足上述要求。

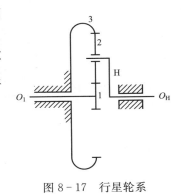

图 8-17　行星轮系

8.4.1　传动比条件

行星轮系要尽可能地实现要求的传动比 i_{1H}。

因　　　　　　　　$i_{1H} = 1 + z_3/z_1$

故　　　　　　　　$z_3 = (i_{1H} - 1)z_1$

8.4.2　同心条件

要使行星轮系能正常运转，其三个基本构件的回转轴必须在同一轴线上。对于如图 8-17 所示的行星轮系，同心条件为

$$r_3' = r_1' + 2r_2' \tag{8-6}$$

若采用标准齿轮传动，式（8-6）变为

$$r_3 = r_1 + 2r_2 \quad 或 \quad z_3 = z_1 + 2z_2$$

8.4.3　装配条件

为使各个行星轮都能均匀地装入两个中心轮之间，行星轮的数目与各轮齿数之间必须满足一定的关系，否则将会因行星轮与中心轮轮齿的干涉而不能装配。

如图 8-18 所示，设在中心轮 1 与 3 之间均匀分布着 k 个行星轮，则相邻两行星轮所夹的中心角为 $2\pi/k$。设先将第一个行星轮于位置 I 装入。为了便于分析问题，设齿轮 3 固定。使系杆 H 沿逆时针方向转过 $\varphi_H = 2\pi/k$ 到达位置 II，这时中心轮 1 转过 φ_1 角。

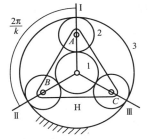

图 8-18　装配条件和邻接条件

由于　　　$\dfrac{\varphi_1}{\varphi_H} = \dfrac{\varphi_1}{2\pi/k} = i_{1H} = 1 + z_3/z_1$

则　　　$\varphi_1 = (1 + z_3/z_1)\dfrac{2\pi}{k}$

现若要能在位置 I 再装入第二个行星轮，则此时中心轮 1 在位置 I 的轮齿相位应与其转过 φ_1 角之前在该位置时的轮齿相位完全相同，即 φ_1 角所对应的弧长必须刚好是其齿距的整数倍。也就是说，设 φ_1 角对应于 N 个齿，因每个齿距所对的中心角为 $2\pi/z_1$，所以

$$\varphi_1 = N\frac{2\pi}{z_1} = \left(1 + \frac{z_3}{z_1}\right)\frac{2\pi}{k}$$

即
$$N = (z_1 + z_3)/k$$

所以该行星轮系的装配条件：两中心轮的齿数 z_1、z_3 之和应能被行星轮个数 k 所整除。

8.4.4 邻接条件

由图 8-18 可知，为保证相邻两行星轮的齿顶不发生干涉，就要求其中心距 $\overline{AB}$ 大于两行星轮齿顶圆半径之和，即 $\overline{AB} > d_{a2}$（行星轮齿顶圆直径）。

对于标准齿轮传动有
$$2(r_1 + r_2)\sin(\pi/k) > 2(r_2 + h_a^* m)$$
即
$$(z_1 + z_2)\sin(\pi/k) > z_2 + 2h_a^*$$

8.5 其他类型的行星传动机构

8.5.1 渐开线少齿差行星齿轮传动

如图 8-19 所示的行星轮系，它由固定的内齿轮 1、行星轮 2、行星架 H、等角速比机构 3（如双万向联轴器）及输出轴 V 组成。当内齿轮 1 与行星轮 2 的齿数差 $\Delta z = z_1 - z_2 = 1 \sim 4$ 时，就称其为少齿差行星齿轮传动。

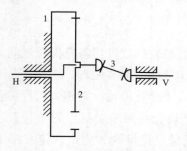

在这种少齿差行星齿轮传动中，基本构件是内齿轮 1（用 K 表示）、行星架 H 及输出轴 V，故称其为 K-H-V 型周转轮系。

它与其他各种行星轮系的不同在于，当用于减速时，它输出的运动是行星轮的绝对转动，而不是中心轮或系杆的绝对转动。

图 8-19 少齿差行星轮系

该轮系的传动比为
$$i_{2H} = 1 - i_{21}^H = 1 - z_1/z_2$$
故
$$i_{2H} = \frac{z_2 - z_1}{z_2} \tag{8-7}$$

由式（8-7）可知，中心轮 1 和行星轮 2 的齿数差越少，则传动比越大。当齿数差 $z_2 - z_1 = 1$ 时，即为一齿差行星传动，这时传动比出现最大值，其值为
$$i_{HV} = i_{H2} = z_2$$

少齿差行星传动齿数差很少，可以获得较大的单级减速比。而且机构简单紧凑，渐开线又便于加工，装配也较方便。所以渐开线少齿差行星齿轮减速器得到了较为广泛的应用。但是为了防止由于齿数差很少而引起的内啮合轮齿的干涉，需要采用具有很大啮合角（54°～56°）的正传动，因而导致大的轴承压力和轮齿载荷。所以，它适用于中小型的动力传动（一般≤45kW）。其传递效率为 0.8～0.94。

如图 8 - 19 所示，采用双万向联轴器作为输出机构，不仅轴向尺寸大，而且不能用于有两个行星轮的场合，故实际上很少应用。少齿差行星传动通常采用销孔输出机构作为等速比机构，如图 8 - 20 所示。关于该机构的结构和工作原理可参阅有关书籍。

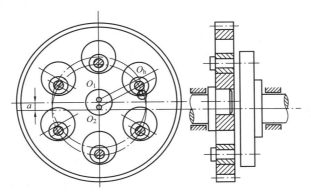

图 8 - 20　K - H - V 型行星轮系

8.5.2　摆线针轮行星传动

摆线针轮行星传动的基本原理如图 8 - 21 所示，也属于一齿差行星齿轮传动，它和渐开线一齿差行星齿轮传动的主要区别是，其中心轮上的内齿是带套筒的圆柱形针齿，而行星轮轮齿的齿廓不再是渐开线而是摆线。

摆线针轮行星传动的传动比计算与渐开线少齿差行星传动的计算相同。因为这种传动的齿数差等于 1，所以其传动比为

$$i_{HV} = i_{H2} = -z_2$$

摆线针轮传动具有以下优点：

(1) 不会发生齿顶相碰及齿廓重叠干涉问题。

(2) 同时参与啮合的齿数多（理论上有一半的轮齿可以同时参加传递载荷），所以重合度大，承载能力强。

(3) 它的啮合角平均值约为 40°，远小于一齿差渐开线行星齿轮传动的啮合角，因而减轻了作用于轴承上的载荷，提高了传动效率。

摆线针轮传动的效率一般在 90% 以上，传递的功率可达 100kW。摆线针轮传动已有系列商品规格生产，是目前世界各国产量最大的一种减速器，其应用十分广泛。

8.5.3　谐波齿轮传动

谐波齿轮传动也是利用行星传动原理发展起来的一种传动形式。如图 8 - 22 所示，它由三个基本构件组成，即具有内齿的刚轮 1、具有外齿的柔轮 2 和波发生器 H。与行星传动一样，在这三个构件中必须有一个是固定的，而其余两个，一个为主动件，另一个为从动件。通常将波发生器作为主动件，而刚轮和柔轮之一为从动件，另一个为固

定件。

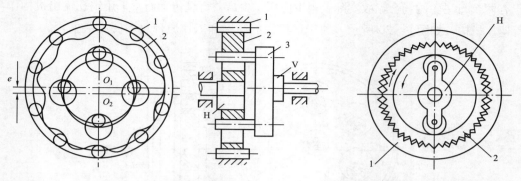

图 8-21　摆线轮针行星轮系　　　　　　图 8-22　谐波齿轮传动

谐波齿轮传动的工作原理：波发生器的长度比未变形的柔轮内圆直径稍大。当波发生器装入柔轮内圆时，迫使柔轮产生弹性变形而呈椭圆状，于是椭圆形柔轮长轴端附近的齿与刚轮齿完全啮合，短轴端附近的齿则与刚轮齿完全脱开。在柔轮其余各处，有的齿处于啮入状态，有的齿处于啮出状态。当波发生器连续转动时，柔轮长短轴的位置不断变化，使柔轮的齿依次进入啮合，然后再依次退出啮合，从而实现啮合传动。在传动过程中，柔轮产生的弹性变形波近似于谐波，故称为谐波齿轮传动。

谐波齿轮传动刚轮和柔轮的齿距相同，但齿数不相等，刚轮和柔轮的齿数差通常等于波数 n，即 $z_1 - z_2 = n$。谐波齿轮传动的传动比可按照周转轮系传动比的计算方法计算。

当刚轮 1 固定，波发生器 H 主动，柔轮 2 从动时，其传动比可计算如下：

$$i_{2H} = 1 - i_{21}^{H} = 1 - z_1/z_2$$

即

$$i_{H2} = -\frac{z_2}{z_1 - z_2}$$

按照波发生器上装的滚轮数不同，可有双波传动（见图 8-22）、三波传动等，而最常用的是双波传动。谐波传动的齿数差应等于波数或波数的整数倍。

谐波齿轮传动的优点是：单级传动比大且范围宽；同时啮合的齿数多，承载能力高；传动平稳，传动精度高，磨损小；零件数少，重量轻，结构紧凑；在大的传动比下，仍有较高的传动效率；具有通过密封壁传递运动的能力等。其缺点是：启动力矩较大，且速比越小越严重；啮合刚度较差；柔轮易发生疲劳破坏；装置发热较大等。

谐波齿轮传动应用广泛，其传递功率可达数十千瓦，负载转矩可达数万牛·米，传动精度达几秒量级。

🔍 本章知识点

（1）了解齿轮系的分类。

（2）掌握齿轮系传动比的计算。

（3）掌握行星轮系各轮齿数的确定。

思考题及练习题

8-1　为什么要应用轮系？齿轮系有几种类型？试举例说明。

8-2　定轴轮系中传动比大小应如何计算？怎样确定轮系输出轴的转向？

8-3　什么是转化轮系？如何通过转化轮系计算出周转轮系的传动比？

8-4　周转轮系中主从动件的转向关系用什么方法来确定？两轮传动比的正负号与该周转轮系转化机构中两轮传动比的正负号相同吗？为什么？

8-5　如图 8-23 所示，手摇提升装置各轮齿数均已知，试求传动比 i_{15}，并指出当提升重物时手柄的转向（在图中用箭头标出）。

8-6　图 8-24 所示为装配用电动螺丝刀的传动简图，已知各轮齿数为 $z_1 = z_4 = 7$，$z_3 = z_6 = 39$。若 $n_1 = 3000 r/min$，试求螺丝刀的转速。

8-7　在如图 8-25 所示的复合轮系中，设已知 $n_1 = 3549 r/min$，$z_1 = 36$，$z_2 = 60$，$z_3 = 23$，$z_4 = 49$，$z_5 = 31$，$z_6 = 131$，$z_7 = 94$，$z_8 = 36$，$z_9 = 166$，求 n_H 等于多少？

8-8　如图 8-26（a）、（b）所示的两个不同结构的锥齿轮周转轮系，已知 $z_1 = 20$，$z_2 = 24$，$z_{2'} = 30$，$z_3 = 40$，$n_1 = 200 r/min$，$n_3 = -100 r/min$。求两轮系的 n_H 等于多少？

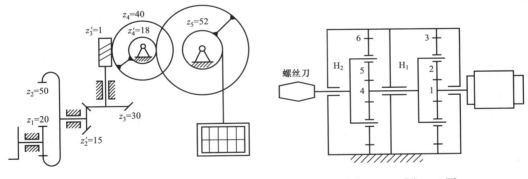

图 8-23　题 8-5 图　　　　　　　　　　图 8-24　题 8-6 图

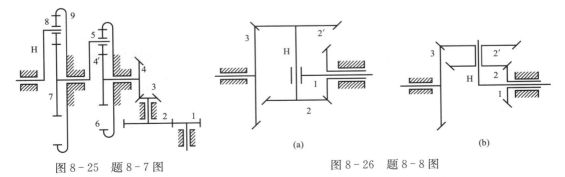

图 8-25　题 8-7 图　　　　　　　　图 8-26　题 8-8 图

8-9　在如图 8-27 所示的电动三爪卡盘传动轮系中，设已知各轮齿数为 $z_1 = 6$，

$z_2 = z_{2'} = 25$，$z_3 = 57$，$z_4 = 56$，试求其传动比 i_{14}。

8-10 在如图 8-28 所示的脚踏车里程表的机构中，C 为车轮轴，各轮齿数为 $z_1 = 17$，$z_3 = 23$，$z_4 = 19$，$z_{4'} = 20$，$z_5 = 24$。设轮胎受压变形后使 28in 的车轮有效直径为 0.7m，当车行 1km 时表上的指针刚好回转一周，试求齿轮 2 的齿数 z_2。

8-11 在如图 8-29 所示的轮系中，设各轮的模数均相同，且为标准传动，若已知 $z_1 = z_{2'} = z_{3'} = z_{6'} = 20$，$z_2 = z_4 = z_6 = z_7 = 40$。试问：

（1）当将齿轮 1 作为原动件时，该机构是否具有确定的运动？

（2）齿轮 3、5 的齿数该如何确定？

（3）当 $n_1 = 980$r/min 时，n_3 及 n_5 各为多少？

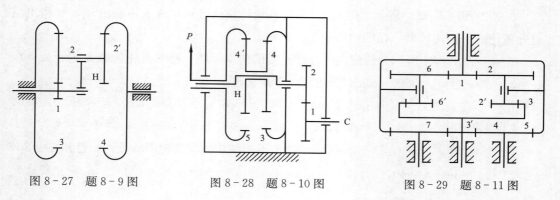

图 8-27 题 8-9 图　　　　图 8-28 题 8-10 图　　　　图 8-29 题 8-11 图

8-12 在如图 8-30 所示的减速器中，已知蜗杆 1 和 5 的头数均为 1，蜗杆 1 为左旋，蜗杆 5 为右旋，各轮齿数为 $z_1 = 102$，$z_2 = 99$，$z_2 = z_4$，$z_{4'} = 100$，$z_{5'} = 101$，试求传动比 i_{1H}。

8-13 图 8-31 所示为纺织机中的差动轮系，设 $z_1 = 30$，$z_2 = 25$，$z_3 = z_4 = 24$，$z_5 = 18$，$z_6 = 121$，$n_1 = 48 \sim 200$r/min，$n_H = 316$r/min，求 n_6 等于多少？

8-14 设计一个 2K-H 型行星轮系，要求减速比为 5.33，设行星轮数 $k = 4$，并采用标准齿轮传动，试确定各轮的齿数。

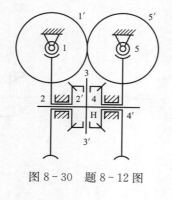

图 8-30 题 8-12 图

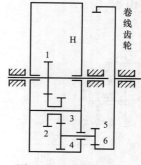

图 8-31 题 8-13 图

第9章 其他常用机构简介

9.1 间歇运动机构

在机器运转过程中，既需要连续运转的机构，也需要实现周期性的运动和停歇的机构。常用机构中能够以主动件连续运转，实现从动件有规律的运动和停歇的机构称为间歇运动机构。间歇机构以结构简单、运行可靠和实用的特点，广泛应用在各类机械设备上，常被作为分度、夹持、进给、装配、包装、运输等机构中的一个重要组成部分，尤其在自动机上应用较多。本节将主要介绍棘轮机构、槽轮机构、凸轮式间歇机构和不完全齿轮机构。

9.1.1 棘轮机构

1. 棘轮机构的组成及其工作原理

棘轮机构能将往复摆动转换成单向间歇转动或移动。常用于工作的进给或分度。可用作防逆转装置，也可用作超越离合器。棘轮机构的一般结构形式如图9-1所示，由主动件摇杆1、棘爪2、棘轮3、止回棘爪4等组成，弹簧片5使止回棘爪4和棘轮3保持接触。摇杆1可绕回转轴O转动，而棘轮3则固装于回转轴O上，止回棘爪4绕机架上的固定轴转动。当摇杆1逆时针转动时，棘爪2将推动棘轮3转过一定角度。当摇杆1顺时针转动时，止回棘爪4会阻止棘轮3顺时针转动，棘爪2在棘轮3的齿背上滑过，此时棘轮静止不动。因此，当摇杆1连续做往复摆动时，棘轮3便得到单向的间歇运动。

2. 棘轮机构的类型

棘轮机构的类型较多，常按其结构形式、啮合形式和运动形式的不同来分类。

（1）按结构形式分类。按结构形式可分为齿啮式棘轮机构和摩擦式棘轮机构。

1）齿啮式棘轮机构。如图9-1所示，该机构结构简单，转角准确，运动可靠，加工制造方便；通过调节摇杆1的摆角，棘轮转角大小可以变化，调节方法简单。但棘轮转角只能有级调节，而且主动件摆角要大于棘轮运动角。在机构运动时会受到较大的冲击；由于棘爪在棘轮的齿背上有滑动过程，将产生噪声，并易磨损。棘轮机构通常适用于速度较低的一些场合。

2）摩擦式棘轮机构。如图9-2所示，该机构由主动件摇杆1、偏心扇形楔块2、无齿摩擦轮3等主要构件组成。与如图9-1所示的齿啮式棘轮机构相比较，其棘爪变为偏心扇形楔块，棘轮变为无齿摩擦轮。通过楔块2与摩擦轮3间的摩擦力驱使摩擦轮实现间歇转动。与齿啮式棘轮机构相比，该机构无棘爪在棘轮齿背上的滑动过程，传动平稳，噪声小。对于棘轮转角克服了齿啮式机构只能有级调节的不足，可以实现无级调节，但其运动准确性较低。

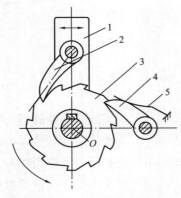

图 9-1 齿啮式棘轮机构

1—主动件摇杆；2—棘爪；3—棘轮；

4—止回棘爪；5—弹簧片

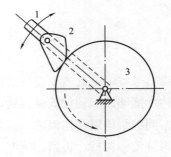

图 9-2 摩擦式棘轮机构

1—主动件摇杆；2—偏心扇形楔块；

3—无齿摩擦轮

（2）按啮合形式分类。按啮合形式可分为外接式棘轮机构和内接式棘轮机构。

1）外接式棘轮机构。图 9-1 所示为外接齿啮式棘轮机构，图 9-2 所示为外接摩擦式棘轮机构，其棘爪或楔块均安装在从动件的外部。该机构应用较广泛。

2）内接式棘轮机构。图 9-3 所示为内接齿啮式棘轮机构，图 9-4 所示为内接摩擦式棘轮机构，其棘爪或楔块均安装在从动件的内部。该机构具有结构紧凑、外形尺寸小的特点。

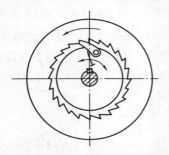

图 9-3 内接齿啮式棘轮机构

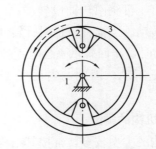

图 9-4 内接摩擦式棘轮机构Ⅰ

（3）按运动形式分类。按运动形式可分为从动件做单向间歇转动的棘轮机构、双动式棘轮机构和双向式棘轮机构。

1）从动件做单向间歇转动的棘轮机构，如图 9-1 和图 9-3 所示。

2）双动式棘轮机构（或称双棘爪机构）。与如图 9-1 所示的机构相比较，不同点为该机构有两个驱动棘爪。如图 9-5 所示，棘爪的外形可以制成勾头式或直推式。针对不同的棘爪外形，棘轮做相应的改变。当主动件摇杆做往复摆动时，将依次驱动两个棘爪，两个棘爪交替推动棘轮转动。双动式棘轮机构常用于载荷较大、棘轮尺寸受限和齿数较少的场合。

3）双向式棘轮机构。与如图 9-1 所示的机构相比较，不同点为该机构将棘轮的齿形制成矩形，驱动棘爪制成对称形式，并可翻转，如图 9-6 所示。当棘爪处在图示位置

B 时，主动件摇杆做往复摆动，棘轮可获得逆时针单向间歇转动；若将棘爪绕销轴 A 翻转到图示位置 B' 时，棘轮可获得顺时针单向间歇转动。由此可见，该机构通过改变棘爪的位置，就可实现棘轮的顺、逆时针两个方向的转动。

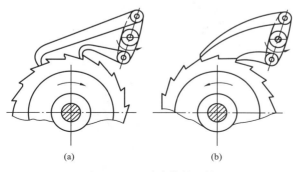

(a)　　　　　　　(b)

图 9-5　双动式棘轮机构

（a）勾头式；（b）直推式

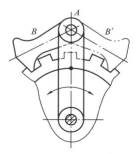

图 9-6　双向式棘轮机构

3. 棘轮机构的应用

棘轮机构常用于各种设备中，以实现进给、转位或分度的功能。

图 9-7 所示为牛头刨床工作台的横向进给机构。该机构由齿轮机构、曲柄摇杆机构和双向式棘轮机构组成，驱动与棘轮固连的丝杠 6 做间歇运动，从而使牛头刨床工作台实现横向间歇进给功能。若要改变工作台横向进给量的大小，可通过调整曲柄摇杆机构中曲柄长度 $\overline{O_2A}$ 的大小来实现。当棘爪 7 处在图示状态时，棘轮 5 沿逆时针方向做间歇进给。若将棘爪 7 拔出绕自身轴线转 $180°$ 后再放下，由于棘爪工作面的改变，棘轮转向将变为沿顺时针方向间歇进给。

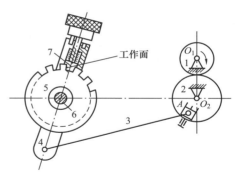

图 9-7　牛头刨床工作台横向进给机构

1、2—齿轮；3—连杆；

4—摇杆；5—棘轮；6—丝杠；7—棘爪

图 9-8 所示为内接摩擦式棘轮机构，由星轮 1、套筒 2、弹簧顶杆 3、滚柱 4 等组成。其棘爪或楔块均安装从动件的内部。以星轮 1 为主动件，当其逆时针转动时，滚柱 4 受摩擦力作用而滚向楔形空隙的小端，并将套筒 2 楔紧，使套筒与星轮合为一体，一起逆时针转动；而当星轮顺时针转动时，滚柱受摩擦力作用滚到空隙的大端，将套筒与星轮松开，这时套筒受外部阻力作用保持静止状态不动。由此可见，当主动件向某一方向转动时，主动件与从动件结合；而当主动件向相反方向转动时，主动件与从动件分离。因此，此种机构可用作单向离合器和超越离合器。而所谓超越离合器，是说当主动星轮 1 逆时针转动时，如果套筒 2 逆时针转动的速度更高，两者便自动分离，套筒 2 能够以较高的速度自由转动。自行车的驱动轮轴上的所谓"飞轮"（见图 9-3），也是一种超越离合器。

如图9-9所示，为了调整棘轮每次转动时转角的大小，可在棘轮3外面加装一个棘轮罩4，用以遮盖摇杆摆角范围内棘轮上的一部分棘齿。当摇杆1逆时针摆动时，棘爪2首先在棘轮罩4上滑动一段距离，然后才嵌入棘轮的齿间推动棘轮转动。棘爪在棘轮罩4上滑动的距离越长，即被罩遮住的棘轮齿越多，棘轮每次转过的角度就越小；反之，棘轮每次转过的角度就越大。由此可见，加装棘轮罩的方法，可有效调节棘轮转角。

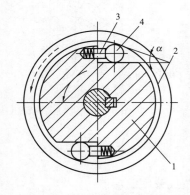

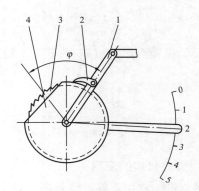

图9-8　内接摩擦式棘轮机构Ⅱ

1—星轮；2—套筒；3—弹簧顶杆；4—滚柱

图9-9　加装棘轮罩调整转角大小

1—摇杆；2—棘爪；3—棘轮；4—棘轮罩

除此之外，棘轮机构还广泛应用于卷扬机制动机构。

9.1.2　槽轮机构

1. 槽轮机构的组成及其工作原理

槽轮机构能将主动轴的匀速连续转动转换为从动轴的间歇转动，常用于各种转位机

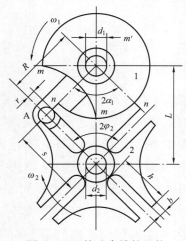

图9-10　外啮合槽轮机构

构中。槽轮机构的一般结构形式如图9-10所示，它由主动拨盘1、从动槽轮2和机架组成。拨盘1以等角速度ω_1做连续转动，当拨盘上的圆销A未进入槽轮的径向槽时，由于拨盘1固连的凸锁止弧$\overparen{mm'm}$与槽轮的凹锁止弧$\overparen{nn}$配合，可防止槽轮运动，故此时槽轮不动。图示为圆销A刚进入槽轮径向槽时的位置，此时凹锁止弧$\overparen{nn}$也刚被松开。此后，槽轮受圆销A的驱使而转动。当圆销A在另一边离开径向槽时，凸锁止弧$\overparen{mm'm}$又与槽轮的凹锁止弧$\overparen{nn}$配合，槽轮又将静止不动。直至圆销A再进入槽轮的另一个径向槽时，又重复上述运动。因此，主动拨盘1每转一周，从动槽轮2做周期性的间歇运动。

槽轮机构的结构简单，外形尺寸小，机械效率较高，并能较平稳、间歇地进行转位。但因传动时存在柔性冲击，故常用于速度不太高的场合。

2. 槽轮机构的类型

槽轮机构常见形式有外啮合槽轮机构、内槽轮机构和球面槽轮机构，如图 9 - 10～图 9 - 12 所示。外槽轮机构和内槽轮机构属于平面槽轮机构，均为平行轴间的间歇传动。外槽轮机构的主、从动轮转向相反，其应用比较广泛。内槽轮机构的主、从动轮转向相同，与外槽轮机构不同的是内槽轮机构的槽轮转动时间比停歇时间长，所占空间小。球面槽轮机构为空间槽轮机构。该机构的工作过程与平面槽轮机构相似，其从动槽轮 2 呈半球形，主动拨轮 1 的轴线及拨销 3 的轴线均通过球心，主动拨轮上的拨销通常只有一个，用于将两相交轴中主动轴的连续转动变为从动轴的间歇转动。通常两相交轴间夹角为 90°，槽轮转动时间和停歇时间相同。

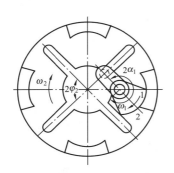
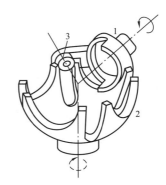

图 9 - 11 内啮合槽轮机构　　　图 9 - 12 球面槽轮机构

槽轮机构的类型也有一些特殊形式。如图 9 - 13 所示，主动件 1 的两个圆销 A、A′为不对称布置，两销与轴心 O_1 的距离也不相等，其径向槽的径向尺寸不同，这样，主动件转动一周时，槽轮两次转动与停歇的时间都会不相同。若主动件的两个圆销仍为不对称布置，现将两销与轴心 O_1 的距离改为相等，槽轮改为与之相应的对称形式，此时主动件转动一周时，从动槽轮两次转动时间就会相同，但停歇时间仍不同。

3. 槽轮机构的特点和应用

槽轮机构的特点是运行可靠，能够准确地控制转角，有效地实现转动和停歇时间的各种比例关系；结构简单，制造容易，机械效率较高。但是槽轮在启动和停止时，其加速度变化较大，会产生冲击，并且随着转速的增加和槽轮槽数的减少而加剧，因而不适用于高速转动。

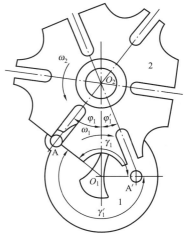

图 9 - 13 特殊形式的槽轮机构

槽轮机构一般应用于转速不很高的自动机械、轻工机械或仪器仪表中。例如，在电影放映机中用作送片机构，如图 9 - 14 所示。此外也常与其他机构组合，在自动生产线中作为工件传送或转位机构。图 9 - 15 所示为在单轴六角自动车床上转塔刀架转位机构中的应用。

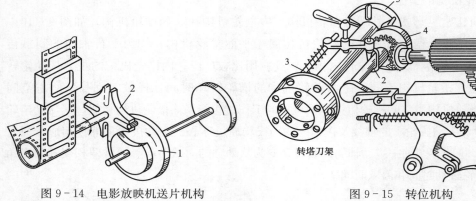

图 9 - 14　电影放映机送片机构

1—拨盘；2—槽轮

图 9 - 15　转位机构

1—进刀凸轮；2—圆柱凸轮；3—定位销；

4—销子；5—槽轮

9.1.3　凸轮式间歇运动机构

1. 凸轮式间歇运动机构的组成和工作原理

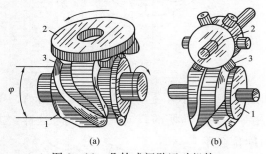

图 9 - 16　凸轮式间歇运动机构

(a) 圆柱凸轮间歇运动机构；(b) 蜗杆凸轮间歇运动机构

1—主动凸轮；2—从动转盘；3—圆柱销

凸轮式间歇运动机构如图 9 - 16 所示，由主动凸轮 1、从动转盘 2 和机架组成；主动凸轮做连续转动，从动转盘做间歇分度运动。图 9 - 16（a）所示为圆柱凸轮间歇运动机构，图 9 - 16（b）所示为蜗杆凸轮间歇运动机构。图中主动凸轮 1 上有一条凸脊如同蜗杆称其为弧面凸轮，凸脊曲面由从动件运动规律来确定。从动盘 2 上均匀地安装圆柱销 3，一般常用滚动轴承代替，并可采取预紧的方法消除间隙。

凸轮 1 通过圆柱销 3（即滚动轴承）来带动从动盘做间歇转动。这种机构可以通过改变凸轮与从动盘中心距的方法，调整圆柱销与凸轮凸脊的配合间隙，借以补偿磨损。

2. 凸轮式间歇运动机构的特点及应用

凸轮式间歇运动机构的特点是运动可靠、转位精确，定位装置简单、定位精度高，机构容易实现转动和停歇时间的各种比例的要求。结构简单，机构结构紧凑，动力性能好。设计方面，通过选择合适的从动件的运动规律，合理的设计凸轮轮廓曲线，可有效减小机构的动载荷，达到柔性冲击或无刚性冲击状况，可以适应机构的高速运转要求。定位精度高、适于高速运转是该机构不同于棘轮机构、槽轮机构的最突出特点，也是目前公认的一种较为理想的高速高精度的分度机构。

对于圆柱凸轮间歇运动机构，应用于两交错轴间的分度运动。通常情况下，凸轮的槽数为 1，从动盘的柱销数取 $z_2 \geqslant 6$，在轻载的情况下间歇运动的频率每分钟可高达

1500 次左右。

对于蜗杆凸轮间歇运动机构，其主动件 1 为圆弧面蜗杆式的凸轮，从动盘 2 为具有周向均布柱销的圆盘。通常情况下，蜗杆凸轮通常采用单头，从动盘上的柱销数取为 $z_2 \geqslant 6$。柱销可采用窄系列的球轴承。并用调整中心距的方法，来消除滚子表面和凸轮轮廓之间的间隙，以提高传动精度。该机构间歇运动的频率每分钟可高达 1200 次左右，分度精度达 $30''$，可在高速下承受较大的载荷。

鉴于上述技术特点，凸轮式间歇运动机构在轻工机械、冲压机械等高速机械中常用做高速、高精度的步进进给、分度转位等机构。例如，在卷烟包装、火柴包装、拉链嵌齿、高速冲床、多色印刷机等方面，其应用日益广泛。

9.1.4　不完全齿轮机构

1. 不完全齿轮机构的组成和工作原理

不完全齿轮机构与普通渐开线齿轮机构相似，其不同之处是轮齿没有布满整个圆周，图 9 - 17 所示为外啮合不完全齿轮机构的基本结构形式。当主动轮 1 做连续回转运动时，可使从动轮 2 做间歇的单向回转运动。当轮 1 的凸锁止弧和轮 2 的凹锁止弧配合时，可使轮 2 在一定时间内停歇不动。当轮 1 的齿轮部分和轮 2 的齿轮部分啮合时，与齿轮传动一样，可使轮 2 在一定时间内连续转动。不完全齿轮机构的每次间歇运动，可以只由一对齿或若干对齿来完成。主动轮首、末两对齿的啮合过程与普通齿轮机构不同，而中间各对齿的啮合过程则相同。

不完全齿轮机构有外啮合和内啮合以及圆柱和圆锥不完全齿轮机构之分。外啮合不完全齿轮机构的主、从动轮转向相反；内啮合不完全齿轮机构，如图 9 - 18 所示，其主、从动轮转向相同。

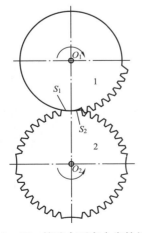

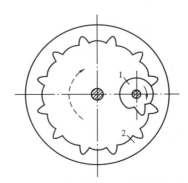

图 9 - 17　外啮合不完全齿轮机构　　　图 9 - 18　内啮合不完全齿轮机构

2. 不完全齿轮机构的特点及应用

该机构运行可靠，结构简单，制造容易，从动轮运动时间和停歇时间之比，即动停比不受机构结构的限制。从运动学角度看，只要适当选取齿轮的齿数，就能够使从动轮得到预期的运动角，并可在一周中做多次停歇；从动力学角度看，从动轮在转动的始末，存在着速度突变现象，从而会引起较大的冲击，因此适用于在低速、轻载和冲击不影响正常工作的场合。

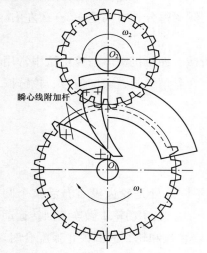

瞬心线附加杆

图 9-19　不完全齿轮机构应用

如果在机构中加一对带瞬心线的附加杆，如图 9-19 所示，可有效改善机构的动力特性。附加杆的作用是使从动轮在开始运动阶段，由静止状态按附加杆上瞬心的形状所设定的运动规律逐渐加速到正常的运动速度；在终止运动阶段，借助另一对附加杆的作用，使从动轮由正常的运动速度逐渐减速到静止状态。通常情况下，由于从动件开始运动阶段的冲击比终止运动阶段的冲击严重，因此仅在开始运动处加装一对附加杆。

不完全齿轮机构多用于一些具有特殊运动要求的专用机械中，如制鞋机的不完全齿轮机构，如图 9-20 所示，主动轮 1 每转一周，从动轮 2 转半周，从动轮的运动有停歇和加速、匀速、减速转动，不完全齿轮 1 和 2 在传动中有冲击。轮 1 上固连的止动圆弧 A 与轮 2 上的圆弧 B 配合，可保持可靠的停歇。

还有十进位计数器机构，如图 9-21 所示，主动轮 1 的圆周上有一凹口，凹口一侧有圆柱销。从动轮 2 有 20 个齿，轴向齿长为 $2W$ 和 W，并且长短相同排列。轮 1 转动时，圆柱销和凹口先后拨动从动轮 2 转过两个齿，然后轮 1 以圆弧和轮 2 的两长齿齿端圆角接触，锁住轮 2。结果，轮 1 每转一周，轮 2 转 1/10 周。该机构动力性能差，只适用于低速、轻载，可用它串联制成十进制计数器。

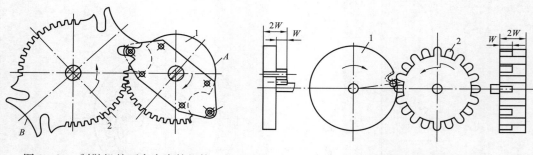

图 9-20　制鞋机的不完全齿轮机构　　　　图 9-21　十进位计数器机构

9.2　螺　旋　机　构

螺旋机构由主动螺杆 1、螺母滑块 2 和机架 3 组成，如图 9-22 所示，能够将主动螺杆的旋转运动转换为螺母滑块的直线运动。

9.2.1　螺旋机构的特点

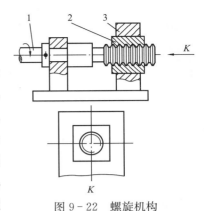

图 9-22　螺旋机构
1—主动螺杆；2—螺母滑块；3—机架

螺旋机构的主要特点是其结构简单，制造成本低，工作平稳，噪声小；当螺旋机构的导程角较小时，机构可获得较大的减速比和力的增益，并且还具有自锁性；当螺旋机构的导程角大于其当量摩擦角时，机构也可以将螺母滑块的直线运动转换为主动螺杆的旋转运动。通常机构的机械效率偏低，特别是具有自锁性时效率将低于 50%。基于上述特点，螺旋机构常用于起重机、压力机及功率不大的进给系统和微调装置中。

上述螺旋机构属于滑动螺旋机构，由于其螺杆和螺母的螺旋面直接接触，摩擦状态为滑动摩擦，其摩擦阻力较大，机械效率较低，磨损较快，因此传动精度相对较低。为此，螺旋机构还设计有滚动螺旋机构和静压螺旋机构。滚动螺旋机构是在螺杆和螺母的螺纹滚道间有滚动体，当螺杆或螺母转动时，滚动体在螺纹滚道内滚动，使螺杆和螺母间为滚动摩擦，提高了传动效率和传动精度。静压螺旋机构是在螺杆和螺母间充以压力油，为液体摩擦，传动效率和精度较高。

9.2.2　螺旋机构的运动分析

在如图 9-22 所示的滑动螺旋机构中，当主动螺杆 1 转过角度 φ 时，螺母滑块 2 沿螺杆的轴向位移 s（单位 mm），其值为

$$s = \frac{l}{2\pi}\varphi \qquad\qquad (9-1)$$

式中：l 为螺旋的导程，mm。

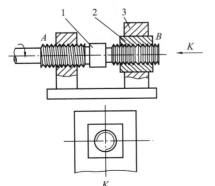

图 9-23　差动螺旋机构
1—主动螺杆；2—螺母滑块；3—机架

图 9-23 所示为差动螺旋机构，该机构由主动螺杆 1、螺母滑块 2 和带螺孔的机架 3 组成。A 段螺旋在固定的螺母中转动，而 B 段螺旋在移动的螺母 2 中移动。螺杆 1 由螺旋导程分别为 l_A、l_B 的两段螺纹制成，与螺母 2 和机架 3 组成螺旋副。当主动螺杆 1 转过角度 φ 时，螺母滑块 2 沿螺杆的轴向位移 s（单位 mm），其值为

$$s = \frac{m l_A l_B}{2\pi}\varphi \qquad\qquad (9-2)$$

其中，当两螺旋旋向相同时，m 取"－"号；当两螺旋旋向相反时，m 取"＋"号。

由式（9-2）可知，当两螺旋旋向相同，即公式取"—"号时，若此时螺旋导程 l_A 和 l_B 相差很小，螺母滑块 2 沿螺杆的轴向位移 s 将很小。因此，差动螺旋机构常应用于测微计、分度机构、调节机构、夹具等，如镗刀进刀量调节机构、反向螺旋的车辆连接拉紧器等。

9.2.3　螺旋导程角和头数的选用

针对现场实际工作情况的不同，对螺旋机构的设计也提出了不同的要求。例如，台钳定心夹紧机构，要求其机构传递运动和动力，并且具有自锁性，这时就宜选用小导程角的单头螺纹，可用普通滑动丝杆；若要使用微调机构，可选择螺杆的螺旋导程 l_A 和 l_B 值接近，即螺旋导程角的值接近，组成差动螺旋机构即可实现；若要求螺旋机构传递大的功率或快速运动时，则宜用大导程角的多头螺旋；若希望获得高的机械效率，则可选用滚珠丝杠或静压丝杠。

9.3　摩　擦　传　动　机　构

摩擦传动机构由两个相互压紧的滚轮及加压装置组成，如图 9-24 所示，通过接触面间的摩擦力传递运动和动力。滚轮的形式有圆柱轮、圆锥轮、圆盘、圆环、钢球、弧锥轮等，其轮缘可以是光滑的或有槽形的。

9.3.1　摩擦传动机构的特点

摩擦传动机构由于其结构简单、制造容易、运转平稳、噪声低，过载可以打滑，以及能连续平滑地调节其传动比，因而有着较大的应用范围，成为无级变速传动的主要元件。但是在运转过程中存在有滑动，因此影响其从动轮的旋转精度，传动效率较低，结构尺寸大。因为加压装置的作用，对轴和轴承产生较大的工作载荷，所以该机构多应用于中小功率传动。

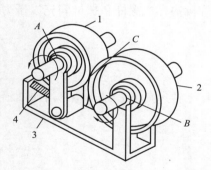

图 9-24　摩擦传动机构
1—主动滚轮；2—从动滚轮；
3—机架；4—压力调节螺杆

9.3.2　摩擦传动机构的常用类型及应用

1. 圆柱平摩擦传动机构

圆柱平摩擦传动机构分为外切与内切两种类型，用于传递两平行轴之间的运动，如图 9-25（a）、（b）所示。其传动比为

$$i_{12} = \frac{n_1}{n_2} = m \frac{R_2}{R_1(1-\varepsilon)} \tag{9-3}$$

其中，m 表示当两滚轮转向相反（即外切）时取"—"号，当两滚轮转向相同（即内

切）时取"＋"号；n_1、n_2分别为两滚轮的转速；R_1、R_1分别为两滚轮的半径；ε为滑动率。

图 9-26 所示为摩擦传动机构，该机构由主动轮 1 通过中间滚轮 2 带动从动轮 3 做匀速转动。滚轮 2 可自动调节压紧力，能可靠的楔入 1 和 3 之间。为保证机构正常工作，应使最小摩擦系数 f 和 α、β 角保持下列关系，当 $\alpha \neq 0°$，$\beta \neq 0°$ 时，有

$$f \geqslant \tan \frac{\alpha + \beta}{2} \tag{9-4}$$

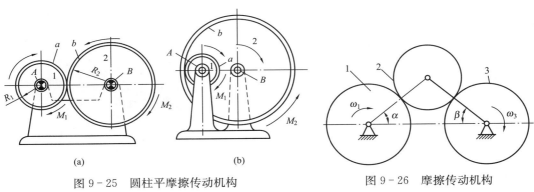

图 9-25　圆柱平摩擦传动机构

（a）外切；（b）内切

图 9-26　摩擦传动机构

若不考虑滚轮间的滑动，其传动比应为

$$i_{13} = \frac{\omega_1}{\omega_3} = \frac{R_3}{R_1} \tag{9-5}$$

式中：ω_1、ω_3分别为滚轮 1、3 轮的角速度；R_1、R_3分别为滚轮 1、3 的半径。

该机构结构简单，制造容易，但压紧力较大，适宜应用于小功率传动。为减小压紧力，可采取将轮面之一用非金属材料作覆面的方法。如果应用于大功率传动的场合，摩擦轮常采用淬火钢（如 GCr15＞60HRC），应采用自动压紧卸载环装置。

2. 圆柱槽摩擦传动机构

圆柱槽摩擦传动机构，用于传递两平行轴之间的运动，如图 9-27 所示。该机构与圆柱平摩擦传动机构相比较，其压紧力小；当 $\beta = 15°$ 时，其压紧力约占圆柱平摩擦传动机构的 30%。传动比随载荷和压紧力的变化在一定范围内变动。机构在传动中几何滑动较大，易发热与磨损，机械效率较低，设计时，应限制沟槽高度，加工和安装要求较高。该机构常应用于绞车驱动装置等设备中。

3. 圆锥摩擦传动机构

圆锥摩擦传动机构，用于传递两相交轴之间的运动，两轮锥面相切，如图 9-28 所示，该机构与圆柱平摩擦传动机构相似。当量圆锥角 $\delta_1 + \delta_2 = 90°$ 时，其传动比为

$$i_{12} = \frac{n_1}{n_2} = \frac{\tan \delta_2}{1 - \varepsilon} \tag{9-6}$$

当量圆锥角 $\delta_1 + \delta_2 \neq 90°$ 时，其传动比为

$$i_{12} = \frac{n_1}{n_2} = \frac{\sin\delta_2}{\sin\delta_1(1-\varepsilon)} \qquad (9-7)$$

式中：n_1、n_2分别为两圆锥滚轮的转速；δ_1、δ_1分别为两圆锥滚轮的圆锥角；ε为滑动率。

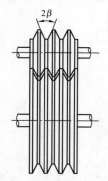 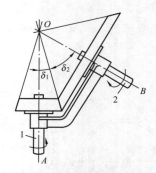

图 9-27　圆柱槽摩擦传动机构　　　　图 9-28　圆锥摩擦传动机构

该机构结构简单，制造容易，设计与安装时应保证轴线的相对位置正确，锥顶重合；否则几何滑动较大，磨损严重。常应用于大功率摩擦压力机。

4. 摩擦式无级变速机构

摩擦式无级变速机构如图 9-29 所示，用于传递两平行轴间的运动。图 9-29（a）中，两圆锥摩擦轮的圆锥角相同，当圆环轴向移动时，圆环与两圆锥摩擦轮接触位置的横断面半径将随之改变，此时其传动比为 $i_{12}=R_2/[R_1(1-\varepsilon)]$，因此，只要圆环改变位置，传动比 i_{12} 就能够实现无级变化。图 9-29（b）与图 9-29（a）所示机构工作原理相似，当机构中钢球纵向移动时，钢球与两摩擦盘接触点的回转半径将随之改变，因此，只要钢球改变位置，其机构的传动比 i_{12} 就能够实现无级变化。此类机构可应用于需要无级变速的场合。

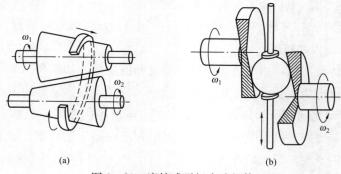

（a）　　　　　　　　　　　　　（b）

图 9-29　摩擦式无级变速机构

9.4　机构组合和组合机构

实际生产中对机构的运动要求形式繁多，对于一些常用的基本机构，如连杆机构、凸轮机构、齿轮机构等机构以其独立的结构形式出现，实现运动和动力的传递，可以满足生产中需要的基本运动形式和要求。由于生产上对机构运动形式、运动规律、力学性能等方面要求的多样性和复杂性，以及基本机构的部分局限性，很难满足形式各异的要求。例如，连杆机构很难产生符合要求形状的轨迹或从动件实现精确地长期停歇；单一的凸轮机构，无法使从动件获得复杂的轨迹；齿轮机构也往往只能使从动件实现定传动比的整周转动或移动。为了满足设计要求，常将几种基本机构组合起来使用。将两个及两个以上基本机构组合起来，并可完成某种运动形式、运动规律或力学性能的机构组合体，称为组合机构；而组成组合机构的单一基本机构称为组合机构的子机构。组合机构能够综合各种基本机构的特点，从而得到基本机构实现不了的新的运动，以满足生产上的多种需要和提高自动化程度。

9.4.1　机构组合方式

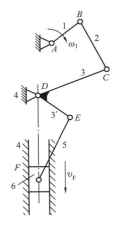

组合机构可以由同一类的基本机构组成，也可以由不同种类的基本机构组成。较常见的典型组合有串联组合、并联组合、反馈组合等方式。

1. 机构的串联组合

在机构组合系统中，由若干个子机构顺序连接，前一级子机构的输出构件是后一个子机构的输入构件，该组合方式称为机构的串联组合，由串联组合得到的机构称为串联机构。如图 9 - 30 所示，该机构由曲柄摇杆机构 1—2—3—4 和对心曲柄滑块机构 3′—4—5—6 串联组合而成。曲柄摇杆机构具有急回特性，曲柄滑块机构无急回特性。将曲柄滑块机构的输入构件 3′ 与曲柄摇杆机构的输出构件 3 固连在一起，则该组合机构的输出构件（即滑块 6）便具有急回运动的特性。该机构常应用于插齿机主传动机构中。该组合机构由两个子机构 I、II 串联组合而成，其框图如图 9 - 31 所示。

图 9 - 30　串联机构

图 9 - 31　串联机构框图

2. 机构的并联组合

在机构组合系统中，将一个或多个单自由度机构的输出构件与一个多自由度机构的输入构件相连，该组合方式称为机构的并联组合。由并联组合得到的机构称为并联机构。并联机构中最终输出运动的多自由度机构，称为基础机构；其他机构称为附加机构。如图 9 - 32 所示的并联机构中，其基础机构为差动轮系 III，附加机构为齿轮机构 I 和曲柄摇杆机构 II。机构的输入构件为齿轮 1（即曲柄 AB），输出构件为送料辊 4。对于基础机构 III，有如下运动关系：

$$i_{42}^{\mathrm{H}} = \frac{n_4 - n_{\mathrm{H}}}{n_2 - n_{\mathrm{H}}} = -\frac{z_2}{z_4}$$

整理得

$$n_4 = \frac{z_2 + z_4}{z_4} n_{\mathrm{H}} - \frac{z_2}{z_4} n_2 \tag{9-8}$$

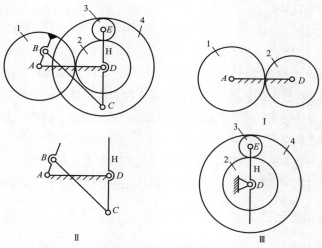

图 9-32　并联机构

由式（9-8）可知，当 $\dfrac{n_H}{n_2}=\dfrac{z_2}{z_2+z_4}$ 时，$n_4=0$。由此可见，只要适当设计两个附加机构，在整个运动循环过程中就必会有某一时刻满足上述条件，此时的送料辊 4 就会有短暂停歇的送进运动。该机构常应用于铁板传送机构中。该组合机构由一个基本机构Ⅲ和两个附加机构Ⅰ、Ⅱ组合而成，其框图如图 9-33 所示。

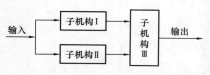

图 9-33　并联组合机构框图

3. 机构的反馈组合

在机构组合系统中，若其多自由度子机构的一个输入运动是通过单自由度子机构从该多自由度子机构的输出构件回馈的，该组合方式称为机构的反馈组合。如图 9-34 所示的机构中，蜗杆 2 输入，蜗轮 3 输出。允许蜗杆做轴向移动和绕蜗杆轴线转动，机架 1、蜗杆 2 和蜗轮 3 组成二自由度基础机构Ⅲ；机架 1、凸轮 3′ 和滚子推杆 4 组成自由度为 1 的偏置直动滚子推杆盘形凸轮机构，该凸轮机构为附加机构Ⅰ。蜗杆 2 的轴向移动受到与蜗轮 3 固接的凸轮 3′ 的控制，即蜗杆 2 的输入运动是由作为附加机构Ⅰ的凸轮机构从蜗轮 3 上回馈的。本机构应用于齿轮加工机床的误差补偿装置上。该反馈组合机构由一个基本机构Ⅲ和一个附加机构Ⅰ组合而成，其框图如图 9-35 所示。

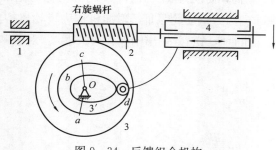

图 9-34　反馈组合机构

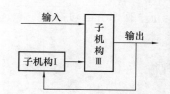

图 9-35　反馈组合机构框图

9.4.2　组合机构的类型

组合机构类型较多，常用的有连杆-连杆组合机构、齿轮-连杆组合机构、凸轮-连杆组合机构等类型。

1. 连杆-连杆机构

图 9-36 所示为一串联组合机构，其连杆机构 I 的输出为平面运动构件上一点 M 的轨迹，通过点 M 与后一连杆机构 II 相串联，机构 II 为两自由度（即二级杆组）机构。

如图 9-36（a）所示，设计要求为构件 6 上有一滑块 5，滑块 5 上的 M 点完成预定的点画线运动轨迹，则构件 6 将能够实现每转动 180° 后即可停歇一次的运动规律。在平面运动机构中，能够实现具有近似直线运动功能的机构较多，如图 9-36（b）所示的由机架 1、曲柄 2、连杆 3 和滑块 4 组成的曲柄滑块机构，就为能够实现具有近似直线运动功能的机构之一。经过连杆机构的设计可以得出连杆 3 上的 M 点可以实现上述轨迹要求。将连杆 3 与滑块 5 在 M 点用铰链连接，即机构 I 与机构 II 组合，可达到设计要求。该连杆-连杆组合机构具有单向转动或兼有停歇的功能，当杆 6 的转动副在近似直线轨迹中时，可得有停歇的单向转动机构。该机构应用于织布机开口机构系统。

2. 齿轮-连杆组合机构

齿轮-连杆组合机构的种类较多，应用也较广泛，通常由传动比为常数的齿轮机构与连杆机构组合而成，可以实现较复杂的运动规律和轨迹。

图 9-37 所示为一典型的齿轮-连杆组合机构。铰链四杆机构 $ABCD$ 上，齿轮 $2'$ 与连杆 2 固连，齿轮 5 与曲柄 1 绕同一固定铰链 A 转动，并且与齿轮 $2'$ 啮合。机构中齿轮 5 与主动曲柄 1 的转动轴线重合，因此属于回归式机构。

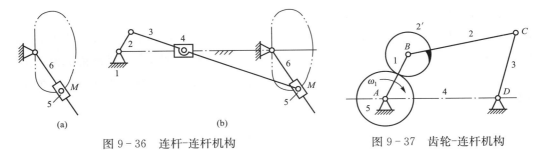

图 9-36　连杆-连杆机构　　　　　图 9-37　齿轮-连杆机构

该组合机构中，当主动曲柄 1 以 ω_1 等速旋转时，从动齿轮 5 将做非匀速转动。由于

$$i_{52'}^1 = \frac{\omega_5 - \omega_1}{\omega_{2'} - \omega_1} = -\frac{z_{2'}}{z_5}$$

且 $\omega_{2'} = \omega_2$，故有

$$\omega_5 = \omega_1(1 - i_{52'}^1) + \omega_2 i_{52'}^1 = \frac{z_{2'} + z_5}{z_5}\omega_1 - \frac{z_{2'}}{z_5}\omega_2 \qquad (9-9)$$

式中：ω_2 为连杆 2 的角速度，其值做周期性变化。

由式（9-9）可以看出，从动齿轮 5 的角速度 ω_5 与主动曲柄 1 的等角速度 ω_1 和连杆 2 的变角速度 ω_2 有关。若将铰链四杆机构 $ABCD$ 上各杆件长度改变或将各齿轮齿数改变，均可改变连杆 2 或齿轮 $2'$ 的角速度 ω_2，从而使从动齿轮 5 获得不同的运动规律。因此，在进行该类型组合机构设计时，首先依据设计要求初选机构中各构件参数的值，然后再进行运动分析，若不满足预期运动规律时，可对机构的某些参数做适当调整即可。

齿轮-连杆组合机构简单，便于加工，精度易保证，运转可靠。只要改变齿轮传动比即可调整从动件的运动规律或轨迹。常用的为由一对齿轮和连杆机构组合而成的四杆或五杆齿轮-连杆组合机构。

3. 凸轮-连杆组合机构

凸轮和连杆机构组成的组合机构，容易精确实现从动件要求的比较复杂的运动规律或运动轨迹，而且设计较简单，广泛应用于各种轻工机械中。

图 9-38 所示为能实现预定运动规律的凸轮-连杆组合机构。其基础机构是由活动构件 1、2、3、4 和机架 5 组成五杆机构，自由度为 2；其附加机构为沟槽凸轮机构，沟槽凸轮 5 固定不动。该组合机构实际上相当于曲柄滑块机构中曲柄的长度可变的四杆机构；其实质是利用凸轮机构来封闭具有两个自由度的五杆机构。所以，这种组合机构的设计，关键在于根据输出的运动要求设计凸轮 5 的轮廓，就能使从动滑块 3 完成预定的复杂规律运动。

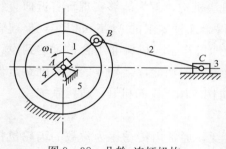

图 9-38　凸轮-连杆机构

本章知识点

在各种机械与仪表中，还经常要用到棘轮机构、槽轮机构、万向铰链机构、螺旋机构、凸轮式间歇运动机构、不完全齿轮机构等，本章的重点是讨论这些机构的组成、运动特点及设计要点。至于凸轮式间歇运动机构、不完全齿轮机构、非圆齿轮机构及擒纵机构，只需了解它们的运动特点。为了开阔视野、扩大思路，像微位移机构、组合机构及一些广义机构也应有所了解。

思考题及练习题

9-1　棘轮机构有什么传动特点？何时用双向棘爪？这时棘爪的齿形常用什么形状？

9-2　调整棘轮间歇转动的角度有哪些方法？怎样避免棘爪在转动中发出噪声？

9-3　棘轮机构除常用来实现间歇运动的功能外，还常用来实现什么功能？

9-4　槽轮机构传动有什么特点？内槽轮机构与外槽轮机构相比有何优点？

9-5　棘轮机构、槽轮机构、不完全齿轮机构和凸轮式间歇运动机构均能使执行构件获得间歇运动，试从各自的工作特点、运动及动力性能分析其各自的适用场合。

9-6　不完全齿轮机构中，瞬心线附加板的作用是什么？

9-7　举例说明螺旋机构的功能。

9-8　摩擦传动机构有哪些特点？如何计算摩擦传动机构的传动比？

9-9　常见的机构组合方式有哪几种？各有什么特点？

9-10　为使从动件准确实现复杂的运动规律，可以采用哪些组合机构？举例说明。

第10章 机械系统动力学基础

前面在进行机构运动学分析时，首先假定主动件的运动规律，然后根据已知的主动件运动规律，分析其他构件的运动。但是，如何确定主动件的运动呢？主动件是由某种原动机如电动机、内燃机等驱动的。这些驱动力本身有其特性，它们可能是常数，或者是某种变量的函数。此外，在机械系统中还存在工作阻力、重力等外力。从机械系统本身而言，每个构件都具有一定的质量、转动惯量，这些因素综合起来决定了机械系统的主动件及所有构件的运动规律。因此，只有对系统进行动力学分析才能确定机械真实的运动和各构件受力状态。从另一方面而言，动力学分析是解决系统惯性参数设计及确定控制力矩的基础。例如，为了满足不均匀系数的要求，确定应加的飞轮的惯量、实现某种运动规律的外加力矩等。

机械系统动力学分析的任务是建立系统的参数与作用于系统的外力和系统运动状态之间的关系。这种关系可用来解决在已知外力作用下，系统中各构件的运动、各构件的受力等正向动力学问题，也可用于求出为得到某种规律的运动，应向系统施加的外力等逆向动力学问题。

本章研究的主要内容有两个方面：①如何使机械系统达到平衡状态；②研究在外力作用下，机械系统的真实运动规律及速度波动的调节方法。

10.1 机 械 的 平 衡

10.1.1 机械平衡的目的和内容

1. 机械平衡的目的

机械在运转时，构件所产生的不平衡惯性力的大小和方向一般都是周期性变化的。这会在运动副中引起附加的动压力，增大运动副中的摩擦和构件中的内应力，降低机械效率和使用寿命。另外，构件所产生的不平衡惯性力必将引起机械及其基础产生强迫振动，甚至共振，不仅会影响机械本身的正常工作和使用寿命，而且还会影响相邻的其他机械、机器固定地基。

机械平衡的目的就是设法将构件的不平衡惯性力加以平衡以消除或减小惯性力的不良影响。机械的平衡是重载机械、高速机械及精密机械特别重要的问题。但有一些机械却是利用构件产生的不平衡惯性力所引起的振动来工作的，如按摩机、振动台、惯性筛、打桩机等。这类机械如何合理利用不平衡惯性力是其重要问题。

2. 机械平衡的内容

由于机械中各构件的结构及运动形式的不同，所产生的惯性力和平衡方法也不同。机械的平衡问题可分为下述两类。

（1）转子的平衡。所谓转子，就是绕固定轴回转的构件，可分为刚性转子与挠性转子。

1）刚性转子。工作转速低于 $(0.6 \sim 0.75)n_{c1}$（n_{c1} 为第一阶共振转速）的转子是刚性转子，其平衡按理论力学中的力系平衡理论进行。

转子的静平衡，即只要求其惯性力平衡。

转子的动平衡，即同时要求其惯性力和惯性力矩的平衡。

2）挠性转子。工作转速高于 $(0.6 \sim 0.75)n_{c1}$ 的转子是挠性转子，其平衡原理是基于弹性梁的横向振动理论。

（2）机构的平衡。做往复移动或平面复合运动的构件，其所产生的惯性力无法在该构件上平衡，而必须对整个机构进行研究。由于惯性力的合力和合力偶最终均由机械的基础所承受，故又称这类平衡问题为机械在机座上的平衡。

刚性转子的平衡是本节要介绍的主要内容。

10.1.2　刚性转子的平衡计算

为了使转子平衡，在设计时就要根据已有的转子结构，分别进行静平衡和动平衡计算，根据计算结果修改转子结构，使其达到静平衡和动平衡。

1. 刚性转子的静平衡计算

对于轴向尺寸较小的盘状转子（轴向宽度 b 与其直径 D 之比 $b/D < 0.2$ 的转子），其质量可以近似认为分布在垂直于其回转轴线的同一平面内。这时若其质心不在回转轴线上，则当其转动时，其偏心质量就会产生惯性力。由于这种不平衡现象在转子静态时即可表现出来，故称其为静不平衡转子。

对于静不平衡转子进行静平衡时，可利用在转子上增加或除去一部分质量的方法，使其质心与回转轴心重合，即可使转子的惯性力得以平衡，称为静平衡。

在转子上加一平衡质量（或去除一平衡质量）所产生的惯性力与各偏心质量的惯性力的合力（或质径积的矢量和）为零，使转子的质心在回转轴线上，这是静平衡的力学条件。

图 10-1 所示为一个盘状转子，设由于某些原因（如凸台、孔等），已知一个孔状偏心质量 m_1、两个凸台偏心质量 m_2、m_3，方向如图 10-1 所示，转子角速度为 ω，则各偏心质量所产生的离心惯性力为

$$\boldsymbol{F}_{Ii} = m_i \omega^2 \boldsymbol{r}_i \quad (i = 1, 2, 3) \qquad (10-1)$$

式中：$\boldsymbol{r}_i$ 为第 i 个偏心质量的矢径。

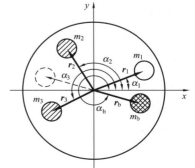

图 10-1　盘状转子

注 意

孔的质径积在计算时取负值。

为平衡这些离心偏心力，可在转子上加一平衡质量 m_b，使其产生的离心惯性力 $\boldsymbol{F}_b$ 与 $\boldsymbol{F}_1$ 相平衡。故静平衡的条件为

$$\sum \boldsymbol{F} = \sum \boldsymbol{F}_{li} + \boldsymbol{F}_b = 0 \tag{10-2}$$

设平衡质量 m_b 的矢径为 $\boldsymbol{r}_b$，则式（10-2）可化为

$$-m_1 \boldsymbol{r}_1 + m_2 \boldsymbol{r}_2 + m_3 \boldsymbol{r}_3 + m_b \boldsymbol{r}_b = 0 \tag{10-3}$$

其中，$m_i \boldsymbol{r}_i$ 称为质径积，为矢量。

平衡质径积 $m_b \boldsymbol{r}_b$ 的大小和方位，可由 $\sum \boldsymbol{F}_x = 0$ 及 $\sum \boldsymbol{F}_y = 0$ 求出

$$(m_b r_b)_x = -\sum_{i=1}^{n} m_i r_i \cos\alpha_i \tag{10-4}$$

$$(m_b r_b)_y = -\sum_{i=1}^{n} m_i r_i \sin\alpha_i \tag{10-5}$$

式中：α_i 为第 i 个偏心质量 m_i 的矢径 $\boldsymbol{r}_i$ 与 x 轴间的夹角。

则平衡质径积的大小为

$$m_b r_b = \sqrt{(m_b r_b)_x^2 + (m_b r_b)_y^2} \tag{10-6}$$

根据转子结构选定 r_b（尽量选大一些）后，即可定出平衡质量 m_b，其相位 α_b 为

$$\alpha_b = \arctan[(m_b r_b)_y / (m_b r_b)_x] \tag{10-7}$$

α_b 所在象限要根据式中分子、分母的正负号来确定。

在图 10-1 中，r_b 处增加一个平衡质量能够使转子平衡，也可以在其反方向除去一个平衡质量 m'_b（虚线所示）来平衡，只要能保证 $m_b r_b = m'_b r'_b$。

静平衡的计算是针对结构引起的静不平衡转子而进行的平衡计算，即在一个平面内根据转子的结构，计算确定需在转子上增加或除去的平衡质量，使其平衡，故也称之为单面平衡。对于静不平衡的转子，无论有多少个偏心质量，只需进行单面平衡。

2. 刚性转子的动平衡计算

（1）动不平衡转子。对于轴向尺寸较大的转子（即 $b/D \geqslant 0.2$ 的转子），其质量不可以近似认为分布在垂直于其回转轴线的同一平面内，而往往是分布在若干个不同的回转平面内，这时则当其转动时，由于各偏心质量所产生的离心惯性力不在同一回转平面内，因而将对回转轴形成惯性力矩，此时转子处于动不平衡状态，如图 10-2 所示。

即使轴向尺寸较大的转子的质心在回转轴线上，不旋转时转子是平衡的，但转动时，将形成一个惯性力偶矩，且力偶矩的作用方向是随转子的回转而变化的，所以转子仍然是不平衡的，如图 10-3 所示。这种不平衡现象只有在转子运转的情况下才能显示出来，故称其为动不平衡转子。

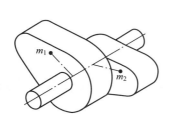

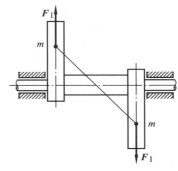

图 10-2　转子的动不平衡　　　　　　　　　图 10-3　动不平衡转子

（2）动平衡及其条件。转子动平衡的力学条件：各偏心质量（包括平衡质量）的惯性力的矢量和为零，以及由这些惯性力所构成的力矩的矢量和也为零，即 $\sum F_{\mathrm{I}}=0$，$\sum M_{\mathrm{I}}=0$。

由理论力学可知，一个力可以分解为与其平行的两个分力。如果将动不平衡转子上所有的力均分解到相同的两个平衡基面上，在这两个平衡基面分别适当地各加一平衡质量，使两平衡基面内的惯性力之和分别为零，那么此时动不平衡转子所有的惯性力、惯性力偶矩之和均为零，即 $\sum F_{\mathrm{I}}=0$，$\sum M_{\mathrm{I}}=0$，所以转子达到了动平衡。

因此，为使转子在运转时其各偏心质量产生的惯性力和惯性力偶矩同时得以平衡，需再选择两个平衡基面，并适当地各加一平衡质量，使两平衡基面内分别达到静平衡，这个转子便可得以动平衡。根据静平衡的计算方法，惯性力的平衡就是质径积的平衡。

（3）动平衡的计算。动平衡的计算是针对结构引起的动不平衡转子而进行的两个平衡基面上的静平衡计算，即根据转子的结构，计算确定需在转子上增加或除去的平衡质量，使其达到动平衡。

图 10-4 所示为某印刷机械凸轮轴，每个凸轮上均有一个偏心质量，分别为 m_1、m_2、m_3，分别位于图 10-5 所示的回转平面 1、2、3 内，它们的回转半径分别为 r_1、r_2、r_3，方向如图 10-5 所示。当转子以角速度 ω 回转时，它们产生的质径积分别为 $m_1 r_1$、$m_2 r_2$、$m_3 r_3$。

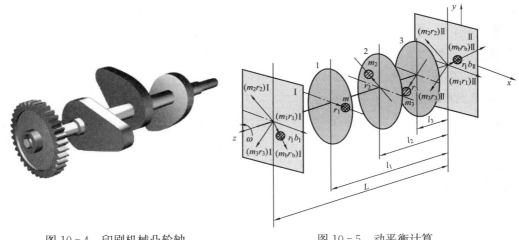

图 10-4　印刷机械凸轮轴　　　　　　　　　图 10-5　动平衡计算

选定两个平衡基面Ⅰ、Ⅱ如图 10-5 所示，将质径积 m_1r_1、m_2r_2、m_3r_3 分别分解到平衡基面Ⅰ、Ⅱ上，即

$$(m_ir_i)_{\mathrm{I}} = (m_ir_i)l_i/L \tag{10-8}$$

$$(m_ir_i)_{\mathrm{II}} = (m_ir_i)(L-l_i)/L \tag{10-9}$$

方向与 m_ir_i 一致。设在平衡基面Ⅰ上添加平衡质量 m_{bI} 的矢径为 r_{bI}，则

$$(m_{\mathrm{bI}}r_{\mathrm{bI}})_x = -\sum(m_ir_i)_{\mathrm{I}}\cos\alpha_i \tag{10-10}$$

$$(m_{\mathrm{bI}}r_{\mathrm{bI}})_y = -\sum(m_ir_i)_{\mathrm{I}}\sin\alpha_i \tag{10-11}$$

同理，在平衡基面Ⅱ上添加平衡质量 m_{bII} 的矢径为 r_{bII}，则

$$(m_{\mathrm{bII}}r_{\mathrm{bII}})_x = -\sum(m_ir_i)_{\mathrm{II}}\cos\alpha_i \tag{10-12}$$

$$(m_{\mathrm{bII}}r_{\mathrm{bII}})_y = -\sum(m_ir_i)_{\mathrm{II}}\sin\alpha_i \tag{10-13}$$

根据前述静平衡的计算方法，可以求出平衡基面Ⅰ、Ⅱ上平衡质量的大小与方位，这里不再赘述。

对于任何动不平衡的刚性转子，无论其具有多少个偏心质量，以及分布于多少个回转平面内，都只需对其进行双面平衡。由于静平衡是一个平衡基面内的平衡，而动平衡是两个平衡基面内的平衡，故经过动平衡的回转件一定是静平衡的，但静平衡的回转件不一定能达到动平衡。

已经过平衡设计的转子，由于材质不均匀、制造、装配不精确等原因，不可避免地还会存在不平衡，这是由于不平衡量的大小与方位未知，只能在专用的静、动平衡机上进行平衡。经过平衡的转子，仍然会残存一些不平衡，要减小这些不平衡量，成本会成倍增加，故为减少平衡成本，根据工作要求，对转子规定了适当的许用不平衡量，可参考有关文献。

10.1.3　平面机构的平衡

在含有平面复合机构的运动或者往复直线运动的机构中，做平面复合运动或者往复直线运动的构件质心位置随着原动件的运动而随时变化，质心处的加速度大小和方向也是不断变化，故质心处的惯性力和惯性力矩也是随着原动件的运动发生变化。因此，该类构件上的惯性力不能利用在构件上的加减配重的方向进行平衡，必须把各运动构件与机架作为一个整体来考虑惯性力和惯性力矩的平衡。

1. 平面机构惯性力的平衡条件

机构运动时，各构件产生的惯性力可以合成一个过质心 S 的总的惯性力 F_S 和一个总的惯性力矩 M_S，这个总的惯性力和总的惯性力矩全部要由机架来承受。因此，消除机构机架上的动压力，就必须设法平衡这个总的惯性力和总的惯性力矩。故机构的平衡条件就是作用在机构总的惯性力和总惯性力矩分别为零，即

$$\sum m_ia_s = 0$$

$$\sum M_S = 0$$

实际平衡中，总惯性力偶矩对机架的影响应当与外加驱动力矩和阻抗力矩一并研

究，但是由于驱动力矩和阻抗力矩与机械的工作性质有关，单独平衡惯性力偶矩往往没有意义，故下面主要考虑总惯性力平衡问题。

2. 平面机构惯性力的完全平衡

机构惯性力的完全平衡是指总惯性力恒为零。为了达到完全平衡，可通过适当的设置镜像对称机构，使机构总惯性力为零或者通过适当的设置镜像对称机构，使机构总惯性力为零或者通过在构件上加减配重，调整机构总质心的位置，使总质心在机架上静止不动。

（1）设置对称机构，使机构总惯性力为零。设置对称机构时要选择好镜像平面，使对称的结构最少而达到平衡的目的。

在图 10-6 中，首先以 y 轴为镜像线作出机构 $ABCD$ 的镜像机构 $AB_1C_1D_1$，再以 x 轴为镜像线作出 $AB_1C_1D_1$ 的镜像机构 $AB_2C_2D_1$，则机构 $AB_2C_2D_1$ 可平衡 $ABCD$ 的惯性力。

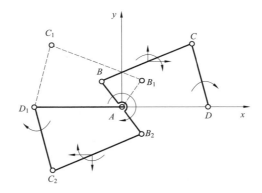

图 10-6　两次镜像机构示意

在图 10-7 中，一次镜像机构只能消除部分惯性力和惯性力矩。

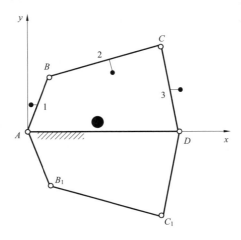

图 10-7　一次镜像机构示意

只有沿 x、y 轴作两次镜像，才能完全消除机构的惯性力。如图 10-8 所示的曲柄滑块机构，经过两次镜像后，整个机构的惯性力才能平衡。利用对称机构可得到良好的平衡效果，但是采用这种观念方法将使机构的体积大大增加。

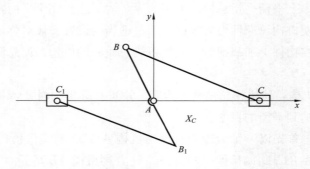

图 10-8　曲柄滑块机构两次镜像

（2）平面机构惯性力的部分平衡。

1）质量代换。在进行机构的动力分析和平衡设计时，经常把机构的质心用几个选定的位置代替，工程中一般选定两个集中代替点处的质量代替构件质心处的质量，并称为质量代换。在如图 10-9 中所示的构件中，构件 BC 处的质量为 m，质心在 S 点，两个代换点分别为 B、K，代换点的质量分别为 m_B、m_K。

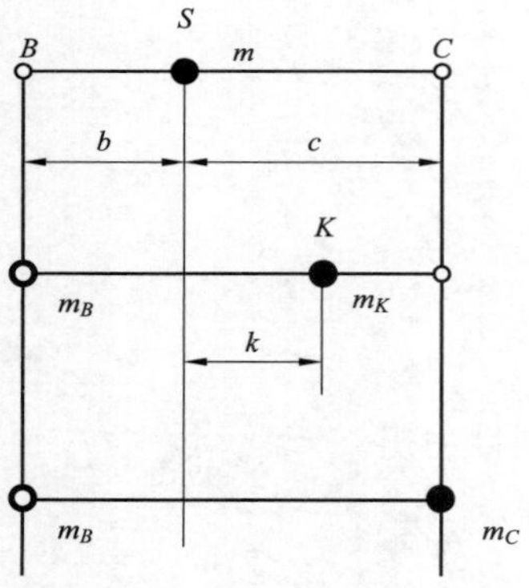

为了保证代换前后的惯性力和惯性力矩不变，进行质量代换时必须满足以下几个条件：

代换点处的质量总和等于质心处的质量，即代换前后的质量不变

$$m_B + m_K = m$$

代换前后质心的位置不变

$$m_B b = m_K k$$

代换前后对质心轴的转动惯量不变

$$m_B b^2 + m_K k^2 = J_S$$

图 10-9　机构质量代换

由此可以得到代换的质量为

$$m_B = \frac{mk}{b+k}, \quad m_K = \frac{mb}{b+k}, \quad k = \frac{J_S}{mb}$$

同时满足上述几个条件时，代换前后构件的惯性力和惯性力矩不变，成为动代换。动代换时，由于选定的带换点 B 后，另外一个代换点 K 的位置也随之确定，而不能随意选择，这就限制了代换后的应用。

工程中，经常选用满足条件的代换方法，称为静代换。静代换只能满足惯性力平衡条件，不满足惯性力偶矩的平衡条件，但是两个代换点可任意选择。给工程上应用带来了很大的方便。

一般情况下，两个代换点常选择在 B、C 处，有

$$m_B + m_C = m$$

$$m_B b = m_C c$$

$$m_B = m \frac{c}{b+c}$$

$$m_C = m \frac{b}{b+c}$$

在运动构件上加平衡重实现机构惯性力的完全平衡。

2）在运动构件的适当位置上安装平衡重，重新调整机构的质心位置，使质心落在机架上静止不动。

如图 10 - 10 所示机构中，已知构件质量分别为 m_1、m_2、m_3，质心位置分别在 S_1、S_2、S_3 处。

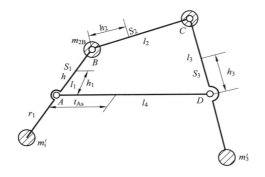

图 10 - 10　铰链四杆机构完全平衡

利用机构的质量静代换方法将构件 2 的质量 m_2 代换到 B、C 点：

$$m_{2B} = m_2 \frac{l_2 - h_2}{l_2} = m_2 \left(1 - \frac{h_2}{l_2} \right)$$

$$m_{2C} = m_2 \frac{h_2}{l_2}$$

在构件 1 的延长线 r_1 处加装一个质量 m'_1，使 m'_1、m_1、m_{2B} 的质心位于 A 点，则

$$m'_1 r_1 = m_1 h_1 + m_{2B} l_1$$

$$m'_1 = \frac{m_1 h_1 + m_{2B} l_1}{r_1}$$

同样，在构件 3 的延长线 r_3 处加一平衡重 m'_3，使 m'_3、m_3、m_{2C} 的质心位于 D 点，则有

$$m'_3 r_3 = m_3 h_3 + m_{2C} l_3$$

$$m'_3 = \frac{m_3 h_3 + m_{2C} l_3}{r_3}$$

通过加装配重 m'_1、m'_3，可认为机构总质量集中在 A、D 两处，有

$$m_A = m'_1 + m_1 + m_{2B}$$

$$m_D = m'_3 + m_3 + m_{2C}$$

机构总质心位于机架上静止，由

$$m_A l_{AS} = m_D (l_4 - l_{AS})$$

$$\frac{l_4 - l_{AS}}{l_{AS}} = \frac{m_A}{m_D}$$

$$\frac{l_4}{l_{AS}} - 1 = \frac{m_A}{m_D}$$

$$\frac{l_4}{l_{AS}} = 1 + \frac{m_A}{m_D} = \frac{m_D + m_A}{m_D}$$

$$l_{AS} = \frac{m_D}{m_D + m_A} l_4$$

同理，可平衡图 $10-11$ 所示的曲柄滑块机构。

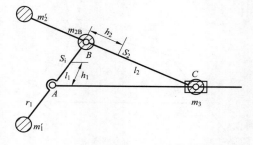

图 $10-11$　曲柄滑块机构完全平衡

在 l_2 的延长线上加平衡重 m_2'，使构件 2 的质心位于 B 点。

$$m_2' r_2 = m_2 h_2 + m_3 l_2$$

$$m_2' = \frac{m_2 h_2 + m_3 l_2}{r_2}$$

$$m_B = m_2' + m_2 + m_3$$

在曲柄延长线上 r_1 处加配重 m_1'，使构件 1 的质心位于 A 点，则有

$$m_1' r_1 = m_1 h_1 + m_B l_1$$

$$m_1' = \frac{m_1 h_1 + m_B l_1}{r_1}$$

机构总质量为 $m_A = m_1' + m_1 + m_B$，总质心位于 A 点。

以上平衡方法可完全平衡机构的惯性力，但是若要完全平衡 n 个构件的单自由度机构的惯性力，至少需要加 $n/2$ 个平衡质量，这样一来，机构的质量将大大增加，特别是连杆上增加质量不利于机构的结构设计，因此实际应用中往往不采用这种方法，而更多地采用部分平衡的方法。

3. 平衡机构惯性力的部分平衡

完全平衡机构的惯性力会增加机构的质量，使机构结构复杂。因此，设计人员常采用平衡机构部分惯性力的方法。

（1）设置镜像机构或近似机构实现部分平衡。安装平衡机构可以平衡部分惯性力的

示意如图 10-12 所示。

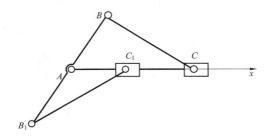

图 10-12　安装平衡机构的部分平衡

（2）在运动构件上加配重实现部分平衡。工程中，铰链四杆机构常位于传动链的低速级，而曲柄滑块机构作为内燃机、空气压缩机的主体机构，则常位于传动链的高速级，机构惯性力的完全平衡受结构限制，因此常采用惯性力的部分平衡方法，在图 10-13 所示的曲柄滑块机构中，利用质量静代换方法，将构件 2 的质量 m_2 代换到 B、C 两点，B 点的质量为 m_{2B}，C 点的质量为 m_{2C}，则有

$$m_{2B} = \frac{l_2 - h_2}{l_2} m_2$$

$$m_{2C} = \frac{h_2}{l_2} m_2$$

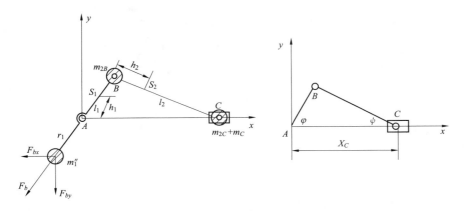

图 10-13　安装配重实现部分惯性力平衡法

在曲柄反方向 r_1 处加一平衡重，使其产生的惯性力平衡 m_{2B} 和 m_1 所产生的惯性力：

$$m_1' r_1 = m_1 h_1 + m_{2B} l_1$$

$$m_1' = \frac{m_1 h_1 + \dfrac{l_2 - h_2}{l_2} m_2 l_1}{r_1} = m_1 \frac{h_1}{r_1} + \frac{l_2 - h_2}{l_2 r_1} m_2 l_1$$

若曲柄 1 的质心在 A 点，则 $h_1 = 0$。

$$m_1' = \frac{l_1(l_2 - h_2)}{l_2 r_1} m_2$$

m_1'可使构件 1 的质心落在 A 点上，平衡该机构的部分惯性力。

若要平衡滑块所产生的往复惯性力 F_c，平衡过程则要复杂一些，因为 F_c 的大小与方向随着曲柄转角 φ 的不同而时刻在变化。由图 10-13（b）可知，滑块的位移 x_C 为

$$x_C = l_1\cos\varphi + l_2\cos\psi$$

$$\sin\psi = \frac{l_1\sin\varphi}{l_2} = \lambda\sin\varphi, \lambda = \frac{l_1}{l_2}$$

$$\cos\psi = \sqrt{1-\sin^2\psi} = (1-\lambda^2\sin^2\varphi)^{\frac{1}{2}}$$

由牛顿二项式展开定理

$$(a+b)^n = a^n + na^{n-1}b + \frac{n(n-1)}{2!}a^{n-2}b^2 + \frac{n(n-1)(n-2)}{3!}a^{n-3}b^3 + \cdots$$

令 $a=1$，$b=-\lambda^2\sin^2\varphi$，$n=\frac{1}{2}$，则有

$$\cos\psi = 1 - \frac{1}{2}\lambda^2\sin^2\varphi - \frac{1}{8}\lambda^4\sin^4\varphi - \frac{1}{16}\lambda^6\sin^6\varphi + \cdots$$

由于该级数收敛很快，一般取前两项即可满足计算要求，则

$$\cos\psi = 1 - \frac{1}{2}\lambda^2\sin^2\varphi$$

将其代入位移方程中，有

$$x_C = l_1\cos\varphi + l_2 - \frac{l_2}{2}\lambda^2\sin^2\varphi = l_1\cos\varphi + l_2 - \frac{l_1}{2}\lambda\sin^2\varphi$$

求出位移 x_C 的二阶导数，可求出滑块的加速度 a_C 为

$$a_C = -l_1\omega_1^2(\cos\varphi + \lambda\cos2\varphi)$$

滑块产生的惯性力 F_C 为

$$\begin{aligned}
F_C &= -(m_3 + m_{2C})a_C \\
&= (m_3 + m_{2C})l_1\omega_1^2\cos\varphi + (m_3 + m_{2C})l_1\omega_1^2\lambda\cos2\varphi \\
&= F_{\mathrm{I}} + F_{\mathrm{II}}
\end{aligned}$$

$$F_{\mathrm{I}} = (m_3 + m_{2C})l_1\omega_1^2\cos\varphi$$

$$F_{\mathrm{II}} = (m_3 + m_{2C})l_1\omega_1^2\lambda\cos2\varphi$$

其中，F_{I} 为一阶惯性力，F_{II} 为二阶惯性力。

若要平衡一阶惯性力，可在曲柄反向 r_1 处再加一个配重 m''_1，所产生的惯性力为 F_b，则水平分力和垂直分力为

$$F_{bx} = m''_1 r_1\omega_1^2\cos\varphi$$

$$F_{by} = m''_1 r_1\omega_1^2\sin\varphi$$

若平衡一阶惯性力，则有

$$F_{bx} = F_{\mathrm{I}}$$

$$m''_1 r_1\omega_1^2\cos\varphi = (m_3 + m_{2C})l_1\omega_1^2\cos\varphi$$

$$m''_1 = \frac{(m_3 + m_{2C})l_1}{r_1}$$

若 F_{bx} 将 F_C 完全平衡，所加配重将很大，所产生的垂直分力 F_{by} 也很大，故一般只需平衡一阶惯性力的一部分。工程上常取：

$$F_{bx} = (0.3 \sim 0.5)F_C$$

尽管这种平衡方法是近似的，但由于结构简单，在工程得到了广泛的应用。

最后，对于机械平衡问题，还需进一步指出，在一些精密设备中，要获得高质量的平衡效果，仅在最后才进行平衡检测是不够的，应在生产的全过程中（即原材料的准备、加工、装配各个环节）都关注平衡问题。

10.2　机械的运动及其速度波动的调节

10.2.1　概述

在前面的研究中，原动件都被认为是等速转动或匀速移动，而实际上机械原动件的速度和加速度是随时间而变化的，其运动规律是由其各构件的质量、转动惯量、作用于其上的驱动力与阻抗力等因素决定的，这将会使机械在运动过程中出现速度波动，而这种速度波动，会导致在运动副中产生附加的动压力，并引起机械的振动，从而降低机械的寿命、效率和工作质量。

因此，为了对机构进行精确的运动和力分析，就需要首先确定机构原动件的真实运动规律。同时又为了降低速度波动所引起的上述不良影响，这就又需要对机械运转速度的波动及其调节的方法加以研究，以便将机械运转速度波动的程度限制在许可的范围之内。这些研究内容对于高速、重载、高精度和高自动化程度的机械尤其重要。

原动机的驱动力（力矩）变化规律取决于不同原动机的机械特性。原动机的机械特性是指驱动力（或力矩）与运动学参数（位移、速度、加速度等）之间的关系。按机械特性来分，驱动力可以是常数，可以是位移的函数，也可以是速度的函数。当用解析法研究机械的运动时，原动机的驱动力必须以解析式表达。

机械执行构件所承受的生产阻力变化规律则取决于机械工艺过程的特点。按机械特性来分，生产阻力可以是常数，也可以是执行构件位置、执行构件速度、时间的函数。

驱动力和生产阻力的确定涉及许多专业知识，已不属于本课程的范围。机械原理在讨论机械在外力作用下的运动问题时，认为外力是已知的。

10.2.2　机械的运动方程式

要研究机械的运动，就需要建立作用在机械上的力（包括驱动力、生产阻力）、构件的质量、转动惯量与该机械运动参数之间的函数关系，即需要建立机械的运动方程。

1. 机械运动方程的一般表达式

本教材研究的机械系统基本上均是单自由度的。对于只有单自由度的机械，描述其运动规律只需要一个广义坐标。因此，在研究机械在外力作用下的运动规律时，只需要确定出该坐标随时间变化的规律即可。

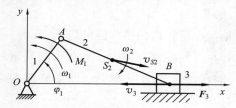

图 10-14　曲柄滑块机构动力学模型

下面以如图 10-14 所示的曲柄滑块机构为例，说明单自由度机械系统一般运动方程式的建立方法。

该机构原动件为曲柄 1，质量为 m_1，角速度为 ω_1，质心 S_1 在 O 点，其转动惯量为 J_1；连杆 2 质量为 m_2，角速度为 ω_2，对质心 S_2 的转动惯量为 J_{S2}，质心 S_2 的速度为 v_{S2}；滑块 3 的质量为 m_3，质心 S_3 在 B 点，速度为 v_3。曲柄滑块机构在 $\mathrm{d}t$ 时间内动能增量为

$$\mathrm{d}E = \mathrm{d}(J_1\omega_1^2/2 + m_2 v_{S2}^2/2 + J_{S2}\omega_2^2/2 + m_3 v_3^2/2) \tag{10-14}$$

设在此机构上作用有驱动力矩 M_1 与工作阻力 F_3，在 $\mathrm{d}t$ 时间内所做的功为

$$\mathrm{d}W = P\mathrm{d}t = (M_1\omega_1 - F_3 v_3)\mathrm{d}t \tag{10-15}$$

根据动能定理，有 $\mathrm{d}E = \mathrm{d}W$，即

$$\mathrm{d}(J_1\omega_1^2/2 + m_2 v_{S2}^2/2 + J_{S2}\omega_2^2/2 + m_3 v_3^2/2) = (M_1\omega_1 - F_3 v_3)\mathrm{d}t \tag{10-16}$$

式（10-16）即为曲柄滑块机构的运动方程式。

一般，如果机械系统由 n 个活动构件组成，如图 10-15 所示，作用在构件 i 上的作用力为 F_i，力矩为 M_i，力 F 的作用点的速度为 v_i，构件的角速度为 ω_i，则根据动能定理，可得到由 n 个活动构件组成机械系统的运动方程式

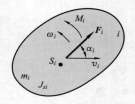

$$\mathrm{d}\Big[\sum_{i=1}^{n}(m_i v_{Si}^2/2 + J_i \omega_i^2/2)\Big] = \Big[\sum_{i=1}^{n}(F_i v_i \cos\alpha_i \pm M_i \omega_i)\Big]\mathrm{d}t$$

图 10-15　机械系统单个
构件动力学模型

$$\tag{10-17}$$

式中：α_i 为作用在构件 i 上的外力 F_i 与该力作用点的速度 v_i 的夹角；而"$\pm$"号的选择取决于作用在构件 i 上的力偶矩 M_i 与该构件的角速度 ω_i 是否同向，相同时取"$+$"号，反之取"$-$"号。

2. 等效动力学模型

为了求得简单易解的机械运动方程式，对于一个单自由度机械系统的运动的研究，可以简化为等效动力学模型，然后再据以列出其运动方程式。

现以曲柄滑块机构为例说明其等效动力学模型。

将式（10-17）改写为

$$\mathrm{d}\left\{\frac{\omega_1^2}{2}\Big[J_1 + J_{S2}\Big(\frac{\omega_2}{\omega_1}\Big)^2 + m_2\Big(\frac{v_{S2}}{\omega_1}\Big)^2 + m_3\Big(\frac{v_3}{\omega_1}\Big)^2\Big]\right\} = \omega_1\Big[M_1 - F_3\Big(\frac{v_3}{\omega_1}\Big)\Big]\mathrm{d}t \tag{10-18}$$

式（10-18）左端方括号内的量是具有转动惯量的量纲，用 J_e 表示，称为等效转动惯量，则

$$J_e = J_1 + J_{S2}\left(\frac{\omega_2}{\omega_1}\right)^2 + m_2\left(\frac{v_{S2}}{\omega_1}\right)^2 + m_3\left(\frac{v_3}{\omega_1}\right)^2 \tag{10-19}$$

它是广义坐标 φ_1 的函数，一般表达式为 $J_e(\varphi_1)$。

式（10-18）右端方括号内的量是具有力矩的量纲，用 M_e 表示，称为等效力矩，则

$$M_e = M_1 - F_3(v_3/\omega_1) \tag{10-20}$$

它是广义坐标 φ_1、ω_1、t 的函数，一般表达式为 $M_e = M_e(\varphi_1,\ \omega_1,\ t)$。故式（10-20）可表示为

$$\mathrm{d}\left[J_e\omega_1^2/2\right] = M_e\omega_1\mathrm{d}t \tag{10-21}$$

这就是曲柄滑块机构的等效动力学模型，即将对一个单自由度机械系统运动的研究，简化为对该系统中某个构件（曲柄）运动的研究。但该构件是具有等效转动惯量 $J_e(\varphi)$，并作用一个等效力矩 $M_e = M_e(\varphi_1,\ \omega_1,\ t)$，该假想的构件称为等效构件，如图 10-16 所示。

当然如图 10-14 所示的曲柄滑块动力学模型，也可以将滑块作为等效构件，如图 10-17所示。式（10-18）可变形为

$$\mathrm{d}\left\{\frac{v_3^2}{2}\left[J_1\left(\frac{\omega_1}{v_3}\right)^2 + m_2\left(\frac{v_{S2}}{v_3}\right)^2 + J_{S2}\left(\frac{\omega_2}{v_3}\right)^2 + m_3\right]\right\} = v_3\left(M_1\frac{\omega_1}{v_3} - F_3\right)\mathrm{d}t \tag{10-22}$$

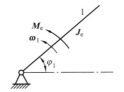

图 10-16　曲柄滑块机构的等效构件

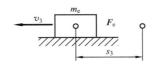

图 10-17　以滑块为等效构件

式（10-22）左端方括号内的量是具有质量的量纲，用 m_e 表示，称为等效质量，则

$$m_e = J_1\left(\frac{\omega_1}{v_3}\right)^2 + m_2\left(\frac{v_{S2}}{v_3}\right)^2 + J_{S2}\left(\frac{\omega_2}{v_3}\right)^2 + m_3 \tag{10-23}$$

式（10-22）右端括号内的量是具有力的量纲，用 F_e 表示，称为等效力，则

$$F_e = M_1\frac{\omega_1}{v_3} - F_3 \tag{10-24}$$

故以滑块作为等效构件的等效动力学模型为

$$\mathrm{d}\left[\frac{1}{2}m_e(s_3)v_3^2\right] = F_e(s_3,\ v_3,\ t)v_3\mathrm{d}t \tag{10-25}$$

由式（10-21）和式（10-25）可看出，等效动力学模型不仅形式简单，方程式的求解将大大简化，而且各等效量仅与构件间的速比有关，而与构件的真实速度无关，故可以在构件真实运动未知的情况下求出。

由以上分析，可得到如下重要结论：

（1）对于一个单自由度机械系统运动的研究，可以简化为对一个等效构件运动的研究。等效构件，就是机械中一个具有等效转动惯量 J_e（或等效质量 m_e），在其上作用有等效力矩 M_e（或等效力 F_e）的假想构件。为便于计算，通常取绕定轴转动或只做直线移动的构件作为等效构件，它的位置参量即为机构的广义坐标。

（2）等效转动惯量，就是等效转动构件所具有的假想的转动惯量 J_e，它的大小应使该等效构件的动能等于原机械系统的动能。等效转动惯量是机构广义坐标的函数。

（3）等效力矩，就是作用在等效转动构件上的假想力矩 M_e，它的大小应使等效力矩的瞬时功率等于作用在原机械系统上的所有外力在同一瞬时的功率和。等效力矩可能是位置、速度或时间的函数。

因此，将具有等效转动惯量（等效质量）、其上作用有等效力矩（等效力）的等效构件称为原机械系统的等效动力学模型。

所以，对于机械系统，如果取转动构件为等效构件，则其等效转动惯量可根据动能不变，即 $J_e\omega^2/2=E$，得到一般的计算公式为

$$J_e = \sum_{i=1}^{n} m_i \left(\frac{v_{Si}}{\omega} \right)^2 + \sum_{i=1}^{n} J_{Si} \left(\frac{\omega_i}{\omega} \right)^2 \qquad (10-26)$$

其等效力矩可根据功率不变，即 $M_e\omega=P$，得到一般的计算公式为

$$M_e = \sum_{i=1}^{n} F_i \frac{v_i \cos\alpha_i}{\omega} + \sum_{i=1}^{n} \left[\pm M_i \left(\frac{\omega_i}{\omega} \right) \right] \qquad (10-27)$$

对于机械系统，如果取移动构件为等效构件，其等效质量可根据 $m_e v^2/2=E$ 得到一般的计算公式

$$m_e = \sum_{i=1}^{n} m_i \left(\frac{v_{Si}}{v} \right)^2 + \sum_{i=1}^{n} J_{Si} \left(\frac{\omega_i}{v} \right)^2 \qquad (10-28)$$

其等效力可根据功率不变，即 $F_e v=P$ 得到一般的计算公式

$$F_e = \sum_{i=1}^{n} F_i \cos\alpha_i \left(\frac{v_i}{v} \right) + \sum_{i=1}^{n} \left[\pm M_i \left(\frac{\omega_i}{v} \right) \right] \qquad (10-29)$$

等效动力学模型的建立，关键是求等效构件的等效转动惯量（或等效质量）和等效力矩（或等效力）。

【例 10-1】 图 10-18 所示为齿轮驱动的连杆机构，设已知齿轮 1 的齿数 $z_1=20$，

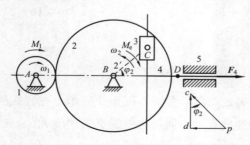

图 10-18　齿轮驱动的连杆机构

转动惯量为 J_1；齿轮 2 的齿数 $z_2=60$，它与曲柄 $2'$ 的质量中心在 B 点，其对 B 点的转动惯量为 J_2，曲柄长为 l；滑块 3 和构件 4 的质量分别为 m_3、m_4，其质心分别在 C、D 点。在轮 1 上作用有驱动力矩 M_1，在构件 4 上作用有阻抗力 F_4。现取曲柄 $2'$ 为等效构件，求在图示位置时的等效转动惯量 J_e 及等效力矩 M_e。

解　根据 $E_e = E$，得

$$J_e \omega_2^2/2 = J_1\omega_1^2/2 + J_2\omega_2^2/2 + m_3 v_3^2/2 + m_4 v_4^2/2$$

变形后为

$$J_e\omega_2^2/2 = [J_1(\omega_1/\omega_2)^2 + J_2 + m_3(v_3/\omega_2)^2 + m_4(v_4/\omega_2)^2]\omega_2^2/2$$

比较上式的两端，可得

$$J_e = J_1(\omega_1/\omega_2)^2 + J_2 + m_3(v_3/\omega_2)^2 + m_4(v_4/\omega_2)^2$$

J_e 的求解，也可以用式（10 - 26）直接求出。

用速度瞬心法，可以求出 v_3/ω_2、v_4/ω_2：

$$v_3 = v_C = v_{3p23} = v_{2p23} = \omega_2 l$$

$$v_4 = v_C \sin\varphi_2 = v_{4p24} = v_{2p24} = \omega_2 l \sin\varphi_2$$

故

$$
\begin{aligned}
J_e &= J_1(\omega_1/\omega_2)^2 + J_2 + m_3(v_3/\omega_2)^2 + m_4(v_4/\omega_2)^2 \\
&= J_1(z_2/z_1)^2 + J_2 + m_3(\omega_2 l/\omega_2)^2 + m_4(\omega_2 l \sin\varphi_2/\omega_2)^2 \\
&= 9J_1 + J_2 + m_3 l^2 + m_4 l^2 \sin^2\varphi_2
\end{aligned}
$$

由等效前后功率相等，即 $M_e\omega = P$，得〔也可以根据式（10 - 27）直接求出 M_e〕

$$M_e\omega_2 = M_1\omega_1 + F_4 v_4 \cos 180°$$

得

$$
\begin{aligned}
M_e &= M_1(\omega_1/\omega_2) + F_4(v_4/\omega_2)\cos 180° \\
&= M_1(z_2/z_1) - F_4(\omega_2 l \sin\varphi_2/\omega_2) \\
&= 3M_1 - F_4 l \sin\varphi_2
\end{aligned}
$$

【例 10 - 2】　如图 10 - 19 所示正弦机构中，已知曲柄长为 l_1，绕 A 轴的转动惯量为 J_1，构件 2、3 的质量为 m_2、m_3，作用在构件 3 上的阻抗力为 F_3。若等效构件设置在构件 1 处，求其等效转动惯量 J_e，并求出阻抗力 F_3 的等效阻抗力矩 M_{er}。

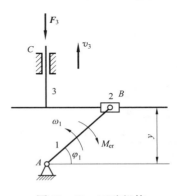

图 10 - 19　正弦机构

$$\frac{1}{2}J_e\omega_1^2 = \frac{1}{2}J_1\omega_1^2 + \frac{1}{2}m_2 v_B^2 + \frac{1}{2}m_3 v_C^2$$

$$J_e = J_1 + m_2\left(\frac{v_B}{\omega_1}\right)^2 + m_3\left(\frac{v_C}{\omega_1}\right)^2$$

$$v_B = \omega_1 l_1$$

$$v_C = (l_1\sin\varphi_1)' = l_1\omega_1\cos\varphi_1$$

$$J_e = J_1 + m_2 l_1^2 + m_3 l_1^2\cos^2\varphi_1 = J_C + J_v$$

$$J_C = J_1 + m_2 l_1^2$$

$$J_v = m_3 l_1^2\cos^2\varphi_1$$

$$M_{er}\omega_1 = F_3 v_C\cos 180°$$

$$M_{er} = -\frac{F_3 l_1\omega_1}{\omega_1}\cos\varphi_1 = -F_3 l_1\cos\varphi_1$$

机械系统的等效转动惯量是由常量和变量两部分组成的。由于在一般机械中速比为

变量的活动构件在其构件的总数中所占比例较小，又由于这类构件通常出现在机械系统的低速端，因而其等效转动惯量较小。故为简化计算，常将等效转动惯量中的变量部分根据具体情况以其平均值近似代替，或忽略不计。

为了便于对某些问题的求解，需要求出用不同形式表达的运动方程式。通常可推演出能量微分形式、力矩形式、动能形式的运动方程式。等效力矩（或等效力）可能是位置、速度或时间的函数，等效力矩（或等效力）可以用函数、数值表格或曲线等形式给出。因此，求解运动方程式的方法也不尽相同，一般有解析法、数值计算法、图解法等。机械运动方程式的推演与求解这里不再详述，可参考有关文献。

3. 稳定运转状态下机械的周期性速度波动及其调节

（1）产生周期性速度波动的原因。作用在机械上的驱动力矩和阻抗力矩，在稳定运转状态下往往是原动件转角 φ 的周期性函数，其等效力矩 M_{ed} 与 M_{er} 必然也是等效构件转角 φ 的周期性函数，如图 10-20 所示。

机械在稳定运转过程中，由于其等效构件在一个周期 φ_T 中所受等效驱动力矩 $M_{ed}(\varphi)$ 与等效阻抗力矩 $M_{er}(\varphi)$ 都是做周期性变化的。时而会出现力矩 $M_{ed} > M_{er}$，使机械的驱动功大于阻抗功，多余出来的功称为盈功（图中以"＋"标识），使机械的动能增加，等

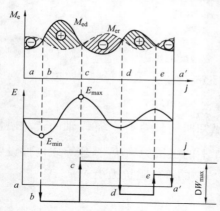

图 10-20　稳定运转状态下机械的
周期性波动曲线

效构件的角速度上升，如图 10-20 所示的 bc 段；时而又会出现 $M_{ed} < M_{er}$，使驱动功小于阻抗功，不足的功称为亏功（图中以"－"标识），使机械的动能减少，等效构件的角速度下降，如图 10-20 所示的 cd 段。而当机械满足在等效力矩 $M_e(\varphi)$ 和等效转动惯量 $J_e(\varphi)$ 变化的公共周期内，驱动功等于阻抗功的条件时，则机械动能的增量等于零，即经过等效力矩与等效转动惯量变化的一个公共周期，机械的动能又恢复到原来的值，因而等效构件的角速度也将恢复到原来的数值，如图 10-20 所示 aa' 段。所以等效构件的角速度就将呈现出周期性的波动。

在机械等效构件的周期性波动中，驱动功与阻抗功之差的最大值，称为最大盈亏功。如图 10-20 所示，b 点处机械出现能量最小值 E_{min}，而在 c 点出现能量最大值 E_{max}，故在 φ_c 与 φ_b 之间出现最大盈亏功 ΔW_{max}

$$\Delta W_{max} = E_{max} - E_{min} = \int_{\varphi_b}^{\varphi_c} \left[M_{ed}(\varphi) - M_{er}(\varphi) \right] d\varphi \qquad (10-30)$$

对于一些简单情况，最大盈亏功可由 $M_e - \varphi$ 图直观地确定；而对于复杂的情况，需借助于能量指示图来确定。能量指示图是一个封闭的台阶形折线的向量图形。各向量线段的长度代表相应位置 M_{ed} 与 M_{er} 之间所包围的面积大小（即各盈亏功的大小）；而向量箭头的方向代表其面积的正负，即盈功箭头向上，亏功箭头向下。

以图 10-20 为例，取 a 点作起点，按比例用铅垂向量线段依次标识相应位置 M_{ed} 与 M_{er} 之间所包围的面积 W_{ab}、W_{bc}、W_{cd}、W_{de} 与 $W_{ea'}$，盈功向上画，亏功向下画。由于在一个循环的起止位置处的动能相等，所以能量指示图的首尾应在同一水平线上，形成封闭的台阶形折线。由图可以方便地看出，点 b 处动能最小，点 c 处动能最大，而图中折线的最高点和最低点之间的距离就表示了最大盈亏功 ΔW_{max} 的大小。

下面举例进一步说明最大盈亏功 ΔW_{max} 的求解，以加深理解。

【例 10-3】 如图 10-21（a）所示的某机械系统，已知其等效驱动力矩为常数，等效阻力矩，主轴的平均角速度 $\omega_m = 25\text{rad/s}$，试求要使机械系统不均匀系数小于 $[\delta]=0.05$，主轴飞轮的转动惯量 J 应为多大。

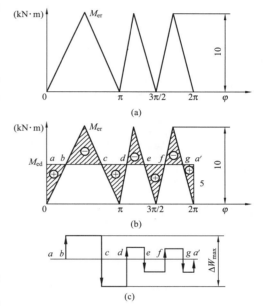

图 10-21　[例 10-3] 图

解　1）求 M_{ed}。在一个振动周期内，M_{ed} 和 M_{er} 所做的功相等，则

$$M_{ed} = M_{er} = \frac{1}{2\pi}\int_0^{2\pi} M_{er}\mathrm{d}\varphi = \frac{1}{2\pi}\left[\frac{1}{2}\times\pi\times 10 + 2\left(\frac{1}{2}\times\frac{\pi}{2}\times 10\right)\right]$$
$$= 5$$

作表示 M_{ed} 的直线如图 10-21（b）所示，由 M_{ed} 与 M_{er} 之间的关系容易看出哪个阶段为盈功，哪个阶段为亏功。

2）求最大盈亏功 ΔW_{max}。图 10-21（b）中各阴影三角形的面积分别如下：

区间	0～π/4	π/4～3π/4	3π/4～9π/8	9π/8～11π/8	11π/8～13π/8	13π/8～15π/8	15π/8～2π
面积	$10\pi/16$	$-20\pi/16$	$15\pi/16$	$-10\pi/16$	$10\pi/16$	$-10\pi/16$	$5\pi/16$
	$a\rightarrow b$	$b\rightarrow c$	$c\rightarrow d$	$d\rightarrow e$	$e\rightarrow f$	$f\rightarrow g$	$g\rightarrow a'$

绘制能量指示图如图 10-21（c）所示，容易看出

$$\Delta W_{max} = 20\pi/16 = 1.25\pi\,(\text{kN}\cdot\text{m})$$

所以

$$J_F \geqslant \Delta W_{max}/(\omega_m^2[\delta]) = 1250\pi/(0.05\times 25^2) = 126\pi\,(\text{kg}\cdot\text{m}^2)$$

【例 10-4】 等效阻力矩 M_r 变化曲线如图 10-22 所示，等效驱动力矩 M_d 为常数，$\omega_m=100\text{rad/s}$，$[\delta]=0.05$，不计机器的等效转动惯量 J。试求 M_d 和 ΔW_{max}，在图上标出 $\varphi_{\omega max}$ 和 $\varphi_{\omega min}$ 的位置，并求出 J_F 的大小。

解　1）$M_d\times 2\pi = (2\pi\times 400)/2$

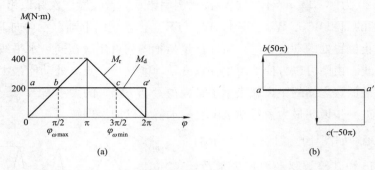

图 10-22　　［例 10-4］图

$M_d = 200N \cdot m$

2）画能量指示图。见图 10-22（b），可知 $\Delta W_{max} = 100\pi N \cdot m$。

3）$\varphi_{\omega max}$ 和 $\varphi_{\omega min}$ 的位置如图 10-22（a）所示。

4）$J_F = \dfrac{\Delta W_{max}}{\omega_m^2 [\delta]} = \dfrac{100\pi}{100^2 \times 0.05} = 0.628$（$kg \cdot m^2/s^2$）。

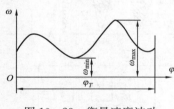

图 10-23　衡量速度波动
程度的几个参数

（2）周期性速度波动的调节。机械运转的速度波动对机械的工作是不利的，它不仅将影响机械的工作质量，而且会影响到机械的效率和寿命，所以必须设法加以控制和调节，将其限制在许可的范围之内。

1）周期性速度波动程度的描述。为了对机械稳定运转过程中出现的周期性速度波动进行分析，先要了解衡量速度波动程度的几个参数，如图 10-23 所示。

平均角速度 ω_m：机械等效构件的平均角速度 ω_m 是用来表征机械速度高低的一个重要参数。在工程实际中，常用其算术平均值来表示，即

$$\omega_m = (\omega_{max} + \omega_{min})/2 \tag{10-31}$$

运转速度不均匀系数 δ：机械速度波动的程度常用其运转速度不均匀系数 δ 来描述。其定义为角速度波动的幅度与平均角速度之比，即

$$\delta = (\omega_{max} - \omega_{min})/\omega_m \tag{10-32}$$

不同类型的机械，对运转速度不均匀系数 δ 大小的要求是不同的。常用机械运转速度不均匀系数的许用值见表 10-1，供设计时参考。

表 10-1　　　　　　　　　常用机械运转速度不均匀系数的许用值

机械类型	$[\delta]$	机械类型	$[\delta]$
碎石机	1/5～1/20	水泵、鼓风机	1/30～1/50
冲床	1/7～1/10	造纸机、织布机	1/40～1/50
轧压机	1/10～1/25	纺纱机	1/60～1/100
汽车、拖拉机	1/20～1/60	直流发电机	1/100～1/200
金属切削机床	1/30～1/40	交流发电机	1/200～1/300

2）周期性速度波动的调节方法。机械运转的速度波动对机械的工作是不利的，它不仅影响机械的工作质量，还会影响机械的效率和寿命，所以必须设法加以控制和调节，将其限制在许可的范围之内。为使所设计的机械的速度不均匀系数不超过允许值，应满足如下条件：

$$\delta \leqslant [\delta] \tag{10-33}$$

为此，可在机械中安装一个具有很大转动惯量的回转构件——飞轮，以调节机械的周期性速度波动。

设机械等效构件的原等效转动惯量为 J_e，如在等效构件上添加一个转动惯量为 J_F 的飞轮，只要 J_F 足够大，即 $J_F \gg J_e$，则等效构件的转动惯量 J_e 就可以忽略，等效构件与飞轮的转动惯量可认为是 J_F。在已确定的最大盈亏功 ΔW_{max} 之下，则有

$$\Delta W_{max} = E_{max} - E_{min} = \frac{1}{2} J_F \omega_{max}^2 - \frac{1}{2} J_F \omega_{min}^2 = J_F \omega_m^2 \delta \tag{10-34}$$

故等效构件与飞轮的运转速度不均匀系数为

$$\delta = \Delta W_{max} / (J_F \omega_m^2) \tag{10-35}$$

要使机械的速度不均匀系数 $\delta \leqslant [\delta]$，需 $\Delta W_{max}/(J_F \omega_m^2) \leqslant [\delta]$，所以只需

$$J_F \geqslant \Delta W_{max}/(\omega_m^2 [\delta]) \tag{10-36}$$

只要 J_F 能够满足式（10-36），就能达到调节机械周期性速度波动的目的。

飞轮之所以能调速，是利用了它的储能作用。这是因为飞轮具有很大的转动惯量，因而要使其转速发生变化，就需要较大的能量。当机械出现盈功时，飞轮轴的角速度只做微小上升，即可将多余的能量吸收储存起来；而当机械出现亏功时，机械运转速度减慢，飞轮又可将其储存的能量释放，以弥补能量的不足，从而使其角速度只做小幅度的下降。这就是飞轮调速的基本原理。

根据上述讨论，可以得到关于飞轮调节速度的几个重要结论：

a. 如果过分追求机械运转速度的均匀性，即 $[\delta]$ 取值很小，则飞轮的转动惯量就需很大，将会使飞轮过于笨重。

b. 安装飞轮后机械运转的速度仍有周期波动，即其速度波动不可能消除，而只是波动的幅度减小而已。

c. 为减小飞轮的转动惯量，最好将飞轮安装在机械的高速轴上。

飞轮实质上是一个能量储存器，它可以动能的形式将能量储存或释放出来。惯性玩具小汽车就利用了飞轮的这种功能。一些机械（如锻压机械）在一个工作周期中，工作时间很短，而峰值载荷很大，在这类机械上安装飞轮，不但可以调速，还利用了飞轮在机械非工作时间所储存的能量来帮助克服其尖峰载荷，从而可以选用较小功率的原动机来拖动，进而达到减少投资及降低能耗的目的。缝纫机等机械利用飞轮顺利越过死点位置。

随着高强度纤维材料（用以制造飞轮）、低损耗磁悬浮轴承和电力电子学（控制飞轮运动）三方面技术的发展，飞轮储能技术正以其能量转换效率高、充放能快捷、不受

地理环境限制、不污染环境、储能密度大等优点而备受关注。在电力调峰，电动汽车的飞轮电池，风力、太阳能、潮汐等发电系统的不间断供电，低空轨道卫星电池，电磁炮、电化学炮、大功率电焊机等方面有广泛的应用前景。目前，高密度储能飞轮已成为研究热点之一。

3）飞轮尺寸的确定。求得飞轮的转动惯量以后，就可以确定飞轮的尺寸。飞轮由轮缘、轮毂和辐板三部分组成，如图 10 - 24 所示。为以最少的材料获得最大的转动惯量 J_F，所以应将质量集中在轮缘上，所以轮毂和辐板的质量相比轮缘小得多，故常忽略不计。设 m_{rim} 为轮缘的质量，则飞轮转动惯量近似为

$$J_F \approx J_{rim} = m_{rim}(D_1^2 + D_2^2)/8 \approx m_{rim}D^2/4$$

即

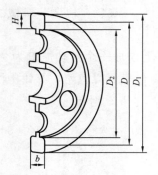

图 10 - 24　飞轮

$$m_{rim}D^2 = 4J_F \qquad (10 - 37)$$

当选定飞轮的平均直径 D 后，可求出飞轮轮缘的质量 m_{rim}。平均直径 D 应适当选大一些，但又不宜过大，以免轮缘因离心力过大而破裂。$m_{rim}gD^2$ 称为飞轮矩，其单位是 N·m²。

设轮缘的宽度为 b，材料的密度为 ρ，则

$$m_{rim} = \pi D H b \rho \qquad (10 - 38)$$

所以有

$$Hb = m_{rim}/(\pi D \rho) \qquad (10 - 39)$$

当飞轮的材料及比值 H/b 选定后，即可求得轮缘的横剖面尺寸 H 和 b。对较大的飞轮，取 $H \approx 1.5b$；对较小的飞轮，取 $H \approx 2b$。

4. 非周期性速度波动及其调节

如果机械在运转的过程中，等效力矩的变化是非周期性的，机械运转的速度将出现非周期性的波动，从而破坏稳定的运动。若长时间的驱动力矩大于阻抗力矩，则机械将越转越快，甚至出现飞车现象，从而使机械遭到破坏；反之，若驱动力矩小于阻抗力矩，则机械会越转越慢，最后导致停车。为了避免发生上述情况，必须对非周期性的速度波动进行调节，使机械恢复正常运转。为此，就需要设法使等效的驱动力矩和等效的阻抗力矩彼此相等。

对于选择电动机作为原动件的机械，电动机本身可使其等效的驱动力矩和等效的阻抗力矩协调一致。

但是如果机械的原动件为蒸汽机、汽轮机、内燃机等，就必须安装一种专门调节的装置——调速器来调节机械出现的非周期性速度波动。调速器的种类很多，按执行机构的分类，主要有机械调速器、气动液压调速器、电液调速器、电子调速器等。图 10 - 25 所示为离心式机械调速器。

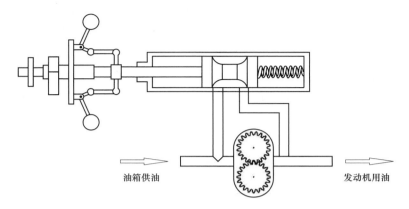

油箱供油　　　　　　　　　　　　　　　发动机用油

图 10 - 25　离心式机械调速器

本章知识点

（1）掌握刚性转子静、动平衡的原理和方法，明确转子许用不平衡量的意义。

（2）了解平面四杆机构的平衡原理。

（3）清楚机械在运转的三个阶段，其机械系统的功、能量和原动件运动速度的特点。

（4）了解建立单自由度机械系统等效动力学模型的基本思路和建立运动方程式的方法。

（5）了解等效力（力矩）、等效质量（转动惯量）、等效构件、等效动力学模型等基本概念和相应计算方法。

（6）掌握机器运动方程式的两种表达形式（动能形式、力或力矩形式）和简单情况下的求解。

（7）掌握飞轮调速的原理和飞轮设计的基本方法，能求解等效力矩是机构位置函数时的飞轮转动惯量。

（8）了解机械非周期性速度波动的特点和调节方法。

思考题及练习题

10 - 1　机械中的哪一类构件只需要进行静平衡？哪一类构件必须进行动平衡？

10 - 2　要求进行动平衡的回转构件如果只进行静平衡，是否一定能减轻偏心质量造成的不良影响？

10 - 3　何谓质径积？为什么要提出质径积这个概念？质径积是什么量？

10 - 4　为什么经平衡设计后的转子，还必须对其进行最终的试验平衡？既然试验平衡是转子最终平衡，那么对转子是否可只进行试验平衡，而不进行平衡计算？

10 - 5　机器主轴产生周期性速度波动的原因是什么？如何加以调节？

10 - 6　机器安装了飞轮以后能否得到绝对匀速运转？欲减小机器的周期性速度波

动，转动惯量相同的飞轮应安装在机器的高速轴上还是安装在低速轴上？

10-7 为什么说在锻压设备中安装飞轮，可以起到节能的作用？

10-8 图 10-26 所示为一个钢制圆盘，盘厚 $b=50$mm。位置 I 处有一直径为 50mm 的通孔，位置 II 处有一质量 $m_2=0.5$kg 的重块。为了使圆盘平衡，拟在圆盘上 $r=200$mm 处制一通孔，试求此孔的直径与位置。

10-9 在图 10-27 所示的转子中，已知各偏心质量 $m_1=10$kg，$m_2=15$kg，$m_3=20$kg，$m_4=10$kg，$\alpha_1=120°$，$\alpha_2=240°$，$\alpha_3=300°$，$\alpha_4=30°$，$r_1=40$cm，$r_2=r_4=30$cm，$r_3=20$cm，$l_{12}=l_{23}=l_{34}$。若置于平衡基准面 I 和 II 的平衡质量 m_{b1} 和 m_{b2} 的回转半径均为 $r_b=50$cm，试求平衡质量 m_{b1} 和 m_{b2} 的大小和方位。

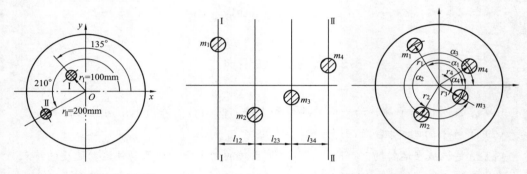

图 10-26 题 10-8 图　　　　图 10-27 题 10-9 图

10-10 图 10-28 所示为一滚筒，在轴上装有带轮。现已测知带轮有一偏心质量 $m_1=1$kg。另外，根据该滚筒的结构，知其具有两个偏心质量，$m_2=3$kg，$m_3=4$kg，各偏心质量的方位如图所示（长度单位为 mm）。若将平衡基面选在滚筒的两端面上，两平衡基面中平衡质量的回转半径均取为 400mm，试求两平衡质量的大小及方位。若将平衡基面 II 改选在带轮宽度的中截面上，其他条件不变，两平衡质量的大小及方位做何改变？

10-11 图 10-29 所示为 DC 伺服电动机驱动的立铣数控工作台，已知工作台及工件的质量为 $m_4=355$kg，滚珠丝杠的导程 $l=6$mm，转动惯量 $J_3=1.2\times10^{-3}$kg·m²，齿轮 1、2 的转动惯量分别为 $J_1=732\times10^{-6}$kg·m²，$J_2=768\times10^{-6}$kg·m²。在选择伺服电动机时，其允许的负载转动惯量必须大于折算到电动机轴上的负载等效转动惯量，试求图示系统折算到电动机轴上的等效转动惯量。

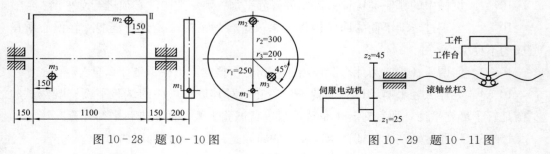

图 10-28 题 10-10 图　　　　图 10-29 题 10-11 图

10-12　在如图 10-30 所示的刨床机构中，已知空程和工作行程中消耗于克服阻抗力的恒功率分别为 $P_1 = 367.7\text{W}$ 和 $P_2 = 3677\text{W}$，曲柄的平均转速 $n = 100\text{r/min}$，空程曲柄的转角为 $\varphi = 120°$。当机构的运转速度不均匀系数 $\delta = 0.05$ 时，试确定电动机所需的平均功率，并分别计算在以下两种情况中的飞轮转动惯量 J_F（略去各构件的重量和转动惯量）：

(1) 飞轮装在曲柄轴上。

(2) 飞轮装在电动机轴上，电动机的额定转速 $n_n = 1440\text{r/min}$。电动机通过减速器驱动曲柄。为简化计算，减速器的转动惯量忽略不计。

10-13　某内燃机的曲柄输出力矩 M_d 随曲柄转角 φ 的变化曲线如图 10-31 所示，其运动周期 $\varphi_T = \pi$，曲柄的平均转速 $n_m = 620\text{r/min}$。当用该内燃机驱动一阻抗力为常数的机械时，如果要求其运转速度不均匀系数 $\delta = 0.01$。试求：

(1) 曲轴最大转速 n_{max} 和相应的曲柄转角位置 φ_{max}。

(2) 装在曲轴上的飞轮转动惯量 J_F（不计其余构件的转动惯量）。

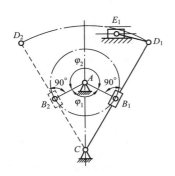

图 10-30　题 10-12 图

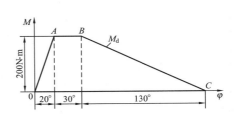

图 10-31　题 10-13 图

第 11 章　机械系统方案设计

11.1　概　　述

11.1.1　机械产品研制的一般过程

机械产品设计复杂程度不同，但设计过程大都经过表 11-1 所示的几个阶段。

表 11-1　　　　　　　　　　　　　机械产品研制的一般过程

研制阶段	设 计 内 容
产品规划	1. 根据市场需要，或受用户委托，或由上级下达，提出设计任务； 2. 进行可行性研究，重大的问题应召开各方面专家参加的评审论证会； 3. 编制设计任务书
方案设计	1. 根据设计任务书，通过调查研究和必要的试验、仿真分析，提出若干个可行方案； 2. 经过分析对比、评价、决策，确定最佳方案，绘制出原理图和机构运动简图
技术设计	1. 绘制机械系统关键部件装配图、总装配图，拆分零部件图，撰写机械系统设计说明书； 2. 绘制电路系统图等，撰写电路系统设计说明书； 3. 编制外购件明细表、产品使用与维护说明书等技术文件
样机试验	通过试制样机、样机试验，发现问题、加以改进，并撰写试制、试验报告，提出改进措施
投产以后	根据用户反馈意见、生产中发现的问题及市场变化，改进设计

机械产品的设计工作是一项创造性劳动，而在设计过程很多问题没有被发现，而在样机试验等阶段才被发现，所以机械产品的研制不是一帆风顺、一蹴而就的，而是不断出现反复，这是正常现象。

11.1.2　机械系统方案设计

机械系统方案设计，就是在前期调查研究确定的设计任务基础上，进行功能原理设计，拟订机械功能原理方案，进行执行系统的运动设计、原动机选型，以及机械传动系统设计，从而得出若干组可行的机械系统运动方案，通过方案评审，确定最佳方案，为下一步进行详细的结构设计做好原理方案方面的准备。

机械系统的方案设计是机械产品研制过程中极其重要的一环，设计的正确性和合理性，对提高机械的性能和质量，降低制造成本与维护费用等影响很大。机械系统方案的设计是一项创造性活动，要求设计者善于运用已有知识和实践经验，认真总结过去的有关工作，广泛收集、了解国内外相关研究资料（如查阅科技论文、专利、标准、著作等），充分发挥创造性思维，灵活应用各种设计方法和技巧，设计出新颖、灵巧、高效的运动系统。

机械系统主要由驱动系统、传动系统、执行系统所组成，故机械系统方案设计的主要内容就是围绕这几部分的方案设计。

1. 机械系统方案设计步骤

机械系统方案设计一般按以下步骤进行：

（1）执行系统的方案设计。根据需要制订机械的总功能，拟订实现总功能的工作原理，确定实现执行构件运动的机构构型，并对执行系统的运动进行协调设计。执行系统是机械系统中的重要组成部分，直接完成机械系统预期工作任务。机械执行系统的方案设计是机械系统总体方案设计的核心，是整个机械设计工作的基础。

（2）原动机的运动设计。原动机是整个机械系统的驱动部分，原动机选择是否恰当，整个机械的性能及成本、机械传动系统的组成及其繁简程度有直接影响。

（3）传动系统的方案设计。传动系统是原动机的运动和动力传递到执行系统的中间环节，通过合理分配传动比、传动机构合理选型，降低机械的重量，节约制造成本，提高机械效率和减小累积误差。

（4）方案评审。通过多种系统方案的评比，从中选出最佳方案。

2. 拟订机械系统方案的方法

机械系统方案的拟订，是一个从无到有的创造性设计过程，涉及设计方法学的问题。拟订机械传动系统的方法较多，下面仅介绍几种较常用的方法。

（1）模仿改造法。模仿改造法的基本思路是：经过对设计任务的认真分析，先找出完成设计任务的核心技术（关键技术），然后寻找具有类似技术的设备装置，分析利用原装置来完成现设计任务时有哪些有利条件，哪些不利条件，缺少哪些条件。保留原装置的有利条件，消除其不利条件，增设缺少的条件，将原装置加以改造，从而使之能满足现设计的需要。

为了更好地完成设计，一般应多选几种原型机，吸收它们各自的优点，综合后利用。这样既可以缩短设计周期，又可切实提高设计质量。这种设计方法，在有资料和实物可参考的情况下，是最常采用的。

（2）功能分解组合法。功能分解组合法的基本思路是：首先对设计任务进行深入分析，将机械要实现的总功能分解为若干个分功能，再将各分功能细分为若干个元功能，然后为每一元功能选择一种合适的功能载体（机构）来完成该功能，最后将各元功能的功能载体加以适当地组合和变异，就可构成机械系统的一个运动方案。

由于一个元功能往往存在多个可用的功能载体，所以用这个方法经过适当排列组合可获得很多的系统方案。

大量的创新成果表明：功能分解组合法的创新成果占全部创新成果的比例越来越大，功能分解组合的创新技法已成为创新活动的主要方法。例如，汽车可看成发动机、离合器、传动装置等各个不同机件的组合；航天飞机可看成飞机与火箭的组合。

（3）还原创新法。还原创新法是指跳出已有的创造起点，重新返回到创造的原点，紧紧围绕机械预期实现的功能，构思新的功能原理。例如，超声波洗衣机的发明就采用了还原创新法，常见的洗衣机均是采用滚筒的旋转与洗洁剂结合的方式洗净衣物，而洗衣机的创造原点是"要将衣物的污物去除"，而不一定要采用滚筒的旋转模拟人手洗衣的原理，由于超声波清洗物品的设备已经相当成熟，所以洗衣机的原理可以采用超声波清洗的原理。

再如，船舶通常用锚实现水面上定位，过去不管什么锚都是沿着"用重物的重力拉住船只"的思考方向进行创造的。根据还原创新法，锚的创造原点应该是"能够将船舶定位在水面上的一切物质和方法"。根据这个思路，完全新颖的冷冻锚研制成功，它是一块约 $2m^2$ 的特殊铁板，通电 1min 即可冻结在海底，10min 后，连接力可达 100 万 N，而起锚时只要通电很快就能解冻。

（4）逆反原理创新法。逆反原理与逆向思维密切相关，从事物构成要素中对立的另一面去分析，将通常思考问题的思路反转，按相反的视角观察事物。例如，传统的电冰箱是上急冻、下冷藏，广东的某集团将电冰箱做成上冷藏、下急冻，这样既方便存取，又节省电能。

11.1.3 机械系统方案的评价

1. 评价指标

机械传动方案评价的指标应由所设计机械的具体要求加以确定。一般而言，评价指标应包括下列六个方面：

（1）机械功能的实现质量。在拟订系统方案时，所有方案都能基本上满足机械的功能要求，然后各方案在实现功能的质量上还是有差别的，如工作的精确性、稳定性、适应性、扩展性等。

（2）机械的工作性能。机械在满足功能要求的条件下，还应具有良好的工作性能，如运转的平稳性、传力性能及承载能力。

（3）机械的动力性能。如冲击、振动、噪声、耐磨性等。

（4）机械的经济性。经济性包含设计工作量的大小、制造成本、维修难易、能耗大小等，即应考虑包含设计、制造、使用及维护在内的全周期的经济性。

（5）机械结构的合理性。结构的合理性包括结构的复杂程度、尺寸、重量大小等。

（6）社会性。有些机械需要考虑系统方案是否宜人，如操作舒适性、噪声大小、是否环保等。

2. 评价方法

方案的评价方法很多，下面仅介绍其中一种使用较为简便的专家记分评价法。

（1）建立评价质量指标体系，即应根据被评价对象的特点，确定用哪些指标来衡量各方案的优劣。

（2）为每个指标确定评分的分值，各分值是根据所设计机械的具体要求和各指标的重要程度来确定的，各指标分值的和应为 100。

（3）专家评分，一般采用五级相对评分制，即用 0、0.25、0.5、0.75、1 分别表示方案在某指标方面为很差、差、一般、较好、很好。

（4）计算各方案得分，将各专家对某方案各指标的评分进行平均，再乘以该指标的分值，即为该方案在该指标上的得分，将各指标的得分相加，即得该方案的总分。根据各方案总分的高低，即可排出各方案的优劣次序，从中选出最佳方案。

11.2 机械执行系统运动方案设计

执行系统是机械系统中的重要组成部分，直接完成机械系统预期工作任务。机械执行系统的方案设计是机械系统总体方案设计的核心，是整个机械设计工作的基础。

机械执行系统由一个或多个执行机构组成，其数量及运动形式、运动规律、传动特性等要求，决定了整个执行系统的结构方案。

11.2.1 执行系统运动方案设计的主要内容

执行系统运动方案设计一般包括以下内容：

（1）功能原理设计。根据需要制订机械的总功能，拟订实现总功能的工作原理和技术手段，确定机械所要实现的工艺动作。

（2）运动规律设计。通过对工作原理所提出的工艺动作进行分解，决定采用何种运动规律来实现工作原理。

（3）执行机构形式设计。决定选择何种机构实现给定的运动规律。

（4）运动和动力分析。检验执行系统是否满足运动要求和动力性能方面的要求。

（5）执行机构设计。确定各执行机构的运动尺寸，绘制出各执行机构的运动简图。

（6）执行系统协调设计。根据工艺过程对各动作的要求，分析各执行机构应当如何协调配合，设计出机械运动循环图。

11.2.2 执行系统的功能原理设计

设计机械产品时，首先应根据使用要求、技术条件、工作环境等情况，明确提出机械所要达到的总功能，然后拟订实现这些功能的工作原理及技术手段。在确定机械产品的功能指标时应进行科学分析，以保证产品的先进性、可行性和经济性。

实现机械功能的工作原理，决定着机械产品的技术水平、工作质量、传动方案、结构形式、成本等。所以需利用各种"创新技法"，并借鉴同类产品的经验和最新科技成果，拟订出合理的工作原理。实现同一功能要求，不同的工作原理和不同的运动方案必有优劣之分。因此，在设计机械时，要对其工作原理和运动方案进行综合评价，从中选出最佳设计方案。

实现同一种功能要求，可以采用不同的工作原理。例如加工齿轮时，可以采用仿形法，也可以采用范成法。即使采用同一种工作原理，也可以拟订出几种不同的机械运动方案。例如，在滚齿机上用滚刀切制齿轮和在插齿机上用插刀切制齿轮，虽同属于范成法加工原理，但由于采用的刀具不同，两者的机械运动方案也不一样。

确定方案时应尽可能用最简单的方法实现功能原理，因为方法越简单、运动越少，可靠性就越高，成本越低。图 11-1 所示按摩椅中的按摩轮利用一个偏心空间凸轮，同时实现三维方向的按摩作用——径向振动挤压、向下推拉和横向推拉，构思巧妙，结构非常简单。

　　另外，确定方案时应注意光、机、电、流体等广义机构的综合运用。例如，高精度的分析天平，要求精度达到 0.01g，但靠眼睛观察力读指针的微小偏角已不可能，但增加一级光学放大镜将读数放大后，就能够提高分析天平的精度。

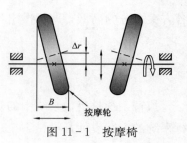

图 11-1　按摩椅

11.2.3　执行系统的运动规律设计

　　运动规律设计通常是对工艺方法和工艺动作进行分析，将其分解成若干个基本动作。工艺动作分解的方法不同，所形成的运动方案也不同。例如，立式钻床工艺动作分解方法有两种：①刀具做复合运动，即刀具回转的同时，又做三个方向的平移运动；②刀具与工作台分别运动，即刀具做回转运动，工作台做三个方向的平移运动。

　　常见执行构件的运动形式总结见表 11-2。

表 11-2　　　　　　　　　　**常见执行构件运动形式**

运动类型	运动特征	主要特征参数
回转运动	连续转动 间歇转动 往复摆动	每分钟转数 r/min 每分钟转位次数、转角大小、运动系数 每分钟摆动次数、转角大小、行程速度变化系数
直线运动	往复直线运动 停歇往复直线运动 停歇单向直线运动	每分钟行程数、大小、行程速度变化系数 每循环停歇次数、位置、时间、行程大小和工作速度 每次进给量的大小
曲线运动	沿固定曲线运动 沿可变曲线运动	
复合运动		由两个以上单一运动合成

11.2.4　执行机构的形式设计

1. 设计原则

（1）满足执行构件的工艺动作和运动要求。

（2）尽量简化和缩短运动链。

（3）尽量减小机构尺寸。

（4）选择合适的运动副形式。尽可能选用转动副，转动副成本低，而且精度高一些。

（5）考虑原动机的形式。

（6）使执行系统具有良好的传力和动力特性。

（7）使机械具有调节某些运动参数的能力。

（8）保证机械的安全运转。

2. 机构的选型

机构选型就是选择或创造出满足执行构件运动和动力要求的机构。它是机械执行系统方案设计中很重要的一环。

（1）传递连续回转运动的机构。传递连续回转运动的机构有啮合传动机构、连杆机构、摩擦传动机构三大类，如图 11-2 所示。

摩擦传动机构（见图 11-3）又可分为带传动、摩擦轮传动。摩擦传动机构结构简单、传动平稳、易于实现无级变速、过载保护；但传动比不准确、传递功率小、效率低。

啮合传动又可分为齿轮传动、蜗杆传动、链传动。

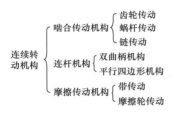

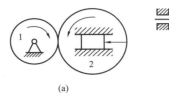 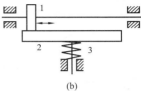

图 11-2　连续转动机构分类　　　　图 11-3　摩擦传动机构

　　　　　　　　　　　　　　　（a）摩擦轮传动；（b）平面盘式无级变速器

（2）实现单向间歇回转运动的机构。实现单向间歇回转运动的机构有槽轮机构、棘轮机构、不完全齿轮机构、凸轮式间歇机构、齿轮-连杆组合机构等，其特点与应用场合见表 11-3。

表 11-3　　　　　　　　　　单向间歇回转运动机构的特点与应用

单向间歇回转运动机构	特 点 与 应 用
槽轮机构	槽轮每次转过的角度与槽轮的槽数有关，要改变其转角的大小必须更换槽轮，适用于转角固定的转位运动
棘轮机构	适用于每次转角小，或转角大小可调的低速场合
不完全齿轮机构	转角在设计时可在较大范围内选择，适用于大转角而速度不高的场合
凸轮式间歇机构	运动平稳、分度、定位准确，但制造困难，多适用于高精度定位、高速场合
齿轮-连杆组合机构	适用于特殊要求的输送机构

（3）实现往复移动和往复摆动的机构。将回转运动变为往复移动或往复摆动的机构有连杆机构、凸轮机构、螺旋机构、齿轮齿条机构、组合机构等。此外，往复移动或往复摆动也常用液压缸或气缸来实现。实现往复移动或往复摆动的机构的特点与应用场合见表 11-4。

表 11-4　　　　　　　　　往复移动或往复摆动机构的特点与应用

往复移动和往复摆动的机构	特 点 与 应 用
连杆机构	制造容易、承载能力大，但难以实现精确运动，适用于无严格运动规律的场合。常用的连杆机构有曲柄滑块机构、曲柄连杆机构、正弦机构、正切机构等
凸轮机构	能实现任意复杂的运动和各构件之间的运动协调，承载能力不大
螺旋机构	可获得大的减速比和较高的运动精度，常用作低速进给和精密微调机构
齿轮齿条机构	适用于移动速度较高的场合，精密齿条制造困难，传动精度及平稳性不及螺旋机构

（4）再现轨迹的机构。再现轨迹的机构有连杆机构、齿轮-连杆组合机构、凸轮-连杆组合机构、联动凸轮机构等。

一般而言，除了凸轮机构能实现精确的曲线轨迹之外，其他机构都只能近似实现预定的曲线轨迹。

（5）直线运动的机构。实现直线运动的机构在执行系统方案设计中应用较多，这里列举一部分常用、经典的直线运动机构，可以根据实际情况选择应用，见表 11-5。

表 11-5   常用直线运动机构及其特点

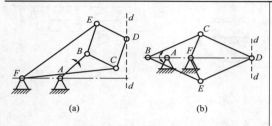

（a）   （b）

图示机构为八杆机构为利普金精确直线机构，其中 $AB=FA$，$BC=CD=DE=BE$，$FC=FE$，杆 AB 往复摆动时，D 点走出一条垂直于 FA 的直线 dd。图（a）为 A、F 位于菱形 $BCDE$ 之外；图（b）为 A、F 位于菱形之内

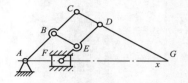

图示机构中 $BCDE$ 为一平行四边形，$DF \parallel AC$，A、F、G 三点共线，且 $CG \parallel BE$。当 F 点在导路中移动时，G 点将走出直线轨迹 xx。该机构可用于小型摇臂式起重机上。将 F 的导路装在可绕 A 点做水平转动的转盘上，在 G 处装一吊钩可挂重物，推动（或拉动）重物时，使 G 点只能绕 A 点水平转动（摇臂动作）和通过 A 点方向的径向移动

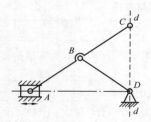

图示精确直线机构中，$AB=BC=BD$。当滑块 1 往复摆动时，将带动 D 点走出一条垂直于 AC 且过 C 点的直线 dd

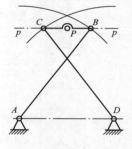

图示机构为 2—4—5 连杆直线机构。机构中 $AB=CD$，$CP=PB$ 和 $BC:AD:AB=2:4:5$，BC 的中点 P 可走出平行于 AD 的近似直线 pp

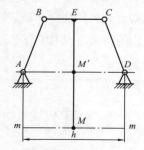

图示机构为罗伯特近似直线机构，$AB=CD=0.584h$，$BC=0.592h$，$AD=h$，$BE=EC$，$EM=1.112h$，M 点轨迹近似为一直线。若 $AB=CD=0.6h$，$BC=0.5h$，则 M' 点在 AD 线上走出近似直线轨迹

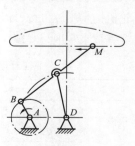

图示机构为切比雪夫（Chebyshev）近似直线机构。机构中 $BC=CD=CM=2.5AB$，$AD=2AB$。曲柄 AB 回转时，在左半圆周转动时，连杆上的 M 点走出轨迹中的下边部分为近似直线段

需要强调的是：有时宁可用近似直线机构也不用精确直线运动机构，原因是后者运动副过多，反而降低直线运动的精度。

希望同学们能够利用科技文献，查阅其他运动形式的机构形式，并注意总结，这会为今后机械系统方案的设计提供更多的思路，这里列举直线运动机构希望能起到抛砖引玉的作用。

3. 机构的构型

当所选择的机构形式不能完全实现预期要求，或虽能实现功能要求但存在着结构较复杂或运动精度不当和动力性能欠佳，可在常用机构中选择一种功能和原理与工作要求相近的机构，在此基础上重新构筑机构的形式。

（1）机构的变异。当所选机构不能全面满足对机械提出的运动和动力要求时，或为了改善所选机构的性能或结构时，可以通过改变机构中某些构件的结构形状、运动尺寸、更换机架或原动件、增加辅助构件等方法以获得新的机构或特性，此称为机构的变异。机构变异的方法很多，下面介绍几种较常用的方法。

1）改变构件的结构形状。例如，在摆动导杆机构中，若在原直线导槽上设置一段圆弧槽（见图 11-4），其圆弧半径与如图 11-5 所示曲柄长度相等，则导杆在左极位时将做较长时间的停歇，即变为单侧停歇的导杆机构。当然，这时导杆正、反行程的运动规律均将有所改变。

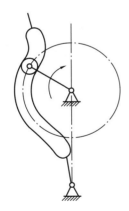

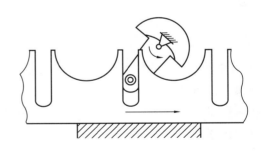

图 11-4　带圆弧槽的摆动导杆机构　　　　　图 11-5　带曲柄的摆动导杆机构

2）改变构件的运动尺寸。例如在槽轮机构中，若使槽轮的直径变为无穷大，而槽数增加到无穷多，于是槽轮机构就变为做间歇直动的槽条机构。

3）选不同的构件为机架。这种变异方法又称为机构的倒置，在第 5 章中已做过介绍。

4）选不同的构件为原动件。在一般的机械中，常取连架杆作为原动件，但在摇头风扇的摇摆机构中，取连杆为原动件，这样可巧妙地将风扇转子的回转运动转化为连架杆的摇动，从而使传动链大为简化。

5）增加辅助构件。图 11-6 所示为手动插秧机的分秧、插秧机构。当用手来回摇动

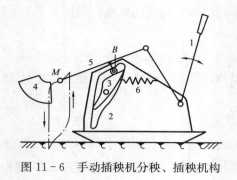

图 11-6 手动插秧机分秧、插秧机构

摇杆 1 时，连杆 5 上的滚子 B 将沿着机架上的凸轮槽 2 运动，迫使连杆 5 上 M 点沿着图示点画线轨迹运动。装于 M 点的插秧爪，先在秧箱 4 中取出一小撮秧苗，并带着秧苗沿着铅垂线向下运动，将秧苗插于泥土中，然后沿着另一条路线返回（以免将已插好的秧苗带出）。为保证秧爪运行的正反路线不同，在凸轮机构中附加一个辅助构件——活动舌 3。当滚子 B 沿左侧凸轮廓线向下运动时，滚子 B 压开活动舌 3 左端向下运动，

当滚子离开活动舌 3 后，活动 3 在弹簧 6 的作用下恢复原位，使滚子 B 向上运动时只能沿右侧凸轮廓线返回。在通过活动舌 3 的右端时，又将其压开而向上运动，待其通过后，活动舌 3 在弹簧 6 的作用下又恢复原位，使滚子 B 只能继续向左下方运动，从而实现预期运动。

（2）机构的组合。

1）机构的串联组合。前后几种机构依次连接的组合方式称为机构的串联组合。根据被串接构件的不同，其又可分为一般串联组合和特殊串联组合两种情况。

后一级机构的主动件固接在前一级机构的一个连架杆上的组合方式称为一般串联组合。如图 11-7 所示的连杆机构与凸轮机构的组合就属于一般串联组合。这种组合应用广泛，设计也比较简单。

后一级机构串接在前一级机构不与机架相连的浮动件上的组合方式称为特殊串联组合。如图 11-8 所示的六杆机构中，其后一级杆机构 MEF 铰接在前一级四杆机构 AB-CD 的连杆 BC 上的 M 点处。M 点的运动轨迹如图中点画线所示，其中 aa 段近似为圆弧。若在设计时，取杆 4 的杆长等于此段圆弧的曲率半径，并使当 M 点沿此段圆弧运动时，E 点刚好位于该圆弧的圆心处，则这时从动件 5 的运动将做长时间的近似停歇。

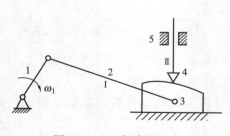

图 11-7 一般串联组合

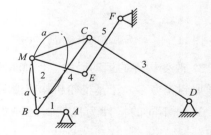

图 11-8 特殊串联组合

2）机构的并联组合。一个机构产生若干个分支后续机构，或若干个分支机构汇合于一个后续机构的组合方式称为机构的并联组合。前者又可进一步区分为一般并联组合和特殊并联组合。

各分支机构间无任何严格的运动协调配合关系的并联组合方式称为一般并联组合。在一般并联组合方式中，各分支机构可根据各自的工作需要独立进行设计。

各分支机构间有运动协调要求（如速比要求、轨迹配合要求、时序要求等）的并联组合方式称为特殊并联组合。图 11-9 所示为在圆珠笔芯装配线上的自动送进机构中所采用的联动凸轮机构。主动轴上的盘形凸轮 2 控制托架 3 上下运动，从而将圆珠笔芯 5 抬起和放下；端面凸轮 1 及推杆 6 控制托架 3 左右往复运动。上述两运动的合成，使托架 3 沿轨迹 K 运动，从而达到使圆珠笔芯步进式地向前送进的目的。此机构中两个分支的凸轮机构共同驱动一个从动件（托架 3），这两个凸轮机构有轨迹配合要求，所以是一个特殊并联组合。

若干分支机构汇集共同驱动一后续机构的组合方式称为汇集式并联组合。例如，在重型机械中，为了克服其传动装置庞大笨重的缺点，近年来发展了一种多点啮合传动。如图 11-10 所示，用若干个小电动机和小齿轮来驱动中间的大齿轮，以带动整个机器运转的方式就属于汇集式并联组合。在一些大型船舶的主传动中就常用这种并联组合的驱动方式。

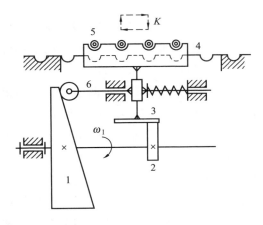

图 11-9 特殊并联组合

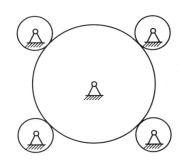

图 11-10 汇集式并联组合

3) 机构的封闭式组合。将一个多自由度（通常为二自由度）的机构（称为基础机构）中的某两个构件的运动用另一机构（称为约束机构）将其联系起来，使整个机构成为一个单自由度机构的组合方式称为封闭式组合。

根据被封闭构件的不同，又可分为一般封闭式组合和反馈闭式组合。

将基础机构的两个主动件或两个从动件用约束机构封闭起来的组合方式称为机构的一般封闭式组合。通过约束机构使从动件的运动反馈回基础机构的组合方式，称为反馈封闭式组合。

4) 机构的装载式组合。将一机构装载在另一机构的某一活动构件上的组合方式称为机构的装载式组合。它又可根据自由度的多少而分为两种：单自由度的装载式组合与双自由度的装载式组合。

11.2.5　各执行构件间运动的协调配合和机械的工作循环图

1. 执行系统协调设计原则

进行执行系统各构件运动协调设计时，首先应确定机械的工作循环周期，然后确定机械在一个运动循环中各执行构件的各个行程段及其所需时间，再确定各执行构件动作间的配合关系，此时应考虑以下几个方面：

（1）满足各执行机构动作先后的顺序性要求。

（2）满足各执行机构动作在时间上的同步性要求。

（3）满足各执行机构在空间布置上的协调性要求。

（4）满足各执行机构在操作上的协同性要求。

（5）各执行机构的动作安排要有利于提高劳动生产率。

（6）各执行机构的布置要有利于系统的能量协调和效率的提高。

2. 各执行构件运动的协调配合关系

一些机械中要求其各执行构件的运动必须准确协调配合才能保证其工作的完成。它又可分为以下两种情况：

（1）各执行构件动作的协调配合。有些机械要求其执行构件在时间及运动位置的安排上必须准确协调配合。如图 11-11 所示折叠包装机构的两个执行构件，两个构件不能同时位于区域 MAB 中，以免干涉。

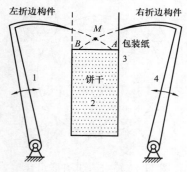

图 11-11　折叠包装机构

（2）各执行构件运动速度的协调配合。有些机械要求其各执行构件的运动速度必须保持协调。例如，用范成法加工齿轮时，刀具和工件的范成运动必须保持某一恒定的速比。

对于有运动协调配合要求的执行构件，往往采用一个原动机，通过运动链将运动分配到各执行构件上去，通过机械传动系统实现运动的协调配合。但在一些现代机械（如数控机床）中，常用多个原动机分别驱动，通过控制系统实现运动的协调配合。

3. 机械的工作循环图

为了保证机械在工作时其各执行构件间动作的协调配合关系，在设计机械时应编制出用以表明机械在一个工作循环中各执行构件运动配合关系的工作循环图（也称为运动循环图）。

在编制工作循环图时，要从机械中选择一个构件作为定标件，用它的运动位置（转角或位移）作为确定其他执行构件运动先后次序的基准。工作循环图通常有如下三种形式：

（1）直线式工作循环图。图 11-12 所示为金属片冲制机的工作循环图，它以主轴作为定标件。为提高生产率，各执行构件的工作行程有时允许有局部重叠。

（2）圆周式工作循环图。图 11-13 所示为单缸四冲程内燃机的工作循环图，它以曲轴作为定标件，曲轴每转两周为一个工作循环。

（3）直角坐标式工作循环图。图 11-14 所示为前述饼干包装机包装纸折边机的工作循环图，横坐标表示机械分配轴（定标件）运动的转角，纵坐标表示执行构件的转角。此图不仅能表示出两执行构件动作的顺序，而且能表示出两构件的运动规律及配合关系。

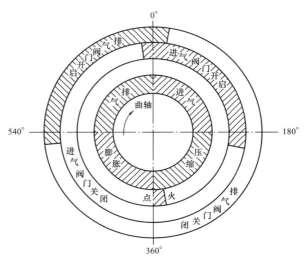

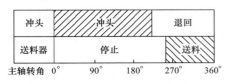

图 11-12   金属片冲制机工作循环图

图 11-13   单缸四冲程内燃机工作循环图

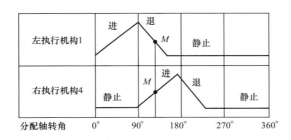

图 11-14   饼干包装机包装纸折边机工作循环图

工作循环图是进一步设计机械传动系统的重要依据。

11.3   原 动 机 的 选 型

原动机的运动形式主要是回转运动、往复摆动、往复直线运动等。当采用电动机、液压马达、气动马达、内燃机等原动机时，原动件做连续回转运动。液压马达和气动马达也可做往复摆动；当采用油缸、气缸或直线电动机等原动机时，原动件做往复直线运动。有时也用重锤、发条、电磁铁等作原动机。常用原动机主要特点及应用见表 11-6。

表 11-6   常用原动机主要特点及应用

原动机类型	主 要 特 点
三相异步电动机	结构简单，价格便宜，体积小，运行可靠，维护方便、坚固耐用；能保持恒速运行及经受较频繁的启动、反转和制动；但启动转矩小，调速困难。一般机械系统中应用最多
同步电动机	能在功率因子 $\cos\varphi = 1$ 的状态下运行，不从电网吸收无用功率，运行可靠，保持恒速运行；但结构较异步电动机复杂，造价较高，转速不能调节。适用于大功率离心式水泵、通风机等

续表

原动机类型	主　要　特　点
直流电动机	能在恒功率下进行调速，调速性能好，调速范围宽，启动转矩大；但结构较复杂，维护工作量较大，价格较高；机械特性较软，需直流电源
控制电动机	能精密控制系统位置和角度，体积小，重量轻；具有宽广而平滑的调速范围和快速响应能力，其理想的机械特性和调速特性均为直线。广泛用于工业控制、军事、航空航天等领域
内燃机	功率范围宽，操作简便，启动迅速；但对燃油要求高，排气污染环境。噪声大，结构复杂。多用于工程机械、农业机械、船舶、车辆等
液压马达	可获得很大的动力和转矩，运动速度和输出动力、转矩调整控制方便，易实现复杂工艺过程的动作要求；但需要有高压油的供给系统，油温变化较大时，影响工作稳定性；密封不良时，污染工作环境；液压系统制造装配要求高
气动马达	工作介质为空气，易远距离输送，无污染，能适应恶劣环境，动作速度快；但工作稳定性较差，噪声大；输出转矩不大，传动时速度较难控制。适用于小型轻载的工作机械

原动机选择是否恰当，对整个机械的性能及成本、对机械传动系统的组成及其繁简程度有直接影响。

11.4　传动系统方案设计

机械传动系统，是指将原动机的运动和动力传递到执行构件的中间环节，它是机械的重要组成部分。

机械传动系统的作用不仅是转换运动形式、改变运动大小、保证各执行构件的协调配合工作等，而且还要将原动机的功率和转矩传递给执行构件，以克服生产阻力。除此之外，现代完善的机械运动系统，还具有运动操纵和控制功能，将光、机、电、液有机地组合，通过微机控制，自动实现机械所需要的完整工作过程。

11.4.1　设计过程

机械传动系统方案一般按照以下步骤进行设计：

（1）确定传动系统总传动比。系统总传动比即为原动机的输出转速与执行系统输入转速的比值。

（2）选择传动类型。

（3）拟订传动链布置方案。

（4）分配传动比。

（5）确定各级传动机构的基本参数和主要几何尺寸，计算传动系统的各项运动学和动力学参数。

（6）绘制传动系统运动简图。

11.4.2　拟订机械传动系统方案的一般原则

（1）采用尽可能简短的运动链。为降低重量和制造成本、提高效率、减少累积误差，尽可能使运动链简短。在机械的几个运动链之间没有严格速比要求时，可考虑每一个运动链各选用一个原动机来驱动。

（2）优先选用基本机构。基本机构结构简单、设计方便、技术成熟，故在满足功能要求的条件下，应优先选用基本机构。若基本机构不能满足或不能很好地满足机械的运动或动力要求时，可适当地考虑对基本机构进行变异或组合。

（3）应使机械有较高的机械效率。当机械中包含效率较低的机构时，机械的总效率就随之降低，故优先选用效率较高的传动机构。但要注意，机械中各运动链所传递的功率往往相差比较大，在设计时应着重考虑使传递功率最大的主运动链具有较高的机械效率，而对于传递功率很小的辅助运动链，其机械效率的高低则可放在次要位置，而是着眼于其他方面的要求（如简化机构、减小外廓尺寸等）。

（4）合理安排不同类型传动机构的顺序。一般而言，在机构的排列顺序上有以下一些规律：首先，转变运动形式的机构（如凸轮机构、连杆机构、螺旋机构等）通常安排在运动链的末端，与执行机构靠近；其次，带传动等摩擦传动一般应安排在转速较高运动链的起始端，以减小其传递的扭矩，从而能够减小外形尺寸。这样安排，也有利于起动平稳和过载保护，而且原动机的布置也比较方便。

（5）合理分配传动比。运动链的总传动比应合理地分配给各级传动机构，具体分配时应注意以下几点：

1）每一级传动的传动比应在常用的范围内选取。若一级传动的传动比过大，对机构的性能和尺寸都是不利的。例如，当齿轮传动的传动比大于 8～10 时，一般应设计成两级传动；当传动比在 30 以上时，常设计成两级以上的齿轮传动。但是，对于带传动而言，一般不采用多级传动。几种传动装置常用的单机减速比范围见表 11-7。

表 11-7　　　几种传动机构的圆周速度、单机减速比和传递最大功率的概值

传动机构	平带	V 带	摩擦轮	齿轮	蜗杆	链
圆周速度（m/s）	5～25	5～30	15～25	15～120	15～35	15～40
减速比	≤5	≤8～15	7～10	≤4～8	≤80	≤6～10
最大功率（kW）	200	750～1200	150～250	50 000	550	3750

2）一般情况下，按照"前小后大"的原则分配传动比，这样有利于减小机械的尺寸。

（6）保证机械的安全运转。为防止在载荷作用下的倒转可采用自锁装置或制动器，为防止过载损坏可采用具有过载打滑现象的摩擦传动或安全联轴器。

11.4.3　传动类型选择

机械系统中常用的传动类型有机械传动、液压传动、气压传动、电气传动。常用的

机械传动类型如图 11-15 所示。

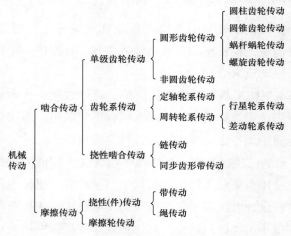

图 11-15　常用的机械传动类型

液压、液力传动利用液压泵、阀、执行器等元件实现传动。

气压传动是以压缩空气为工作介质的传动。

电气传动利用电动机和电气装置实现传动。

11.5　多头专用钻床机械系统方案设计例题

11.5.1　设计任务

设计一台自动钻床，用来同时加工如图 11-16 所示的零件（材料为 45 钢）上的三个 $\phi 8$ 的孔，并能自动送料。

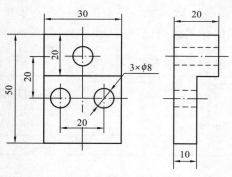

图 11-16　零件成品图

11.5.2　执行系统设计

1. 功能原理设计

由于设计要求为钻孔，故工作原理就是利用钻头与工件间的相对回转和进给移动切除孔中的材料。钻孔加工的运动方案有如下三种：一种是钻头既做回转切削，同时又做轴向进给运动，而放置工件的工作台则静止不动；另一种运动方案是钻头只做回转切削运动，而工作台连同工件做轴向进给运动；第三种运动方案是工件做回转运动，钻头做轴向进给运动，如图 11-17 所示。一般钻床多采用第一种方案，但对于现在要设计的专用三轴钻床而言，因工件很小，工作台很轻，移动工作台比同时移动三根钻轴简单，故采用第二种运动方案较合理。

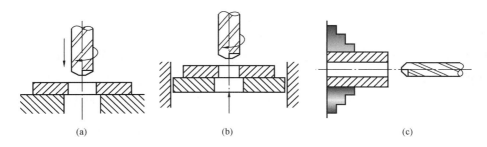

(a)   (b)   (c)

图 11-17 运动方案设计

送料方案：采用送料杆从工件料台推送工件的方式，如图 11-18 所示。

2. 执行系统运动设计

执行系统由钻头、工作台和送料杆三个执行构件组成的执行系统。

工艺动作过程是：送料杆从工件料仓里推出一待加工工件，并将已加工好的工件从工作台上的夹具中顶出，

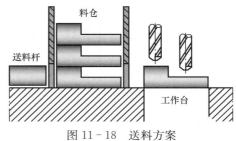

图 11-18 送料方案

使待加工工件被夹具（图 11-18 中未画）定位并夹紧在工作台上，送料杆退回；工作台带着工件向上快速靠近回转的钻头，然后慢速工进，钻孔结束后，又带着工件快速退回，等待更换工件并完成下一工作循环。

钻孔工艺要求：①工作台带动工件快速上移接近钻头；②工作台改用工作进给速度先钻凸台上的孔，待钻到一定深度时，三个钻头才同时钻进，因工作阻力增加，故进给速度应减小；③钻孔结束后，工作台快速退回，完成一个工作循环。

(1) 钻头的转速。查金属切削手册，可知钻 45 钢的切削速度可设计为 $v = 12.5\text{mm/min}$，钻头直径 $d = 8\text{mm}$，则钻头的转速

$$n_c = 1000v/(\pi d) \approx 500\text{r/min}$$

(2) 工作台工作循环参数。工作台为上、下往复运动，工作台一个工作循环总时间 T_f 等于快速趋近钻头时间 t_0、单孔切削进给时间 t_1、三孔切削进给时间 t_2、快速退回的时间 t_3、停歇待更换工件的时间 t_4 之和。t_1 与 t_2 可根据进给量 s 和钻削深度 h 来计算。

取 $s_1 = 0.2\text{mm/r}$，$h_1 = 10\text{mm}$，提前工进量 3mm，则

$$t_1 = (10+3)/(s_1 n_c) = 0.13\text{min} = 7.8\text{s}$$

取 $s_2 = 0.16\text{mm/r}$，$h_2 = 10\text{mm}$，钻头越程 3mm，则

$$t_2 = (10+3)/(s_2 n_c) = 0.163\text{min} = 9.8\text{s}$$

取快速趋近钻头时间 $t_0 = 1.5\text{s}$，快速退回的时间 $t_3 = 2.5\text{s}$，停歇待更换工件的时间 $t_4 = 3\text{s}$，则工作台一个工作循环总时间为

$$T_f = t_0 + t_1 + t_2 + t_3 + t_4 = 1.5 + 7.8 + 9.8 + 2.5 + 3 = 24.6 \text{（s）}$$

工作台每分钟完成的工作循环数为

$$n_f = 60/T_f = 2.44$$

工作台的行程

$$H_f = h_0 + h_1 + h_2$$

式中：h_0 为工作台快速趋近钻头的运动距离，取 $h_0 = 15mm$；h_1 为单孔钻削深度，取 $h_1 = 13mm$；h_2 为三孔同时钻削深度，取 $h_2 = 13mm$。

（3）送料杆的运动参数。送料杆的运动为往复直动，运动循环时间与工作台相同

$$T_s = 24.6s$$

送料杆的行程 H_s 取工件长度的两倍，即 $H_s = 100mm$。

图 11-19　运动循环图

（4）运动循环图。根据多头专用钻床机械系统工艺动作过程、工作台工作循环参数、送料杆的运动参数如图 11-19 所示。

11.5.3　原动机的选择

根据对机床的工作要求确定原动机的类型为交流异步感应电动机。又考虑到钻头的转速较高，所以选用同步转速为 1500r/min 的电动机，其额定转速为 $n_n = 1440r/min$。

另外，为了减少原动机的数量，将三个执行构件的运动链并联，用同一个电动机驱动。

11.5.4　传动系统设计

1. 计算运动链的总传动比

钻削运动链的总传动比为

$$i_c = n_n/n_c = 1440/500 = 2.88$$

进给运动链的总传动比与送料运动链的总传动比相等

$$i_f = i_s = n_n/n_f = 1440/2.44 = 563$$

2. 钻削运动链的设计

（1）在设计切削运动链时应满足下列各功能：

1）钻头做连续回转运动，运动链总传动比为 2.88，即无需运动形式的变换，但要求减速。

2）三个钻头应同向旋转，且各钻头之间的距离很小。即要求具有运动分解功能，其尺寸受到严格限制。

3）电动机轴一般为水平方向放置，与钻头回转轴线方向不一致，即要求具有改变运动轴线方向的功能。

4）电动机与钻头之间有较大的传动距离。即要求运动链能做远距离传动。

（2）钻削运动机构选型。

1）具有减速功能的传动有齿轮传动、带传动、链传动。考虑到速度较高、距离较

远等因素，选用 V 带传动。

2）能变换运动轴线方向的传动有圆锥齿轮传动、交错轴斜传动、蜗杆传动。考虑到两轴线垂直相交且传动比较小，选择圆锥齿轮传动。

3）三个钻头应同向旋转，选择一个中心齿轮带动周围三个从动齿轮的定轴轮系。

4）选用万向联轴节或钢丝软轴将运动传递给钻头。

将以上所选机构适当组合后，就得到钻削运动链。

3. 进给运动链的设计

（1）对于进给运动链应满足以下功能：

1）工作台做往复直线运动，且运动规律较为复杂，但行程不大，选用凸轮机构。

2）进给运动链应实现很大的减速比 563，但进给力不需太大。

3）进给运动的方向和位置与电动机不一致，故应实现回转轴线方向和空间位置的变化。

（2）进给运动机构选型。

1）工作台做往复直线运动选用凸轮机构。

2）进给运动选用带传动与蜗杆传动实现二级减速。

3）进给运动的方向和位置与电动机不一致，故选用蜗杆传动实现回转轴线方向的变化。

4. 送料运动链设计

对送料运动链的功能要求与进给运动链基本相同，只是其往复运动的方向为水平方向，且运动行程较大。又因其减速比与进给运动链相同，故可由进给运动链中的蜗轮轴带动。由于送料运动规律较为复杂，故宜采用凸轮机构，又因其行程大，所以要采用连杆机构等进行行程放大。

11.5.5　三头自动钻床机械系统方案

将执行系统、原动机、传动系统组合在一起，即形成三头自动钻床的机械传动系统方案，如图 11 - 20 所示，其机构组合示意框图如图 11 - 21 所示。

机械系统方案设计是一项具有挑战性的创造性劳动，设计方案的快速确定及合理性与设计经验密切相关，一定要注意观察在生活与生产实际中接触到的各种机电设备，分析了解它们的结构特点、工作原理，积累经验，以便今后设计出更好的机械设备。

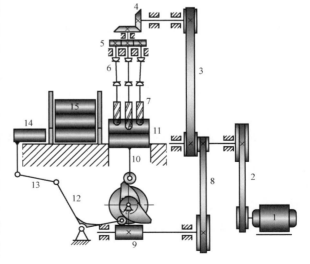

图 11 - 20　三头自动钻床的机械传动系统方案

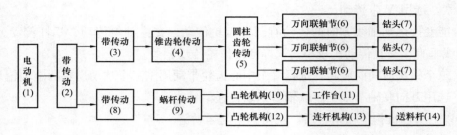

图 11-21　三头自动钻床机构组合示意框图

本章知识点

（1）产品研制的过程及机械系统的方案设计及其评价。

（2）原动机的类型及其选择，执行机构的运动类型，执行构件之间的协调配合关系，运动循环图及其绘制方法。

（3）机构选型的基本知识，根据执行机构选型原则，选择合适的机构类型。

（4）拟订机械传动系统方案时要考虑的基本原则及要点，常用拟订机械传动系统方案的方法。

思考题及练习题

11-1　若主动件做等速转动，其转速 $n=1000 \mathrm{r/min}$；从动件做往复移动，行程长度为 100mm；从动件工作行程为近似等速运动，回程为急回运动，行程速比系数 $K=1.4$。试列出能实现这一运动要求的两个可能方案。

11-2　试设计一机构，其从动件做单向间歇转动，每转过 180°停歇一次，停歇时间约占 1/3.6 周期。

11-3　试构思能实现矩形轨迹的机构运动方案，说明其主要特点。

11-4　试设计一个自动三面切书机，以切去书籍的三个余边。已知原始数据及设计要求如下：

（1）被切书摞长宽高为 260mm×185mm×90mm，质量为 5kg。

（2）推书行程为 370mm，压头行程为 400mm，侧刀行程为 350mm，横刀行程为 380mm。

（3）生产率为 6 摞/min。

（4）要求选用的机构简单、轻便，运动灵活可靠。

设计任务：

（1）根据工艺动作顺序和协调要求拟订运动循环图。

（2）进行执行机构选型，实现执行构件运动要求。

（3）对系统运动方案进行评价和选择。

（4）确定原动机和执行机构运动参数，拟订系统运动方案。

（5）绘制机械运动方案示意图。

（6）对执行机构进行尺度设计。

提示：

（1）自动三面切书机系统由送料机构、压书机构、侧刀机构和横刀机构四部分组成。

（2）推书运动建议考虑间歇往复运动，压头机构的压头也做间歇往复运动。

（3）侧刀为两把，分别切除书籍的上、下两边。

附录 A   机械系统的运动方程及其求解

研究单自由度机械系统在外力作用下的运动规律时，由于引入了等效构件的概念，就可以把研究单自由度机械系统的运动规律问题直接转化为研究等效构件的运动规律问题。即主要建立等效构件的运动方程并且求解，就可以确定机械系统中任何构件的运动。

1. 等效构件的运动方程

在研究等效构件的运动方程时，为简化书写格式，在不引起混淆的情况下，略去表示等效构件概念的下角标。

根据动能定理，在 $\mathrm{d}t$ 时间内，等效构件的动能增量 $\mathrm{d}E$ 应等于等效力或等效力矩所做的功 $\mathrm{d}W$，即 $\mathrm{d}E = \mathrm{d}W$。

若等效构件是定轴转动，则

$$\mathrm{d}\left(\frac{1}{2}J\omega^2\right) = M\mathrm{d}\varphi \tag{A-1}$$

$$\mathrm{d}\left(\frac{1}{2}mv^2\right) = F\mathrm{d}s \tag{A-2}$$

$$\frac{\mathrm{d}\left(\frac{1}{2}J\omega^2\right)}{\mathrm{d}\varphi} = M \tag{A-3}$$

若等效构件做往复运动，则

$$J = J(\varphi)$$
$$F = F(\varphi)$$
$$M = M(\varphi)$$
$$\omega = \omega(\varphi)$$

整理式（A-3）得到

$$J\frac{\omega\mathrm{d}\omega}{\mathrm{d}\varphi} + \frac{\omega^2}{2}\frac{\mathrm{d}J}{\mathrm{d}\varphi} = M = M_{\mathrm{d}} - M_{\mathrm{r}} \tag{A-4}$$

且

$$\frac{\mathrm{d}\omega}{\mathrm{d}\varphi} = \frac{\mathrm{d}\omega}{\mathrm{d}t}\frac{\mathrm{d}t}{\mathrm{d}\varphi} = \frac{\mathrm{d}\omega}{\mathrm{d}t}\frac{1}{\omega}$$

代入式（A-4），得

$$J\frac{\mathrm{d}\omega}{\mathrm{d}\varphi} + \frac{\omega^2}{2}\frac{\mathrm{d}J}{\mathrm{d}\varphi} = M = M_{\mathrm{d}} - M_{\mathrm{r}} \tag{A-5}$$

式（A-5）称为定轴转动的等效构件的微分方程。

等效构件为往复运动时的微分方程通过整理式（A-2），推导如下：

$$m\frac{v\mathrm{d}v}{\mathrm{d}s} + \frac{v^2}{2}\frac{\mathrm{d}m}{\mathrm{d}s} = F = F_{\mathrm{d}} - F_{\mathrm{r}} \tag{A-6}$$

且

$$\frac{\mathrm{d}v}{\mathrm{d}s} = \frac{\mathrm{d}v}{\mathrm{d}t}\frac{\mathrm{d}t}{\mathrm{d}s} = \frac{\mathrm{d}v}{\mathrm{d}t}\frac{1}{v}$$

代入式（A-6），得

$$m\frac{\mathrm{d}v}{\mathrm{d}t} + \frac{v^2}{2}\frac{\mathrm{d}m}{\mathrm{d}s} = F = F_\mathrm{d} - F_\mathrm{r} \qquad (A-7)$$

式（A-7）称为往复移动的等效构件的微分方程。

如果对式（A-7）的两边进行积分，并取边界条件 $t=t_0$，$\varphi=\varphi_0$，$\omega=\omega_0$，$J=J_0$，则

$$\frac{1}{2}J\omega^2 - \frac{1}{2}J_0\omega_0^2 = \int_{\varphi_0}^{\varphi} M\mathrm{d}\varphi = \int_{\varphi_0}^{\varphi}(M_\mathrm{d} - M_\mathrm{r})\mathrm{d}\varphi \qquad (A-8)$$

式（A-8）称为作定轴转动的等效构件的积分方程。其中，ω、ω_0 为等效构件在初始位置和任意位置的角位移；J、J_0 为等效构件在初始位置和任意位置的等效转动惯量。

如果对式（A-1）两边同时积分，并且取边界条件 $t=t_0$，$s=s_0$，$v=v_0$，$m=m_0$，则

$$\frac{1}{2}mv^2 - \frac{1}{2}m_0 v_0^2 = \int_{s_0}^{s} F\mathrm{d}s = \int_{s_0}^{s}(F_\mathrm{d} - F_\mathrm{r})\mathrm{d}s \qquad (A-9)$$

式（A-9）称为往复移动的等效构件的等效积分方程。其中，m、m_0 为等效构件在初始位置和任意位置等效质量；v、v_0 为等效构件在初始位置和任意位置的速度；s、s_0 为等效构件在初始位置和任意位置的位移。

2. 运动方程的求解

不同机械的驱动力和工作阻力特性不同，它们可能是时间的函数，也可能是机构位置或者速度的函数；等效转动惯量可能是常数，也可能是机构位置的函数；等效力或者等效力矩可能是机构的位置函数，也可能是速度的函数。因此，运动方程的求解方法也不尽相同。

工程上常选择做定轴转动的构件为等效构件，下面讨论等效构件作为定轴转动的几种情况。

（1）等效转动惯量与等效力矩均为常数的运动方程的求解。等效转动惯量与等效力矩均为常数是定传动比机械系统中的常见问题。在这种情况下，运转的机械大都属于等速稳定的运转，使用力矩方程求解该问题比较简单。

由于 $J=$ 常数，$M=$ 常数，上面的方程可以改为

$$J\frac{\mathrm{d}\omega}{\mathrm{d}t} = M \qquad (A-10)$$

$$\frac{\mathrm{d}\omega}{\mathrm{d}t} = \frac{M}{J} = \alpha$$

将 $\mathrm{d}\omega=\alpha\mathrm{d}t$ 两边积分，得

$$\int_{\omega}^{\omega_0}\mathrm{d}\omega = \int_{t_0}^{t}\alpha\mathrm{d}t$$

$$\omega = \omega_0 + \alpha(t - t_0)$$

$$\varphi = \varphi_0 + \omega_0(t - t_0) + \frac{\alpha}{2}(t - t_0)$$

（2）等效转动惯量与等效力矩均为位置函数的运动方程求解。内燃机含有连杆机构的驱动系统就是这样的情况。当 $J = J(\omega)$，$M = M(\varphi)$ 可用解析法表示，用积分方程求解得到

$$\frac{1}{2}J\omega^2 - \frac{1}{2}J_0\omega_0^2 = \int_{\varphi_0}^{\varphi} M \mathrm{d}\varphi$$

可以解得

$$\omega = \sqrt{\frac{J_s}{J}\omega_0^2 + \frac{2}{J}\int_{\varphi_0}^{\varphi} M \mathrm{d}\varphi}$$

等效转动惯量与等效力矩不能写成函数形式时，可用数值的方法求解。

（3）等效转动惯量与等效力矩均为速度函数的运动方程求解。用电动机驱动的鼓风机、搅拌机之类的机械属于这种情况，用力矩方程求解比较方便。

$$J\frac{\mathrm{d}\omega}{\mathrm{d}t} = M(\omega)$$

分离变量并且积分得

$$\int_t^{t_0} \mathrm{d}t = J\int_{\omega}^{\omega_0} \frac{\mathrm{d}\omega}{M(\omega)}$$

$$t = J\int_{\omega}^{\omega_0} \frac{\mathrm{d}\omega}{M(\omega)} + t_0$$

将 $m(\omega) = a + b\omega$，可以解得 t 的值为

$$t = t_0 + \frac{J}{b}\ln\frac{a + b\omega}{a + b\omega_0}$$

由于

$$\frac{\mathrm{d}\omega}{\mathrm{d}t} = \frac{\mathrm{d}\omega}{\mathrm{d}\varphi}\omega$$

上面的公式可以变形为

$$J\omega\frac{\mathrm{d}\omega}{\mathrm{d}\varphi} = M(\omega)$$

$$\mathrm{d}\varphi = J\omega\frac{\mathrm{d}\omega}{M(\omega)}$$

两边积分可以得

$$\varphi = \varphi_0 + J\int_{\omega_0}^{\omega} \omega\frac{\mathrm{d}\omega}{M(\omega)}$$

当 $M(\omega) = a + b\omega$ 时，可以得到

$$\varphi = \varphi_0 + \frac{J}{b}\left[(\omega - \omega_0) - \frac{a}{b}\ln\left(\frac{a + b\omega}{a + b\omega_0}\right)\right] \tag{A-11}$$

附录 B　机械原理课程设计指导书

牛头刨床机构设计分析

一、设计的目的和任务

1. 设计的目的

进一步巩固和加深同学们所学的理论知识，培养其分析问题、解决问题的能力；使之对运动学及动力学的分析和设计有一较完整的概念；并使同学们进一步提高计算、制图和使用技术资料的能力。

2. 设计任务

本设计是对牛头刨床的工作机构，用矢量方程图解法进行运动分析；用动态静力分析法进行力分析。

以上任务要求完成 1 号图纸一张。2 号图纸（或坐标纸）一张，说明书一份。

设计中要求做到计算准确、步骤清楚、书写端正、图的布置要均匀、图中线条、尺寸标准均应符合制图标准。

二、机构简介和设计内容

1. 机构简介

牛头刨床是一种常用的平面切削加工机床、电动机经皮带传动、齿轮传动（图中未画出）最后带动曲柄 1（见附图 B-1）转动。刨床工作时，是由导杆机构 1-2-3-4-5-6 带动刨头和刨刀做往复直线运动，刨头 5 右行时，刨头切断，称为工作行程。此时要求速度较低且匀速；刨头左行时，不进行切削，称为空回行程。此时速度较高，以节省时间提高生产率。为此，刨床采用有急回作用的导杆机构。

刨头在工作行程中，受到很大切削阻力 P_r（在切削的前后各有一段 $0.05H$ 的空刀距离，见附图 B-2），而在空回行程时，则没有切削阻力。刨头在整个运动循环中，受力情况有很大变化，这就影响了主轴的匀速运转，因此用安装飞轮来减少速度的波动，从而提高金属表面的切削质量。

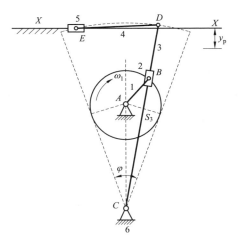

附图 B-1　牛头刨床机构图

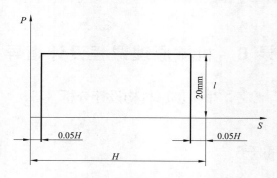

附图 B-2　牛头刨床工作行程图

2. 设计内容

作机构在指定位置的位移、速度、加速度图，受力图，汇总各位置的结果，绘制位移、速度、加速度曲线，平衡力矩曲线，等效阻力矩曲线及等效驱动力矩曲线。根据上述得到的数据，确定飞轮的转动惯量 J_F。

三、已知数据

如附图 B-1 所示的牛头刨床机构图，该机床用电动机驱动。经过变速箱中的齿轮传动，使导杆机构的曲柄 1 具有五种不同的转速（n_1）再经导杆机构将曲柄 1 的转动转变为刨刀的直线往复运动（刨刀行程 H，行程速度变化系数 K）。

机构的几何尺寸及其他数据分五种方案，见附表 B-1。

附表 B-1						机构的几何尺寸及其他数据						
方案	n_1 (r/min)	K	H (mm)	L_{AC} (mm)	$\dfrac{L_{CS3}}{L_{CD}}$	J_{S3} kg·m²	G_3 (N)	$\dfrac{L_{DE}}{L_{CD}}$	G_5 (N)	X_S (mm)	y_P (mm)	δ	μ_P (N/mm)
Ⅰ	89	1.45	400	470	0.5	1.6	160	0.3	680	250	120	1/25	150
Ⅱ	64	1.48	430	450	0.5	1.1	180	0.3	720	180	120	1/30	200
Ⅲ	44	1.5	480	430	0.5	1.2	200	0.3	620	150	100	1/35	250
Ⅳ	32	1.57	520	400	0.5	0.7	150	0.3	580	160	100	1/40	300
Ⅴ	23	1.61	550	380	0.5	0.9	220	0.3	520	210	80	1/30	300

其中：

L_{AC}——机架长；

J_{S3}——导杆 3 对重心 S 的转动惯量；

X_S——刀架重心的坐标（在铰链 E 的右方）；

y_P——切削力作用点的坐标；

　δ——刨床的速度不均匀系数；

μ_P——切削阻力比例尺。

注意，切削阻力 P_r，$P_r = u_P l$，u_P 见附表 B-1，l 见附图 B-2，P_r 见附图 B-3。

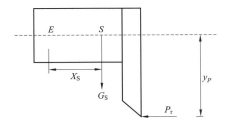

附图 B-3　牛头刨床刀具图

四、设计方法与步骤

1. 绘制机构位置图

已知：K、H、L_{AC}、L_{DE}/L_{CD}。

要求：按 u_l 画机构中导杆的两个极端位置（用双点画线表示）和一个由教师指定的中间位置（用粗实线表示）。

步骤：

（1）计算极位夹角 θ 及摆角 φ。

$$\theta = 180^\circ \frac{K-1}{K+1}, \varphi = \theta$$

（2）计算导杆长度 L_{CD}。

$$L_{CD} = \frac{H/2}{\sin(\varphi/2)}$$

（3）选长度比例尺 u_l 作机构位置图。

1）由导杆左端位置（编号为 0）开始，按 30° 等分，将曲柄一周分为 12 个位置，并按顺时针依次编号，再找出五个特殊位置点（曲柄端点 B 在最上、最下，导杆在最右及构件 5 距其极端位置为 $0.05H$ 的 P' 和 P'' 点）并编号。

2）刨头移动导路 $X-X$ 位于导杆端点 D 所作圆弧高度的平均线上。

2. 机构运动分析

已知：n_1、各构件的尺寸及位置。

要求：按速度比例尺 u_v 绘制指定位置的速度图、按加速度比例尺 u_a 绘制指定位置的加速度图，并计算构件 3 的运动参数角速度 ω_3 和角加速度 α_3。

步骤：

（1）用矢量方程图解法，对指定位置作机构的速度图（u_v 自定）。确定出 v_E，并计算 ω_3。

（2）用矢量方程图解法，对指定位置作机构的加速度图（u_a 自定）。确定出 a_E，并计算 α_3。（注意科氏加速度 a^K）

（3）将计算结果与本组同学汇总，并填入附表 B-2 中。

（4）绘制滑块 5 的 $S-\varphi$、$v-\varphi$、$a-\varphi$ 线图。

附表 B-2　　　　　　　　　　　　机构运动学的计算结果

参数 \ 位置		0	1	2	3	3'	4	5	6	7	7'	8	9	9'	10	11	P'	P''
v_E	m/s																	
ω_1	rad/s																	
a_E	m/s²																	
α_1	rad/s²																	
$a_{B_3B_2}^K$	m/s²																	

3. 动态静力分析

已知：构件重为 G_3、G_5，导杆 3 绕重心轴的转动惯量 J_{S3}，切削阻力 P_r（数值见附图 B-2 及附表 B-1）。

要求：绘制指定位置的受力分析图、计算各运动副中反作用力及曲柄所需要的平衡力矩 M_b。

步骤：

（1）确定各惯性力及惯性力矩。

（2）划分构件组，对各组进行受力分析。

（3）作力多边形并确定各运动副反力。

（4）确定曲柄所需要的平衡力矩 M_b。

（5）将计算结果填入附表 B-3 中。

附表 B-3　　　　　　　　　　　　机构动态静力学计算结果

位置 \ 参数	P_{I3}	P_{I5}	M_{I3}	R_{65}	R_{63}	R_{23}	M_b
0							
1							
2							
3							
…							

4. 飞轮转动惯量的确定

已知：机器运转不均匀系数 δ、飞轮安装在曲柄轴上，驱动力矩为常数。

要求：确定飞轮的转动惯量 J_F。

步骤：

（1）汇总各点位置需加于曲柄的平衡力矩 M_b 并填入附表 B-4 中。

附表 B-4　　　　　　　　　　　　飞轮转动惯量计算结果

参数 \ 位置	0	1	2	3	3'	4	5	6	7	7'	8	9	9'	10	11	P'	P''
M_b																	

续表

位置 参数	0	1	2	3	3′	4	5	6	7	7′	8	9	9′	10	11	P'	P''
M_r																	
J_F																	
E_r																	

（2）绘制等效阻力矩曲线 M_r - φ，见附图 B-4（a）。

等效阻力矩 M_r 的数值，与曲柄力分析图上的平衡力矩 M_b 大小相等，但方向相反。注意在作 M_r - φ 曲线时，若 M_r 方向与（$-\omega_1$）方向相同则取为"正"，否则取为"负"，选取比例尺 μ_M。

（3）绘制等效驱动力矩曲线 M_d - φ，见附图 B-4（a）。

根据一周期中，驱动功和阻抗功相等的原则，在 M_r - φ 图上以比例尺 μ_M，画出 M_d - φ 曲线。

（4）绘制剩余力矩曲线 M - φ，见附图 B-4（b）。

$$M = M_d - M_r$$

（5）绘制动能增量（盈亏功）曲线 ΔE - φ，见附图 B-4（c）。

由 M - φ 图，用坐标纸数格法或按图解积分法确定各位置（φ）的动能增量（盈亏功）。并用一定比例尺 μ_E 绘 ΔE - φ 曲线，注意 M - φ 图能量比例尺为（$\mu_M\mu_\varphi$）即每格（mm²）代表的焦耳数量。

（6）绘制除飞轮以外的各构件的动能曲线 E_r - φ，见附图 B-4（d）。

以曲柄 1 为等效构件，按下式计算各位置等效转动惯量 J_e 及其动能 E_r。

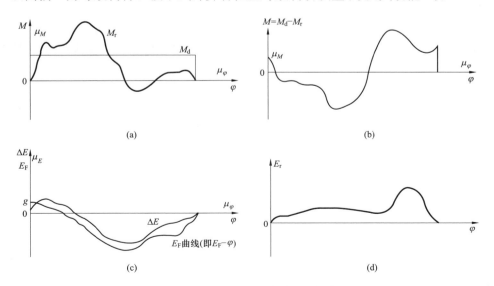

附图 B-4　最大盈亏功计算图（供参考）

$$J_e = \sum_{i=1}^{K} m_i \left(\frac{v_{Si}}{\omega_1}\right)^2 + \sum_{i=1}^{K} J_{Si} \left(\frac{\omega_i}{\omega_1}\right)^2$$

$$E_r = \frac{1}{2} J_e \omega_1^2$$

并将 J_e 和 E_r 的计算结果汇总填入附表 B-4。然后，用选定比例尺 μ_{Er} 画出 E_r-φ。

（7）绘制 E_F-φ 曲线，即（$\Delta E - E_r$）曲线。

在 ΔE-φ 图上，用比例尺 μ_E 绘制曲线 E_F-φ，其中 $E_F = \Delta E - E_r$，见附图 B-4（c）。

（8）确定最大动能差 ΔE_{Fmax}。

在 E_F-φ 曲线上，找出最大动能点。量出其垂直高度 gf，见附图 B-4（c），则

$$\Delta E_{Fmax} = E_{Fmax} - E_{Fmin} = \overline{gf} \cdot \mu_E$$

（9）计算飞轮转动惯量 J_F。

$$J_F = \frac{900 \Delta E_{Fmax}}{\delta n_1^2} \quad J_F = \frac{900 \Delta E_{Fmax}}{\delta \pi^2 n_1^2}$$

五、编写设计说明书和整理图纸

说明书的内容应包括以下几个方面：

（1）设计题目：自己所做的方案、点位及要完成的任务。

（2）机构运动分析：已知条件、绘制位置图、速度图及加速度图的步骤，列表填写。

（3）机构动态静力分析：已知条件及分析过程，列表填写，参考附表 B-3。

（4）飞轮转动惯量的确定：已知条件、要求，绘制各条曲线说明，填写表格，参表附表 B-4。

（5）小结：分析、讨论与该设计有关的问题、收获及体会等。

图纸的要求是标出必要的符号和说明：注出线图的比例尺，图纸要有边框和标题栏。

参 考 文 献

[1]　孙恒，陈作模，葛文杰. 机械原理. 7 版. 北京：高等教育出版社，2006.

[2]　刘会英，张明勤，徐宁. 机械原理. 3 版. 北京：机械工业出版社，2013.

[3]　张世民. 机械原理. 北京：中央广播电视大学出版社，1983.

[4]　闻邦椿. 机械设计手册. 7 版. 北京：机械工业出版社，2018.

[5]　申永胜. 机械原理教程. 3 版. 北京：清华大学出版社，2015.

[6]　廖汉元，孔建益. 机械原理. 3 版. 北京：机械工业出版社，2013.

[7]　孙恒. 机械原理教学指南. 北京：高等教育出版社，1998.

[8]　周伯英. 工业机器人设计. 北京：机械工业出版社，1995.

[9]　梁崇高. 平面连杆机构的计算设计. 北京：高等教育出版社，1993.

[10]　温诗铸. 机械学发展战略研究. 北京：清华大学出版社，2003.

[11]　彭国勋，肖正扬. 自动机械的凸轮机构设计. 北京：机械工业出版社，1990.

[12]　孔午光. 高速凸轮. 北京：高等教育出版社，1992.

[13]　陈修龙. 机械设计基础. 2 版. 北京：中国电力出版社，2017.

[14]　薛实福，李庆祥. 精密仪器设计. 北京：清华大学出版社，1994.

[15]　詹启贤. 自动机械设计. 北京：中国轻工业出版社，1994.

[16]　邹慧君. 机械运动方案设计手册. 上海：上海交通大学出版社，1994.

[17]　王成焘. 现代机械设计——思想与方法. 上海：上海科学技术文献出版社，1999.